Biogiuridica

Teorie, questioni, analisi

IUSTITIAM COLIMUS

Laura Palazzani

Biogiuridica

Teorie, questioni, analisi

Giappichelli

VIA PO, 21 - TEL. 011-81.53.111 - FAX 011-81.25.100
http://www.giappichelli.it

ISBN/EAN 978-88-921-4143-8

G. Giappichelli Editore

Questo libro è stato stampato su
carta certificata, riciclabile al 100%

Stampa: Stampatre s.r.l. - Torino

INDICE

pag.

Parte I
TEORIE

Capitolo I
BIOETICHE A CONFRONTO

Capitolo II
MODELLI BIOGIURIDICI

pag.

Parte II
QUESTIONI AI CONFINI DELLA VITA UMANA

Capitolo I
QUESTIONI ALL'INIZIO DELLA VITA UMANA

Capitolo II
QUESTIONI ALLA FINE DELLA VITA UMANA

Parte III

LEGGI E SENTENZE: ELEMENTI DI ANALISI CRITICA

Parte I
TEORIE

Capitolo I

BIOETICHE A CONFRONTO

SOMMARIO: 1. Quale etica per la bioetica? – 2. Teoria libertaria. – 3. Teoria utilitarista. – 4. Teoria personalista. – 5. Oltre il dibattito laici/cattolici: per un'etica filosofica.

1. *Quale etica per la bioetica?*

Se ci poniamo la domanda preliminare generale "*che cosa è la bioetica*?", non è semplice dare una risposta condivisa ed esaustiva.

La definizione alla quale si fa generalmente riferimento è quella comparsa nella prima edizione della *Encyclopedia of Bioethics* (1978): "lo studio sistematico della condotta umana nell'area delle scienze della vita e della cura della salute, esaminata alla luce di valori e principi morali" [1]. La bioetica costituirebbe una disciplina che studia, in modo rigoroso, l'ambito della prassi umana che fa riferimento alla biologia o alle scienze che riguardano la vita in generale, umana e non umana, e alla medicina o alla cura della salute, rivolgendosi non solo ai medici, come l'etica medica tradizionale, ma anche a tutte le professioni socio-sanitarie che sono coinvolte nella cura della salute dell'uomo. Nella seconda edizione della stessa opera la definizione precisa ulteriormente: "lo studio sistematico delle dimensioni morali – comprendenti visione morale, decisioni, condotta, politiche – delle scienze della vita e della cura della salute, attraverso una varietà di metodologie etiche in un contesto interdisciplinare" [2], riconoscendo l'interdisciplinarità e il pluralismo quali caratteri strutturali del sapere bioetico ed esplicitando le dimensioni morali non solo in riferimento ai comportamenti umani, ma anche alle teorie morali e alle decisioni morali, sia

---

[1] W.T. Reich (ed.), *Encyclopedia of Bioethics*, The Free Press, New York 1978[1], *Introduction*, vol. I, p. XIX.

[2] W.T. Reich (ed.), *Encyclopedia of Bioethics*, MacMillan Library Reference USA, New York 1995[2], *Introduction*, vol. I, p. XXI.

individuali che collettive, con riferimento alla cura della salute e alle scienze biologiche.

Si potrebbe pertanto definire la bioetica come un sapere teorico-applicativo, che riflette sui limiti di liceità e di illiceità degli interventi dell'uomo sulla vita umana e non umana, esistente e non ancora esistente, interventi resi possibili o che si ipotizza saranno resi possibili in un futuro prossimo o remoto, dal progressivo sviluppo della scienza e della tecnologia in biologia e in medicina.

Assistiamo in questi ultimi decenni, soprattutto nelle società occidentali – ma anche, in altre forme e modalità, nelle società non occidentali –, ad un'accelerazione inarrestabile del progresso scientifico, caratterizzato da un legame sempre più stretto tra sapere teorico ed applicazione pratica: ciò ha consentito non solo un ampliamento della conoscenza scientifica, ma anche un accrescimento della stessa possibilità tecnica e tecnologica di intervento sulla realtà. Oggi con lo sviluppo della tecno-scienza in ambito biomedico [3], tale questione si configura in modo sempre più ambivalente: da un lato l'uomo è affascinato dai nuovi scenari che si dischiudono con le inedite possibilità di intervento nei confronti della natura; dall'altro lato è consapevole che gli effetti di taluni interventi possono incidere sulla composizione più intima della realtà, provocando un'alterazione della stessa identità umana individuale e specifica, oltre che una modificazione irreversibile delle altre specie viventi animali e vegetali, con l'eventualità che ciò possa addirittura mettere in pericolo la sopravvivenza dell'umanità presente e futura, della vita sulla terra e dell'ambiente in generale.

Si pensi agli interventi all'inizio della vita dell'essere umano, quali la sperimentazione sull'embrione, la fecondazione artificiale, le modificazioni genetiche, la clonazione. Si pensi, inoltre, in riferimento alla fine della vita dell'essere umano, all'accanimento terapeutico, alle richieste eutanasiche per anticipare la morte, alle cure palliative. La bioetica include anche le problematiche relative agli interventi sugli animali e sull'ambiente, alle generazioni future, al rapporto uomo-macchina (es. robotica, intelligenza artificiale).

La bioetica dischiude indubbiamente interrogativi che suonano inediti all'uomo di oggi. Si parla spesso di problematiche "di frontiera". Eppure, i quesiti della bioetica, se esaminati nella loro radice e ragion d'essere ultima, non fanno che riproporre le domande di fondo sulle quali ciclicamente la filosofia torna a riflettere. Insomma, interrogarsi sulla liceità degli interventi tecno-

---

[3] Si parla di "tecno-scienza" per evidenziare lo stretto legame tra teoria e prassi: si assiste ad una sorta di scientificizzazione della tecnica (in quanto la tecnica si identifica con la tecnologia, includendo il sapere nell'operare pratico) e ad una tecnologicizzazione della scienza (in quanto ogni conoscenza è sempre applicata all'agire concreto).

scientifici dell'uomo sulla vita significa interrogarsi sul senso e sul fondamento del valore della vita umana e non umana, sui limiti della indisponibilità e della disponibilità dell'uomo rispetto alla vita (propria e altrui), sui confini della libertà e della responsabilità dell'uomo nei confronti degli altri (simili a lui o dissimili). Ma questa non è solo la bioetica "di frontiera", è anche la bioetica "quotidiana" che esige una riflessione sulla prassi della relazione tra medico e paziente, sulla relazione dell'individuo nei confronti della società e della società nei confronti dell'individuo in ambito socio-sanitario, sul rapporto dell'uomo con la natura non umana che lo circonda.

Gli interrogativi emergenti in bioetica sono riconducibili, in ultima analisi, ad un unico quesito, che è divenuto ormai l'interrogativo emblematico della bioetica: tutto ciò che è tecno-scientificamente possibile in ambito biomedico è anche eticamente lecito? La bioetica nasce dallo scarto epistemologico tra possibilità tecno-scientifica e liceità etica, tra "potere" di azione o comportamento reso possibile dallo sviluppo della scienza e della tecnologia e "dovere" prescritto dalla norma morale in riferimento ai valori. La bioetica è una riflessione tra due estremi, lo "scientismo tecnologico" o "tecno-scientismo", la teorizzazione ottimistica che ipotizza la possibilità di manipolare in modo condizionato e l'"anti-scientismo" o "anti-tecnicismo", la teorizzazione pessimistica che nega ogni possibile intervento, per affermare la necessità di un confronto tra scienza biomedica e normatività etica. La bioetica ricerca i criteri di regolamentazione della prassi biomedica contro la logica della realizzazione indiscriminata di tutte le azioni possibili, nel tentativo di verificare le condizioni per una mediazione ermeneutica tra la libertà della scienza di progredire e il rispetto dei valori morali.

La bioetica è una "inter-disciplina": biologia e medicina, filosofia e teologia, psicologia, sociologia, antropologia, economia, diritto e politica fanno parte, con modalità e in misura diversa, del sapere bioetico. La bioetica si costituisce nel confronto tra esperti di discipline diverse, ove *interdisciplinarità* non significa né giustapposizione di saperi (o pluri-disciplinarità come somma cumulativa e quantitativa di competenze), né riduzione di un sapere all'altro (con la prevaricazione di alcune discipline e la conseguente assimilazione e annullamento di altre), né interferenza o, peggio ancora, invadenza di un sapere rispetto all'altro. Interdisciplinarità indica, metodologicamente, che ogni disciplina è chiamata ad offrire, in riferimento allo stesso oggetto di analisi, il proprio contributo dalla specifica prospettiva ed in base al metodo proprio, sforzandosi di trovare un'integrazione dialettica con le altre prospettive. La tecno-scienza biomedica solleva il problema descrivendo (attraverso il metodo sperimentale, quantitativo ed empirico) "come" si manifesta un determinato evento; le scienze umane contribuiscono ad offrire dati, osservati, interpretati ed elaborati in riferimento al fenomeno; la filosofia riflette sui fatti alla luce del senso, interrogandosi sul “perché”, per poi giustificare norme di comportamento generali e formulare giudizi bioetici particolari che si rivolgono all’uomo nella prassi del suo agire concreto nella società. In questo senso la bioetica nasce dalla biomedicina e nella biomedicina, nasce dall’esigenza avvertita intrinsecamente sul piano scientifico e tecnologico biologico e medico di sollevare problemi morali, ai quali è chiamata a rispondere la filosofia che ne tematizza i valori intrinseci, ai fini di giustificare e proporre norme di comportamento agli individui e alla collettività[4].

Il sapere filosofico si trova sollecitato a confrontarsi con dati empirici sulla vita provenienti dalle conoscenze scientifiche e dalla disponibilità di strumentazioni tecnologiche, oltre che a fatti o eventi sociologico-culturali contestuali all’emergere delle problematiche. Non è sufficiente, o almeno risulta certamente affrettato e superficiale, accontentarsi di individuare indicazioni di comportamento riguardo ai singoli temi di bioetica senza volgere lo sguardo alla riflessione “sulla” bioetica che rende ragione di una certa presa di posizione in ambito applicativo. Non è sufficiente in bioetica possedere un ricettario che ci dica “come” ci si debba comportare in determinate situazioni: è invece necessario sapere “perché” ci si “deve” o ci si “dovrebbe” comportare proprio in quel modo, rispetto ai molteplici comportamenti fisicamente, spazialmente e temporalmente possibili. Il dovere morale pone ineludibilmente vincoli alla libertà d’agire: è necessario pertanto conoscere le ragioni del dovere affinché le norme non risultino fredde imposizioni estrinseche, ma siano interiorizzate e rispettate, proprio perché avvertite come interiormente obbligatorie.

Il problema, semmai, è che esistono diverse teorie e giustificazioni etiche. Il dibattito rispecchia la pluralità, cifra emblematica della società odierna complessa, al punto che c’è chi scetticamente ritiene che il termine “bioetica” non debba essere declinato al singolare, ma solo al plurale: non esisterebbe pertanto “la” bioetica, bensì esisterebbero “le” bioetiche. È importante conoscere le principali prospettive che si configurano nel dibattito, analizzare le linee argomentative, per formarsi una consapevolezza teorica critica della discussione in atto[5].

Si potrebbe dire che le questioni bioetiche costituiscono il “banco di prova” delle teorizzazioni filosofiche. Le esigenze della prassi costringono il pensiero a verificare l’adeguatezza delle categorie interpretative, la consistenza delle argomentazioni e i limiti delle concettualizzazioni. In bioetica la filosofia è

---

[4] S. Semplici, *Bioetica. Le domande, i conflitti, le leggi*, Morcelliana, Brescia 2007.

[5] Per un’introduzione alle teorie etiche A. Da Re, *Le parole dell’etica*, Mondadori, Milano 2010.

costretta a venire allo scoperto, a fare i conti con la realtà, a risolvere problemi concreti, a mettersi alla 'prova dei fatti' anche di fronte, a volte, a veri e propri dilemmi.

2. *Teoria libertaria*

La prospettiva liberale-libertaria [6] in bioetica parte dall'assunto non cognitivista che nega la conoscibilità mediante la ragione di una verità morale oggettiva. L'unica verità conoscibile è la verità empirica dei fatti verificabili o la verità logica della coerenza delle argomentazioni: da ciò ne consegue, inevitabilmente, l'autoreferenzialità dell'etica, ossia la fondazione dell'etica su se stessa.

Sulla base della "legge di Hume", secondo questa prospettiva, non si può passare dall'"essere" al "dover essere", dai fatti ai valori, dalle asserzioni alle prescrizioni, dunque dalla natura alla morale [7]. La natura, ricondotta empiristicamente a materia estesa in movimento in una visione meccanicista e determinista, può essere solo descritta dall'uomo; tutt'al più è possibile predire gli eventi o accadimenti futuri secondo la legge causa-effetto, ma non potrà mai essere la fonte di valutazione o prescrizione. È l'uomo stesso che conferisce senso e attribuisce in modo soggettivo ed arbitrario il valore alla realtà. Volontà e coscienza possono evolvere in funzione delle esigenze concrete o possono (se lo vogliono) essere solo coerenti con la propria verità soggettiva, in ultima analisi ingiudicabile, non essendovi alcun criterio oggettivo di giudizio. E, se la natura non ha alcun senso e valore in sé, l'uomo può in ultima analisi intervenire sulla natura e modificarla sulla base di decisioni soggettive.

La sfiducia nella capacità della ragione umana di elaborare in modo sostanziale una morale universale porta alla convinzione che la post-modernità non possa che rinunciare scetticamente a risolvere le questioni ultime inesorabilmente insolute ed insensate ed accettare l'inconciliabile frantumazione del politeismo etico. La prospettiva non-cognitivista ritiene che ogni sforzo teoricamente impossibile di unificazione della pluralità di valori sia comunque non auspicabile, in quanto uniformante e omologante, e conseguentemente anche

---

[6] H.T. Engelhardt, *Manuale di bioetica* (1986^1, 1992^2), tr. it., Il Saggiatore, Milano 1999^2; M. Charlesworth, *Bioethics in a Liberal Society*, Cambridge University Press, Cambridge 1993.

[7] È la nota "legge di Hume", cfr. D. Hume, *A Treatise of Human Nature*, book III, pt. I, section 1.

repressivo ed impersonale rispetto all'originalità spontanea individuale. Ogni visione etica soggettiva, secondo tale concezione, va accolta e sopportata, passivamente tollerata e indifferentemente legittimata nei suoi contenuti, nel momento stesso in cui si manifesta, sempre e comunque incondizionatamente, in modo equivalente rispetto a qualsiasi altra.

La bioetica libertaria ammette la possibilità di concordare procedure, formali ed estrinseche, di negoziazione per la risoluzione di controversie bioetiche: le procedure consistono nella stipulazione di contratti o accordi tra individui in "comunità morali" che possono avere concezioni morali sostanziali divergenti, basati sul "permesso" e sul "consenso informato" (le uniche possibili fonti dell'autorità morale quali alternative alla violenza), nel libero mercato di una società liberale neutrale. Il proceduralismo, in questo contesto, costituisce l'unica morale comune possibile, ove ognuno può mantenere la propria concezione etica particolare privata, individuale o interna alla propria comunità di appartenenza e allo stesso tempo collaborare, pattuire pubblicamente e coabitare con gli "stranieri morali", ossia persone con visioni morali diverse. La bioetica libertaria ritiene che il dibattito pubblico sia possibile solo se si ricerca l'origine dell'autorità morale non in principi sostanziali, ma nel mero fatto dell'accordo tra i soggetti o le comunità morali.

In tale prospettiva il principio centrale in bioetica è il principio di autodeterminazione. Secondo la bioetica libertaria procedurale è persona e soggettività morale "in senso stretto" o "in senso proprio" solo l'"agente morale", ossia colui che è in grado di agire moralmente, di pensare ed esprimere una decisione morale e di stipulare un contratto morale con la società, in quanto dotato di capacità di autocoscienza, razionalità e deliberazione morale. Gli esseri umani che non sono in grado di agire moralmente sono persone impropriamente dette o persone in senso lato e "in senso sociale", ossia in base a ciò che decidono gli agenti morali, ai loro sentimenti anche provvisori di simpatia e benevolenza dei contraenti [8].

Sono emerse alcune criticità di questa teoria.

Sul piano teorico emerge la contraddizione tra non cognitivismo e affermazione dell'autodeterminazione come principio di verità in bioetica. Delle due l'una: o la verità è davvero non conoscibile, allora vale sia l'autodeterminazione che qualsiasi altro principio morale; oppure l'autodeterminazione è una verità morale, con la conseguenza che si rinnegano le premesse non cognitiviste iniziali. Inoltre sul piano pratico emerge la difficile conciliabilità di autodeterminazioni in condizione di opposizione contestuale e simultanea: se indivi-

---

[8] Per un approfondimento sul concetto di persona si veda L. Palazzani, *Il concetto di persona tra bioetica e diritto*, Giappichelli, Torino 1996.

dui vogliono diversamente nello stesso momento e luogo, prevale inevitabilmente la volontà del più forte sul più debole.

Nella prospettiva libertaria solo l'agente morale libero gode di adeguata protezione: non sono invece protetti gli individui che non sono ancora in grado di esercitare la libertà (gli embrioni, i feti, i neonati, gli infanti, ma anche i minori) e non la esercitano più (i cerebrolesi, gli individui affetti da demenza, i disabili gravi, i comatosi), o non l'hanno mai esercitata e non la eserciteranno mai (disabili gravi congeniti inguaribili). La vita umana prenatale, neonatale, terminale e c.d. marginale ha uno statuto problematico: gli individui non in grado di agire moralmente diverrebbero "oggetti" della beneficenza degli "agenti morali", che potrebbero decidere di proteggerli, ma potrebbero anche decidere di sacrificarli in vista della realizzazione di altri beni, quali l'avanzamento delle conoscenze scientifiche biomediche, il calcolo di convenienza economica, o semplicemente, le aspettative e i desideri soggettivi.

3. *Teoria utilitarista*

La teoria utilitarista[9] giustifica gli enunciati morali sulla base della valutazione delle conseguenze che produce un'azione e non sulla base dell'agente o dell'atto in sé; è una teoria consequenzialista in quanto ritiene buona l'azione che produce le conseguenze migliori rispetto ad altre possibili azioni alternative in termini di utilità, che coincide con il benessere (*welfare, wellbeing*). Il calcolo dell'utile come benessere è ritenuto l'unico movente dell'atto morale che deve tenere in considerazione in modo eguale gli interessi di ogni individuo (egualitarismo) e massimizzare gli interessi di tutti gli individui coinvolti considerati nel loro insieme (utilitarismo collettivista). La centralità ed esclusività dell'utile quale categoria etica è considerata un postulato auto-evidente e comunque emergente dall'esperienza morale comune.

Nel contesto di tale impostazione teorica vi sono diverse versioni dell'utilitarismo. L'utilitarismo edonista identifica il valore con il piacere prodotto da un'azione e il disvalore con il dolore, misurati in base all'intensità, durata, certezza e prossimità; l'utilitarismo delle "preferenze" individua il valore nella soddisfazione e realizzazione di un desiderio inteso come perseguimento di un

[9] P. Singer, *Etica pratica* (1979[1], 1993[2]), tr. it., Liguori, Napoli 1989; Id., *Ripensare la vita. La vecchia morale non serve più* (1994), tr. it., Il Saggiatore, Milano 2000; J. Harris, *Bioethics*, Oxford University Press, Oxford 2001; E. Lecaldano, *Bioetica. Le scelte morali*, Laterza, Roma-Bari 2009.

fine o progetto (in genere identificato, nella versione del liberalismo utilitarista, con l'autonomia dell'agente razionale); l'utilitarismo dell'atto calcola il risultato dei costi/benefici in riferimento alla singola azione; l'utilitarismo della regola considera doverosa la conformazione delle azioni alle prescrizioni che, in genere e nelle condizioni normali, producono un saldo complessivo di utilità. L'utilitarismo identifica il principio morale nella massimizzazione del piacere e/o preferenze e nella minimizzazione del dolore e/o frustrazioni, con riferimento all'individuo e/o alla collettività.

L'etica utilitarista si radica in una concezione empiristico-sensista che attribuisce una priorità alla sensazione rispetto alla ragione. Ciò che conta per l'utilitarismo, sul piano dell'agire, è, in prima istanza, la capacità di provare piacere e dolore, dunque avere sensazioni e interessi o desideri immediati; in seconda istanza, è la capacità di preferire il piacere al dolore, dunque avere preferenze, quale risultato di una comparazione di stati mentali, in riferimento al presente ma anche proiettati nel futuro. In questo senso, la bioetica utilitarista delinea diversi gradi di soggettività e statuto personale in base ai diversi livelli di coscienza: dal livello minimale o possesso della capacità di avere sensazioni piacevoli e spiacevoli nell'immediatezza del presente, dunque possesso del sistema nervoso centrale quale condizione neurofisiologica necessaria, al livello successivo o possesso della capacità di elaborazione complessa delle sensazioni, mediante confronto, comparazione e scelta preferenziale, nel presente e nel futuro, che esprime al livello massimo la decisione autonoma dell'individuo. È soggetto o persona chi percepisce, chi elabora le percezioni e chi decide autonomamente.

In questo senso l'etica utilitarista accusa la teoria antropocentrica di "specismo", in quanto pone al centro del discorso morale l'uomo in quanto uomo. Per l'utilitarismo al centro del discorso etico sono gli individui senzienti in una prospettiva sensio-centrica o pato-centrica. Ne consegue che gli embrioni umani in quanto non senzienti non sono soggetti o persone: lo sono invece gli animali in grado di percepire piacere e dolore. La soggettività personale è attribuibile agli individui in funzione del livello accertabile di coscienza, a prescindere dall'appartenenza alla specie umana o non umana.

Per l'utilitarismo egualitario il principio di uguale considerazione degli interessi prescrive di non discriminare fra interessi uguali di individui diversi a prescindere dall'appartenenza alla specie. Riconoscere il diritto a non soffrire non equivale a riconoscere il diritto a vivere: il valore della vita dei soggetti senzienti è attribuibile subordinatamente al piacere/dolore; in altri termini, è possibile togliere la vita ad un individuo senziente senza provocargli dolore. Riconoscere il diritto a non soffrire inutilmente significa anche riconoscere un obbligo a togliere la vita nella misura in cui la sofferenza è eccessiva e produce troppa sofferenza rispetto agli altri nel presente e nel futuro. Nella logica del calcolo della massimizzazione del piacere e della minimizzazione del dolore la vita ha valore solo subordinatamente alla presenza di un certo livello di "qualità della vita", inteso come criterio di selezione nell'attribuzione della dignità, misurata in funzione del benessere. La vita umana e non umana nella quale la sofferenza prevale si ritiene "non valga la pena di essere vissuta".

La bioetica utilitarista ha suscitato vivaci reazioni critiche, anche per la provocatorietà delle tesi che esprime.

La riduzione della valutazione delle azioni solo in base alle conseguenze o effetti non spiega la rilevanza morale delle intenzioni dell'atto: con la conseguenza che il soggetto è responsabile di ciò che le sue azioni producono anche se causano solo indirettamente un certo stato di cose o ha una responsabilità negativa per non avere prodotto alcuni stati di cose; la stretta connessione tra azioni e conseguenze prodotte non spiega adeguatamente l'esperienza morale, nella quale il soggetto a volte fa scelte non in funzione del calcolo dell'utile, ma del sentimento morale o dei propri progetti di vita (ad esempio, rifiuta un'azione che, pur massimizzando l'utile, va contro i sentimenti morali spontanei vissuti, quali la ripugnanza, la vergogna o il rincrescimento). L'astrattezza impersonale della razionalità strumentale utilitarista tiene in scarsa considerazione la dimensione personale dell'agire morale e le relazioni interindividuali e la possibilità che un individuo faccia scelte in contrasto con interessi e preferenze soggettive per il senso del dovere.

Inoltre va messa in evidenza la difficile conciliabilità della soggettività e la estrema variabilità del modo di intendere interessi e preferenze con l'esigenza di regole sociali comuni oggettive. La massimizzazione delle preferenze, potendo implicare la frustrazione di interessi anche solo per un gruppo minoritario, giustifica un'obbligatorietà morale incompatibile con l'equità: la prospettiva utilitarista collettiva, in vista della produzione del maggior benessere possibile, rischia di penalizzare anche gravemente alcuni interessi individuali (sacrificabili, in vista del calcolo totale), portando potenzialmente all'iniquità, inaccettabile per la morale comune.

Per queste ragioni risulta problematico moralmente accettare la legittimazione utilitarista di interventi soppressivi su esseri umani: l'eliminazione di un vita non può essere mai "indolore" (una cosa è togliere il dolore, altra cosa è togliere la vita); un dolore che appare insopportabile può essere per un altro o per gli altri o anche per gli stessi individui, in momenti esistenziali diversi, non solo sopportabile, ma addirittura una ragione di vita; e anche ammettendo che una certa situazione esistenziale di malattia facesse soffrire altri, l'effetto indiretto rispetto a terzi non può prevalere sull'effetto diretto nei confronti dell'individuo.

Infine non sono comparabili le esperienze sensitive umane e non umane, se non altro perché l'uomo non può uscire dalle proprie categorie conoscitive strutturalmente antropologiche: per quanto possiamo provare a vivere le esperienze percettive degli animali, non potremo sempre che ragionare o per inferenza o per analogia, a partire dunque dalla rilevazione estrinseca di comportamenti e a partire da associazioni con esperienze precedenti anch'esse inevitabilmente umane. Ciò non significa che lo specismo comporti la negazione delle nostre responsabilità nei confronti degli animali non umani: proprio il riconoscimento della diversità delle specie può costituire la premessa per il riconoscimento di una tutela interspecifica.

4. *Teoria personalista*

Il personalismo filosofico è la teoria che ha proposto e giustificato in bioetica la tesi della dignità intrinseca della persona riconosciuta in ogni essere umano, a prescindere dalla fase di sviluppo fisico-psichico, dalla condizione di esistenza (salute o malattia) o dalle proprietà che possiede o le capacità che è in grado di esibire [10].

La prospettiva personalista parte da una visione filosofica finalista (per quanto riguarda la concezione della natura) e cognitivista (per quanto riguarda la concezione della conoscenza), ritenendo che la natura abbia un senso e che tale senso sia conoscibile dalla ragione umana. Il fondamento dell'etica è conoscibile dalla ragione dell'uomo nella misura in cui essa coglie le finalità inscritte nella natura che ne costituiscono il senso. Le finalità nella natura offrono indicazioni normative: buono e doveroso è ciò che è conforme al fine indicato dalla natura; malvagio e proibito è ciò che è contrario al fine naturale. In questo senso la coscienza non crea, ma riconosce i valori nella e dalla natura. La libertà è limitata dalla verità che la antecede; l'essere precede il dover essere, il dovere essere è derivabile/derivato dall'essere.

È la verità di senso della natura che si svela all'uomo mediante la sua ragione che costituisce la verità oggettiva e universale della morale. La natura, anche se mai pienamente disvelata, non è muta, ma parla all'uomo, offre indicazioni per l'agire. Dalla natura si possono trarre norme e prescrizioni per il comportamento nella misura in cui se ne ricerca il senso e si conosce la ragion d'essere. L'oggettivismo/universalismo etico ritiene che l'etica sia 'con' veri-

---

[10] E. Sgreccia, *Manuale di bioetica. Fondamenti ed etica biomedica*, vol. I, Vita e Pensiero, Milano 2012; A. Pessina, *Bioetica. L'uomo sperimentale*, Mondadori, Milano 2020.

tà. Non nel senso che la verità assoluta, conosciuta in modo compiuto e definitivo, è imposta all'uomo, bensì nel senso che la ragione umana è in grado di cogliere nella natura i valori che orientano la sua azione nella realizzazione di sé. La fonte della morale è la ragione che indaga la natura, non la volontà arbitraria insindacabile del soggetto o la convenienza sociale.

Se l'etica ha una verità oggettiva e universale radicata nella natura, è possibile riconoscere una dignità ad ogni uomo. L'uomo tende a conservare la propria vita, a riprodursi, a vivere nella società, a ricercare la verità: le inclinazioni naturali (esplicitate nella filosofia aristotelica e tomista) indicano le regole dell'agire morale verso il bene. In questa prospettiva, la dignità non è un'attribuzione estrinseca contingente, ma un riconoscimento intrinseco necessario. Il riconoscimento del valore intrinseco implica il rispetto in senso forte della natura, che vincola il comportamento: di fronte ad un valore riconosciuto oggettivamente tale nella natura non è possibile agire secondo l'arbitrio, ma si deve agire in base ad un dovere. Non si può compiere qualsiasi azione fisicamente possibile, ma si deve compiere un'azione specifica, quella volta al rispetto. Il riconoscimento della dignità giustifica l'obbligatorietà, il dovere imprescindibile della tutela di ogni uomo. Affermare la dignità significa riconoscere la non possibilità di ridurre l'altro a "prezzo", di non strumentalizzarlo ed oggettificarlo: significa riconoscere un fine in se stesso.

L'etica personalista, su tali basi, si riferisce alla concezione filosofica originaria della persona, riconducibile alla formulazione classica aristotelica di "animale razionale" o alla formulazione boeziana e poi tomista "sostanza individuata di natura razionale" [11]: persona è considerata, in questa concezione, un individuo concreto, incarnato biologicamente in un corpo, che ha una propria natura ontologica, che si manifesta in capacità e comportamenti, ma non è riducibile ad essi. La teoria ontologica della persona o il personalismo ontologico [12] tematizza la priorità della natura sulle funzioni, siano esse sensitive, razionali, autocoscienti, volitive, ritenendo che l'essere persona appartenga alla natura stessa di ogni organismo biologicamente umano, in qualsiasi fase di sviluppo, a prescindere dalla manifestazione esteriore di determinate operazioni o delle condizioni di possibilità della loro espressione. La persona è distinta dalle sue funzioni, non coincide con esse, in quanto le trascende.

L'assenza delle proprietà o funzioni non nega l'esistenza del sostrato ontologico che rimane tale per natura, in quanto preesiste alle sue qualità accidentali: il corpo umano in condizioni di "potenzialità" (non essere ancora), di "residualità" (non essere più), di "privazione" (non essere mai), ossia di non at-

---

[11] Tommaso D'Aquino, *Summa Theologica*, I, q. 29, a. 3.

[12] Tale prospettiva si ispira alla filosofia di S. Tommaso e J. Maritain.

tuazione, transitoria o permanente di certe capacità per l'incompletezza dello sviluppo o la presenza di fattori, esterni o interni, che ne ostacolano parzialmente o ne impediscono totalmente la manifestazione, non nega la natura dell'essere. Ne consegue che l'embrione, il feto, l'infante sono "già" persone, in quanto, pur non essendo ancora manifestate nel corpo biologico in atto, tutte e al grado più elevato le proprietà, sono presenti le condizioni che costituiscono il supporto necessario del processo dinamico continuo e progressivo che consentirà l'attuazione di tali caratteri. Allo stesso modo, il cerebroleso, l'individuo in coma o in condizione di demenza sono "ancora" persone, perché anche se sono in condizioni esistenziali che impediscono la manifestazione di certi comportamenti, l'assenza delle funzioni non modifica il loro essere. Non si può essere più o meno persone, secondo gradi diversi di intensità, in base al livello raggiunto della maturazione fisica o psichica del corpo, o addirittura a prescindere dal corpo. Nella prospettiva personalista corpo umano e persona sono strettamente ed inscindibilmente interconnessi.

Il corpo umano ha uno sviluppo ininterrotto che non ha salti di qualità o tappe che assumono un particolare significato. La prospettiva personalista ritiene che il salto di qualità sia all'inizio e alla fine del processo di sviluppo ininterrotto, non essendoci momenti più o meno rilevanti. Delle due l'una: o tutte le fasi sono egualmente importanti o non lo è nessuna: qualsiasi deviazione da questa logica introduce elementi di arbitrarietà. Non è giustificabile, nella prospettiva personalista, la possibilità di individuare in un momento un "salto qualitativo": l'errore delle teorie "separazioniste" che hanno separato la persona dall'essere umano (sia la teoria libertaria che la teoria utilitarista) consiste, secondo il personalismo, nel misconoscere che la presenza di una funzione o la presenza delle condizioni per la sua estrinsecazione presuppone l'esistenza di un soggetto. È l'esistenza del soggetto che rende possibile l'esercizio di certe funzioni, non l'esercizio delle funzioni che costituisce l'esserci del soggetto.

Non esistono i comportamenti sensitivi, raziocinanti o volitivi, ma esistono i soggetti incarnati in un corpo che percepiscono, ragionano, vogliono. Semmai la funzione si attualizza quale conseguenza, oltretutto parziale e accidentale, che presuppone ontologicamente, quale pre-condizione necessaria, l'esistenza di una persona umana quale soggettività sostanziale. Le qualità astratte non esistono: esistono solo le concrete determinazioni di uno specifico ente incarnato, identificabile nella persona umana. Il corpo umano è sempre corpo della persona umana. Benché sia possibile, di fatto, distinguere la soggettività personale dall'oggettività corporea (il corpo esteso e misurabile è distinguibile dal soggetto che si esprime mediante il corpo), non è altrettanto possibile, di principio, separare corpo e persona in quanto uniti, costitutivamente, nell'umanità dell'essere

Del resto, se fosse vera la coincidenza tra persona e funzione senziente (come sostiene l'utilitarismo) o funzione razionale (come afferma il libertarismo), anche l'individuo umano adulto in stato di anestesia, dormiente, ubriaco, drogato o comunque l'individuo che mostrasse ad intermittenza o sospendesse momentaneamente le capacità richieste per l'attribuzione dello statuto personale non sarebbe persona. Se la persona fosse ridotta ad un insieme di caratteri che compaiono e scompaiono nei diversi individui e nelle diverse situazioni, per riconoscere la presenza di una persona bisognerebbe valutare caso per caso: la persona diverrebbe una categoria aleatoria.

Anche l'approccio fenomenologico offre un argomento a sostegno della coestensività della soggettività personale e della corporeità biologica: noi 'abbiamo' il corpo e al tempo stesso 'siamo' il nostro corpo. Il corpo soggetto che sentiamo dentro la pelle, nella vitalità, nella sofferenza è anche corpo oggetto: la compresenza di oggettività e di soggettività, di essere e di avere costituisce il paradosso e il mistero del nostro essere uomini. Il nostro corpo è il punto di convergenza del somatico e dello psichico. In questo senso, anche se la manifestazione fenomenica della soggettività personale appare impercettibile, flebile e sfumata, è semmai segno della finitezza umana, non di depersonalizzazione o spersonalizzazione del corpo.

Nel contesto del personalismo ontologico i principi proposti in bioetica sono [13]: la difesa della vita nella sua intangibilità e indisponibilità; il principio terapeutico per il quale ogni intervento sulla vita è giustificato solo se ha il fine di guarire il soggetto su cui si interviene; il principio di libertà e di responsabilità, ove la libertà riconosce come limite oggettivo il rispetto della vita propria e dell'altro, quale condizione ineliminabile per esprimere la libertà; il principio di socialità e sussidiarietà, ossia il raggiungimento del bene comune attraverso il bene del singolo secondo giustizia (nel significato classico di 'dare a ciascuno il suo') e la solidarietà verso chi ha più bisogno.

Va precisato che non solo i personalisti si fanno promotori della difesa della vita umana dall'inizio alla fine. Alcuni autori ritengono di non poter riconoscere con certezza lo statuto personale per l'essere umano in ogni stadio di sviluppo con particolare riferimento all'inizio della vita umana: eppure, anche "nel dubbio", tuzioristicamente, sostengono la necessità di una protezione in senso forte della vita umana dal suo inizio alla fine naturale.

In una posizione intermedia sono coloro che, non volendosi pronunciare in merito alla predicabilità della nozione di persona, ritengono che l'essere umano vada comunque protetto e tutelato in senso forte sulla base della regola au-

---

[13] E. Sgreccia, *Manuale di bioetica I. Fondamenti ed etica biomedica*, cit.; A. Pessina, *Bioetica. L'uomo sperimentale*, cit.

rea: ogni essere umano, in quanto "simile" a noi, ed essendo pertanto destinato intrinsecamente a svilupparsi in un essere umano completo, chiede l'impegno responsabile della nostra libertà.

Nella discussione bioetica sono presenti anche declinazioni diverse del personalismo, ispirate al personalismo dialogico, al personalismo di matrice kantiana, al personalismo ermeneutico. L'elemento comune è il rispetto della persona, diversamente teorizzata e giustificata (con riferimento alla relazionalità, alla non riduzione a strumentalità, all'interpretazione), con anche diverse implicazioni.

5. *Oltre il dibattito laici/cattolici: per un'etica filosofica*

Sin dal momento in cui ha iniziato a diffondersi la riflessione bioetica in Italia, si è parlato di contrapposizione tra diverse prospettive di pensiero, qualificate con gli aggettivi "cattolico" e "laico"[14]. Si tratta in verità di aggettivi equivoci che, oltre a non rendere pienamente ragione dei contenuti delle teorie, finiscono con l'accentuare e cristallizzare le divaricazioni. Per comprendere le ragioni del dibattito, è indispensabile distinguere diversi livelli di significato emersi nell'ambito della discussione attuale e comprendere le linee che si stanno delineando 'oltre' questa distinzione.

Ad un primo livello di significato la bioetica "cattolica" indica la posizione bioetica della religione cattolica, detta anche bioetica cattolica "ufficiale" o bioetica della "Chiesa cattolica romana". In questo senso la qualificazione di "cattolica" in riferimento alla bioetica si identifica con gli interventi pubblici del Magistero in materia (encicliche, documenti della S. Congregazione per la Dottrina della Fede, discorsi dei Pontefici, lettere dei vescovi, esortazioni apostoliche).

È la bioetica che parte dall'ipotesi di Dio ("esti Deus daretur") e sulla base della fede nella Rivelazione divina e del richiamo alle Sacre Scritture deduce una serie di prescrizioni assolute, universali ed immutabili da applicare alle singole questioni bioetiche. A partire dalla creaturalità dell'uomo, creato ad immagine e somiglianza di Dio, e della vita come dono, sottratta alla disponibilità arbitraria individuale, tale prospettiva riconosce la "sacralità" della vita umana, da cui deduce il divieto assoluto di uccidere l'essere umano e il dovere

---

[14] G. Fornero, *Bioetica cattolica e bioetica laica*, Mondadori, Milano 2009; L. Battaglia, *Bioetica senza dogmi*, Rubbettino, Soveria-Mannelli 2009; G. Fornero, M. Mori, *Laici e cattolici in bioetica: storia e teoria di un confronto*, Le Lettere, Firenze 2012.

assoluto di proteggere la vita umana ritenuta inviolabile, dall'inizio alla fine del suo sviluppo [15].

La bioetica "cattolica", così intesa, è accusata di confessionalismo, fideismo e dogmatismo.

A ben vedere, la bioetica "cattolica" è confessionale come qualsiasi altra bioetica religiosa, ma non fideistica e dogmatica, nella misura in cui elabora anche razionalmente in modo complementare alla fede i temi bioetici. Non è pertanto arazionale o irrazionale, non impone al credente un'accettazione cieca ed acritica della verità, ma esige una comprensione del significato della fede alla luce della ragione, che la illumina e la rafforza. In questo senso la bioetica "cattolica" è la prospettiva di chi, partendo dall'esistenza di Dio giustificabile anche sul piano della ragione oltre che della fede, fonda la spiegazione dei principi e dei valori bioetici.

È la prospettiva che, riprendendo il realismo classico tomista e neoscolastico, si colloca nell'orizzonte del finalismo creazionista che riconosce nella natura l'ordine che rispecchia il piano sapienziale divino nel mondo. Tutte le creature sono regolate dalla legge eterna (gli enti inanimati vi partecipano per necessità fisica, gli animali per istinto); l'uomo, quale essere dotato di ragione, partecipa del piano sapienziale divino mediante l'intelletto, dunque è in grado di principio di cogliere la verità nella natura per acquisizione progressiva. La ragione pratica parte dall'osservazione delle tendenze naturali dell'uomo: la conservazione della vita, in comune a tutti gli organismi viventi; la riproduzione, in comune con gli animali; la conoscenza della verità e del vivere in società, proprie dell'essere razionale.

La ragione, a partire dall'osservazione, traduce ed interpreta le inclinazioni, formulando le regole della condotta che prescrivono il conseguimento dei fini: bene (dovere) è ciò che è in accordo con i fini della natura voluti da Dio; male (proibito) ciò che è difforme dai fini della natura. Si tratta di un modello bioetico deduttivo che inferisce l'etica dalla concezione finalistica-creazionista della natura: il fondamento dell'obbligatorietà della legge naturale è in prima istanza la persona intesa, in senso ilemorfico, quale unitotalità di corpo ed anima spirituale e in ultima istanza Dio.

Vi è un ulteriore livello di significato di bioetica "cattolica" che emerge nel dibattito attuale. È il significato che viene attribuito ad ogni riflessione bioetica che difende in modo assoluto (anche su basi solo razionali, e non anche di fede) la vita dell'essere umano dall'inizio alla fine del suo sviluppo. Ma que-

---

[15] I. Carrasco de Paula, *Bioetica. Morale della vita e integrità della persona umana nella prospettiva cattolica*, Apollinare Studi, Roma 2001; L. Melina, *Corso di bioetica. Il Vangelo della vita*, Piemme, Casale Monferrato 1996.

sto è un significato improprio di bioetica "cattolica": le prospettive che riconoscono la dignità intrinseca della vita umana sulla base di argomentazioni filosofiche e razionali (come nel caso della bioetica personalista) dovrebbero dirsi "laiche" nel significato originario dell'aggettivo, significato chiarito nella tarda scolastica e all'inizio dell'età moderna con U. Grozio, ossia razionali. La posizione di chi riconosce la vita umana come un valore non è solo cattolica: semmai, è "anche" cattolica. È la posizione di chiunque, credente o non credente o diversamente credente, ritenga che esistano argomentazioni razionali condivisibili che giustifichino la dignità intrinseca della vita umana.

In questo senso la bioetica non è "cattolica", bensì "laica" nel senso di razionale: "laico" non è colui che afferma l'ipotesi di Dio ragionando come se Dio fosse, partendo dall'affermazione della sua esistenza, né colui che nega l'ipotesi di Dio ragionando in assenza di Dio, ma colui che riflette "come se Dio non fosse", ossia mettendo tra parentesi l'esistenza o la non esistenza di Dio.

È questa la posizione di chi intende elaborare un'etica filosofica e non un'etica teologica o religiosa, condivisibile sul piano metodologico da chiunque intenda argomentare in modo secolare la fondazione di valori e di principi. In questo senso la "bioetica laica" coincide con la "bioetica filosofica", ossia una riflessione che sulla base di argomenti razionali non religiosi, ma non per questo anti-religiosi, si inserisce nella discussione pubblica pluralistica delle questioni emergenti dalla tecno-scienza biomedica.

È evidente che le filosofie sono molteplici: così come le religioni sono molteplici. Quando si parla di "bioetica laica" o "bioetica filosofica" si intende una riflessione che ritenga che la ragione abbia un compito rilevante: non quello dell'imposizione dogmatica della verità da cui dedurre, sistematicamente e gerarchicamente, norme immutabili e assolute, né quello della rinuncia scettica e relativistica alla verità, lasciando la coscienza autonoma soggettiva libera di qualsiasi pronunciamento, ma il compito della ricerca di una verità comune. La bioetica "laica" in questo senso ricerca la verità nella consapevolezza che data la finitezza e limitatezza dell'uomo la verità compiuta e definitiva non sarà mai conosciuta nella sua totalità, richiedendo uno sforzo ermeneutico progressivo di avvicinamento alla verità, per cogliere significati e valori condivisi e condivisibili.

La bioetica "laica" coincide, in questa prospettiva, con il metodo razionale critico di chi non pretende verità presupposte come indiscusse ed indiscutibili, ma non rifiuta la verità limitandosi alla registrazione empirica dei fatti e della prassi: è la posizione di chi, invece, ritiene sul piano dei contenuti che sia razionalmente argomentabile e condivisibile il riconoscimento del valore dell'essere umano e della convivenza sociale di fronte all'avanzamento della conoscenze scientifiche e dell'applicazione delle nuove tecnologie. La bioetica "laica" è la posizione di chi non intende né frenare né esaltare la tecno-scienza, ma di chi asserisce che sia filosoficamente e razionalmente giustificata l'esigenza che ogni uomo sia rispettato in quanto uomo, in ogni fase della sua vita.

La discussione attuale è complicata ed equivoca, in quanto la bioetica che si autodefinisce "laica"[16] si contrappone esplicitamente alla bioetica "cattolica" proponendo una visione antimetafisica e non-cognitivista, negando che la vita sia un bene oggettivo e affermando che la vita abbia un valore *prima facie* e variabile, ove tale possibilità e intensità assiologica dipende dall'attribuzione da parte dell'uomo o dalle circostanze.

Ma questa non dovrebbe, propriamente, dirsi bioetica "laica", semmai dovrebbe essere indicata come bioetica "laicista", o anche bioetica libertaria o utilitarista o "bioetica della disponibilità della vita", ritenendo che della vita propria ed altrui sia possibile disporre e intervenire anche con finalità non terapeutiche, sulla base di scelte individuali o sociali al fine di migliorarne la qualità.

In questo senso è importante nella discussione bioetica andare oltre le aggettivazioni "cattolico" e "laico". Non solo perché sono aggettivazioni ambigue, ma anche perché di fatto oggi non utili ad identificare le linee della discussione. Il metodo laico del filosofare in bioetica è aperto a credenti e non credenti e può autenticamente proporsi come terreno di incontro dialettico. È la bioetica laica che non si contrappone alla bioetica religiosa o cattolica, ma che si contrappone alla bioetica che accoglie in modo acritico, irrazionale ed arazionale opinioni che pretendono di sottrarsi al dialogo. È la bioetica "spregiudicata" che non accetta pregiudizi, ma che cerca il confronto nella ricerca di elementi di condivisione razionale[17].

---

[16] U. Scarpelli, *Bioetica laica*, Baldini e Castoldi, Milano 1998; Id., *Bioetica: alla ricerca dei principi*, in "Biblioteca della Libertà", 1987, 99, pp. 7-32; Id., *L'etica senza verità*, Il Mulino, Bologna 1982. Cfr. C. Flamigni, A. Massarenti, M. Mori, A. Petroni, *Manifesto di bioetica laica* ("Il Sole 24 ore"), 9 giugno 1996 "Manifesto della bioetica laica" (pubblicato su "Sole 24 Ore" il 9 giugno 1996 e i successivi interventi sullo stesso giornale nell'inserto domenicale); P. Borsellino, *Bioetica tra "morali" e diritto*, Raffaello Cortina, Milano 2018.

[17] F. D'Agostino, *Etica laica ed etica cristiana*, in "Orientamenti Sociali", 1992, 2/3, pp. 25-30.

Capitolo II

MODELLI BIOGIURIDICI

1. *Dalla bioetica alla biogiuridica*

Il termine "bioetica" si interseca in modo sempre più evidente con la "biogiuridica" e il "biodiritto". Si tratta di neologismi che, seppur più recenti dell'espressione bioetica, hanno avuto una rapida diffusione. È una percezione diffusa che la biogiuridica e il biodiritto siano l'inevitabile esito della bioetica e che la bioetica non possa evitare il riferimento al diritto: ciò è dovuto principalmente all'emergere dell'esigenza sempre più avvertita nella società attuale di una regolamentazione giuridica delle pratiche biomediche e sociosanitarie, nel contesto del progresso scientifico e tecnologico.

Così come il termine bioetica non coincide con il significato etimologico ("etica della vita"), anche le espressioni biogiuridica e biodiritto non equivalgono a "diritto della vita": il diritto, come l'etica, da sempre si è occupato della vita. La specificità della biogiuridica e del biodiritto sono identificabili nella ricerca dell'elaborazione di regole, se ritenute indispensabili, per disciplinare i comportamenti umani a livello sociale, nel contesto delle questioni bioetiche emergenti. Sempre più ricorrenti, oltre a biogiuridica e biodiritto (soprattutto nella lingua italiana e spagnola), anche "bionormazione", "bioregolazione", "biolegislazione", "biogiurisprudenza", espressioni che mostrano la rilevanza del diritto nella regolamentazione, a diversi livelli, dei nuovi interventi sulla vita.

Bioetica e biogiuridica/biodiritto [1] non si sovrappongono, seppur trattando

---

[1] L'uso dei due termini "biogiuridica" e "biodiritto" caratterizza in prevalenza la discussio-

argomenti analoghi anche se non sempre coincidenti. Sia la biogiuridica che il biodiritto affrontano i problemi bioetici con un approccio e una prospettiva specificamente giuridica, senza pretendere di proporre orientamenti assiologici alla coscienza per una condotta che realizzi (o si avvicini il più possibile) al bene 'massimo', limitandosi a prescrivere in modo vincolante (anche prevedendo sanzioni amministrative o penali per la condotta contraria) i comportamenti per garantire la convivenza sociale. Biogiuridica e biodiritto, pertanto, nati come propaggine della bioetica, stanno sempre più divenendo discipline autonome, rispetto alla bioetica[2].

Se da un lato si percepisce, in modo sempre più evidente nell'ambito della società attuale, l'urgenza di regole che consentano la convivenza e risolvano i contrasti che appaiono sempre più accesi e di difficile soluzione sul piano della pluralità delle etiche che si confrontano, dall'altro lato si registra spesso un ritardo di una risposta giuridica e di una riflessione sistematica, alla domanda bioetica sociale a livello dottrinale, legislativo e giurisprudenziale. Qualcuno lamenta addirittura l'assenza del diritto in bioetica, evidenziando un "vuoto giuridico", almeno in alcuni ambiti, che porta al "far west" nella prassi collettiva.

In verità non è propriamente corretto parlare di "vuoto giuridico"[3]. Esistono a livello internazionale numerosi documenti (risoluzioni, raccomandazioni, direttive, dichiarazioni, convenzioni e carte dei diritti) con valenza giuridica non legislativa o pre-legislativa; vi sono anche leggi in alcuni Paesi europei ed extraeuropei su molti temi di bioetica. Per quanto riguarda la situazione italiana, sebbene ancora poche siano le leggi esplicite su argomenti specifici (ci sono progetti di legge in discussione, o ancora non discussi, o anche discussi e accantonati), esistono comunque normative che potrebbero essere interpretate estensivamente o analogicamente, in taluni casi, al fine di proporre regolamentazioni per singoli problemi.

Nonostante la presenza di riferimenti prescrittivi di carattere generale e/o specifico spesso, di fronte a nuovi problemi emergenti dallo sviluppo della tecno-scienza, il diritto, sollecitato dalle preoccupazioni e dall'allarmismo so-

---

ne italiana (e anche spagnola) e si è delineata, anche se in modo non netto e rigido, la seguente distinzione: biogiuridica è generalmente usato per indicare la riflessione filosofica sui fondamenti del diritto in bioetica, con riferimento al rapporto diritto e giustizia; il termine "biodiritto" indica più specificamente il diritto positivo in bioetica (con riferimento al diritto privato e al diritto internazionale). Cfr. http://www.treccani.it/enciclopedia/biogiuridica/.

[2] Per una completa ricostruzione del rapporto tra bioetica e diritto cfr. L. d'Avack, *Verso un antidestino. Biotecnologie e scelte di vita*, Giappichelli, Torino 2009.

[3] Come si spiegherà meglio successivamente, non si può dare per scontato che il diritto coincida con la legge.

ciale (a volte pienamente giustificato, a volte forse eccessivo), mostra la tendenza ad intervenire con urgenza, rischiando di introdurre norme frettolose, settoriali, asistematiche, spesso incoerenti con altre norme del sistema giuridico. Non è raro che gli interventi biogiuridici si configurino attraverso sentenze, circolari ministeriali, ordinanze, decreti governativi, norme deontologiche, deliberazioni di comitati etici: si tratta di provvedimenti tempestivi e contingenti che a volte fungono da strumenti provvisori per tamponare le emergenze, per supplire ad eventuali carenze, per disciplinare rapidamente le paure evocate dalle imprevedibili ed incontrollabili novità scientifiche, ma che nascondono inevitabilmente il bisogno di un intervento organico.

Il ritardo di una riflessione sistematica giuridica in bioetica rispetto al rapido incedere della scienza e della tecnologia sembra aumentare ancor più le aspettative nei confronti del diritto. Ci si aspetta molto dal diritto: forse più dal diritto che dall'etica, dopo le delusioni di lunghi dibattiti, rivelatisi a volte sterili e ripetitivi. Ci si aspetta la "certezza" della regolamentazione; si esige un punto di riferimento fermo per sapere finalmente come ci si debba comportare a livello collettivo (per sapere che cosa è "legale" e che cosa è "illegale"); e, avere certezze, contribuisce a rimuovere socialmente le paure collettive, a dissolvere i fantasmi e le angosce che a volte accompagnano la comunicazione dei nuovi risultati raggiunti dalle conoscenze scientifiche e dalle applicazioni tecnologiche in biomedicina.

Vi sono alcune ragioni empiriche e tecniche del ritardo del diritto. Una prima ragione può essere individuata nel fatto che i giuristi, almeno nel momento iniziale della riflessione bioetica, non si sentivano chiamati in causa ad intervenire nel dibattito: forse per un problema di competenze. La bioetica, sulle prime, appariva un ambito di analisi riservato ai moralisti o ai teologi, dal quale i giuristi sembravano essere esclusi.

A ciò va aggiunta l'accelerazione del progresso tecno-scientifico medico e biologico che, ponendo con ritmo incalzante sempre nuovi problemi, contrasta inevitabilmente con la lentezza e mancanza di flessibilità dei meccanismi di legiferazione: si tocca sempre più con mano la a-sincronicità tra tecno-scienza e diritto. Il diritto si mette in moto sempre dopo che la scienza e la tecnologia hanno sollevato un quesito e, mentre il diritto lavora per ipotizzare una soluzione, la scienza spesso lo oltrepassa, riformulando il problema precedente in un modo diverso o ponendo nuovi interrogativi; il diritto, insomma, rischia di divenire presto obsoleto, di arrivare troppo tardi quando il problema non è più sentito, oppure addirittura, trasformato sostanzialmente e, comunque, avvertito diversamente sul piano sociale.

Anche l'interdisciplinarità della materia rallenta i tempi del diritto, richiedendo agli operatori giuridici un continuo aggiornamento e confronto con esperti di discipline diverse, esigendo una familiarizzazione di linguaggi oltre che con un confronto tra metodologie eterogenee. Emerge, a volte, la necessità di elaborare categorie giuridiche nuove per classificare fenomeni che fuoriescono dall'ambito usuale di analisi. Non è raro che le norme bioetiche lascino alcune definizioni vaghe o addirittura rinuncino ad una determinazione positiva dei contenuti, limitandosi a statuizioni negative. Si avverte l'impulso a rivedere o riformulare concetti tradizionali, ormai invecchiati e spesso ritenuti inadeguati rispetto alla nuova realtà, esigendo la formulazione di nuovi diritti o addirittura la configurazione di nuovi soggetti giuridici.

Un'ulteriore ragione della dilatazione dei tempi giuridici può essere dovuta alla prudenza e alla paura di cristallizzare in norme indicazioni di comportamento in riferimento a situazioni dai contorni scientificamente ancora imprecisi, con il timore che determinate scelte possano provocare conseguenze imprevedibili ed irreversibili nel futuro, con la necessità, ma a volte l'impossibilità, di prevedere gli effetti realisticamente possibili. Il diritto si trova a dover regolamentare tutto in anticipo, ma (se non con un notevole esercizio di immaginazione) non può assolvere tale gravoso compito, con la conseguenza che a volte tende a diffondersi la mentalità di chi preferisce lasciare andare avanti le cose, ritenendo ogni intervento prematuro, preferendo attendere che le innovazioni si consolidino scientificamente e si diffondano socialmente, per riuscire a cogliere e comprendere meglio le problematiche emergenti, e dunque intervenire in condizioni di maggiore chiarezza.

Ma, forse, la causa principale della lentezza del diritto nell'intervenire nelle questioni bioetiche è individuabile in una ragione di carattere epistemologico: non è ancora chiaro quale debba essere propriamente il ruolo e quali debbano essere le funzioni del diritto in bioetica, proprio perché non è condiviso quale debba essere in generale il ruolo e la funzione del diritto. In modo particolare proprio oggi, nella società attuale caratterizzata dal pluralismo morale e culturale, si avverte un forte disagio del giurista e del biogiurista. Si apre un problema cruciale per la filosofia del diritto in bioetica: quale diritto per il biodiritto? Tutto ciò che è tecno-scientificamente possibile è anche lecito dal punto di vista del diritto? Bisogna legiferare in bioetica? Se si deve legiferare, quando e come legiferare? Quali sono le condizioni di legittimità di una legiferazione bioetica? Quale la rilevanza dell'intervento della giurisprudenza? Quale il rapporto tra legislatore e giudice? Quale il ruolo della dottrina?

Si tratta ora di individuare i diversi modi di intendere il ruolo del diritto in bioetica e i corrispettivi modi di intendere i criteri che devono ispirare la regolazione in bioetica, al fine di cogliere la radice degli orientamenti teorici più diffusi. L'analisi si muove su un piano concettuale, ossia sul piano dell'individuazione delle ragioni generali che ispirano le scelte particolari e i criteri delle scelte nella formulazione delle leggi. Il fine di tale indagine, nella prospettiva della filosofia del diritto, è quello di verificare la consistenza delle ragioni, o meglio, la coerenza e la conformità di tali ragioni.

Diversi sono stati i modi di rispondere giuridicamente (a livello teorico) alle esigenze di regolamentazione in bioetica: anzi, si può forse affermare che le nuove esigenze d'intervento del diritto nella realtà sociale sollecitate dall'avanzamento tecno-scientifico hanno fatto riemergere, in modo ancora più evidente ed acuto, la contrapposizione di "modelli" o paradigmi, ossia modi di concepire l'intervento e la funzione del diritto nell'ambito della società attuale[4]. Si tratta di modelli a volte sovrapposti, a volte contrastanti, a volte integrabili. Al centro della teorizzazione la possibilità/impossibilità di conciliare la "divergenza" delle etiche plurali e le esigenze di "convergenza" del diritto a livello nazionale ed internazionale[5]. Si possono, schematicamente, delineare due orientamenti principali contrapposti: l'orientamento non cognitivista che propone un modello neutrale e l'orientamento cognitivista che tematizza un modello basato sul diritto naturale.

2. *Modelli di biodiritto neutrale*

A partire da premesse non-cognitiviste o anti-cognitiviste che negano la conoscibilità della verità in etica, si delinea l'approccio descrittivista che prende atto dei diversi valori emergenti nei fatti, ritenuti di principio inconciliabili, non gerarchizzabili, semmai solo bilanciabili in base alla valutazione soggettiva e alla considerazione delle circostanze. L'approccio descrittivista non ammette prescrizioni, ritenute imposizioni direttive di un'etica posta in modo arbitrario come assoluta sulle altre etiche, nel tentativo di marginalizzarle e delegittimarle. In tale prospettiva l'etica rimane e deve rimanere un fatto privato:

---

[4] L'individuazione dei modelli è inevitabilmente schematica: ci sono posizioni in letteratura, sfumate, compresenti, a volte parallele o sovrapposte, a volte opposte o combinate: non si pretende l'esaustività, ma ci si limita alla descrizione degli orientamenti più diffusi, nell'individuazione delle linee generali concettuali. Si può comunque cogliere come a volte, nonostante vi siano distinzioni sul piano speculativo, emergano analogie o addirittura convergenze nelle proposte applicative in bioetica. Cfr. F. D'Agostino, *Bioetica e diritto*, in "Medicina e Morale", 1993, 4, pp. 675-690; Id., *Bioetica e biopolitica. Ventuno voci fondamentali*, Giappichelli, Torino 2011; G. Dalla Torre, *Le frontiere della vita. Etica, bioetica e diritto,* Studium, Roma 1997.

[5] Per una discussione su tema cfr.: S. Canestrari, *Bioetica e diritto penale. Materiali per una discussione*, Giappichelli, Torino 2012; C. Casonato, *Introduzione al biodiritto*, Giappichelli, Torino 2012.

ogni sforzo, peraltro teoricamente improbabile se non impossibile, di tentare la convergenza delle plurali visioni radicalmente individuali, non è ritenuto nemmeno desiderabile, in quanto repressivo ed impersonale. Si tratta di una prospettiva scettica, con possibili o inevitabili aperture relativistiche, nella considerazione dell'equivalenza delle visioni morali, di cui si ritiene necessario in questa prospettiva garantire l'espressione e realizzazione mediante i principi di autodeterminazione e tolleranza, intesa come sopportazione acritica dell'altrui scelta.

Tali premesse filosofiche aprono a diversi scenari del biodiritto neutrale o 'senza verità'.

La teorizzazione libertaria ritiene che sia meglio che il diritto non intervenga mai nelle questioni bioetiche[6]. Secondo questa concezione, è ritenuto più opportuno escludere l'intervento pubblico ed istituzionale del diritto, identificato con la legge, in quanto opprimente. Si chiede al diritto di astenersi dall'intervenire, o comunque di ritrarsi, in quanto ogni legge in tale ambito è percepita come un'ingerenza ed un'intrusione indebita, che finisce con l'interferire con la libertà individuale e soffocarla, a partire dal presupposto che tutto ciò che non sia né comandato né vietato da leggi, sia permesso. Si tratta di una visione del diritto che si inserisce nell'ambito dell'"antigiuridismo" che chiede, proprio in bioetica, uno "spazio morale libero dal diritto", manifestando l'esigenza che si possa esprimere, nelle scelte che riguardano la vita e la morte, la salute e la malattia, la libertà "privata" della coscienza spontanea individuale, senza alcuna coazione. È il movimento di pensiero, che ritiene che le legislazioni in bioetica, in qualsiasi modo siano formulate, non possano che risultare "altamente inadeguate" ("*highly inappropriate legislation*", *HIL*).

Il modello astensionista chiede la non legiferazione o la depenalizzazione delle leggi esistenti: chiede di togliere le sanzioni penali, senza nemmeno aggiungere sanzioni civili o amministrative per la punizione di atti contrari alle norme. Alle leggi si preferiscono, semmai, le regolamentazioni dei codici deontologici o le deliberazioni dei comitati etici, quali forme di normazione indiretta e mutevole, flessibile, che in ultima istanza fa coincidere la responsabilità con l'autocontrollo di una comunità o l'autodisciplina dei singoli soggetti (siano questi individui, ricercatori, scienziati o medici). È il modello che propone la deregolamentazione, la depubblicizzazione, la deistituzionalizzazione, dunque la degiuridicizzazione in bioetica, ossia la sottrazione delle problematiche bioetiche al diritto, con la conseguente privatizzazione delle scelte, riducendo al minimo la coercizione del diritto ed espandendo in modo massimo l'autono-

---

[6] T.H. Engelhardt, *Bioetica: i limiti della legislazione*, in "Biblioteca della Libertà", 1994, 125, pp. 85-107.

mia dei soggetti, nell'esaltazione della decisione individuale. È l'orientamento secondo il quale tutto ciò che è tecno-scientificamente possibile è anche lecito, in base alla scelta soggettiva, senza bisogno di alcuna norma.

Una seconda prospettiva, all'interno di questo modello, è individuabile nel liberalismo [7] che chiede l'intervento del diritto in bioetica con la funzione di garantire la libertà, intesa come autodeterminazione individuale. Secondo questo paradigma i "diritti morali" attengono alla sfera di autonomia delle scelte bioetiche rispetto alle quali il diritto positivo o il "diritto giuridico" in senso stretto, posto in essere dal legislatore, non deve interferire, se non proteggendo le condizioni esteriori che consentano alla libertà di manifestarsi concretamente, abolendo gli impedimenti (o libertà negativa) e procurando i mezzi per la traduzione in comportamento (o libertà positiva).

Il diritto diviene una sorta di confine pubblico tra le diverse sfere etiche private: entro ogni sfera privata l'individuo è padrone della propria morale, non dovendo rendere conto a nessuno (semmai solo alla propria coerenza morale e alla propria giustificazione razionale del comportamento etico), limitandosi semmai ad ammettere che l'altro possa fare ciò che vuole anche nel caso si giudichi il comportamento altrui sconveniente o immorale. Nella cornice protettiva delle norme giuridiche sanzionatorie la funzione del diritto si delinea nella ricerca anche di "compromessi", nello sforzo di ricercare una maniera storica e convenzionale, destinata a mutare nel tempo, per rendere possibile la convivenza delle idee e delle pratiche corrispondenti [8]. Sono accettati taluni limiti alla libertà solo nella misura in cui vi sia un fondato o presumibile timore per eventuali rischi sulle conseguenze imprevedibili di determinate scelte di libertà: solo in questi casi si ammettono regole temporanee, stabilite di volta in volta, utili a tamponare le emergenze sociali, ma rivedibili ed eliminabili, se non necessarie. Nella misura in cui la scienza è o sarà in grado di evitare rischi o comunque controllarli, tutto potrebbe essere in linea di principio possibile massimizzando l'autonomia individuale e minimizzando il paternalismo statuale e giuridico.

---

[7] S. Rodotà, *Tecnologie e diritti*, Il Mulino, Bologna 1995; Id., *Diritto, scienza, tecnologia: modelli e scelte di regolazione*, in G. Comandé, G. Ponzanelli (a cura di), *Scienza e diritto nel prisma del diritto comparato*, Giappichelli, Torino 2004, pp. 397-412; Id., *La vita e le regole. Tra diritto e non diritto*, Feltrinelli, Milano 2006.

[8] U. Scarpelli (*Bioetica laica*, cit.) ha proposto una "strategia liberale" in bioetica, formulando il principio di tolleranza e di assenza di danno rilevante all'altro; il diritto, a suo parere, deve impedire che qualcuno o qualcosa interferisca con l'estrinsecazione della libertà del soggetto libero. Il diritto deve assicurare che nessuno sia danneggiato, ma il danno (oltretutto stabilito in base alle circostanze storiche) è rapportato all'"altro", quale individuo libero, in grado di esercitare la libertà in atto (il "soggetto attuale", distinto dai soggetti possibili, potenziali e residuali). Cfr. anche P. Borsellino, *Bioetica tra autonomia e diritto*, Zadig, Milano 1999.

È questo il modello che opta per una legge "mite", "aperta", "sobria", "elastica", "flessibile", "leggera", "minimale" e "a maglie larghe", insomma per un biodiritto che si orienti verso una riduzione al minimo del diritto pubblico ed un ampliamento massimo dello spazio della libertà privata: ogni intervento legislativo deve evitare la rigidità ed essere adattabile alle rapide trasformazioni tecno-scientifiche (in senso diacronico) e al pluralismo etico (in senso sincronico). Questo modello ritiene, per certi aspetti, sul piano giuridico più opportuna proprio in bioetica un'opzione per la giurisdizione o la giurisprudenza rispetto alla legislazione, ove il giudice svolge una funzione creativa (è il giudice che "fa" la legge) e la decisione giudiziaria (essendo riferita ad un caso) non è mai definitiva né sistematica, ma mutevole e rivedibile, lasciando anche spazio all'autoregolamentazione, in quanto adattabile alle circostanze rispetto ad un codice normativo rigido.

La prospettiva utilitarista ritiene che la funzione del biodiritto debba essere quella di proteggere l'autonomia (analogamente al liberalismo), ma al tempo stesso di massimizzare gli interessi, derivanti dal calcolo piacere/dolore, gioia/sofferenza, felicità/infelicità del maggior numero di individui. Secondo questa visione la norma giuridica deve assicurare benefici al maggior numero di individui e danneggiarne il minimo: si tratta di elaborare norme ispirate a criteri di convenienza e produttività sociale, rivedibili in funzione del mutare delle circostanze. È questo l'orientamento nel biodiritto che tende ad elevare la qualità di vita e l'efficienza a criteri di misura e di valutazione in ambito giuridico. Una prospettiva del biodiritto che coincide con la concezione economicista, che tende a ridurre l'esperienza giuridica a calcolo matematico dell'economia in generale e dell'economia politica in particolare, elevando l'efficienza a criterio di misura e di valutazione del diritto. Il diritto diviene strumento per la ripartizione di risorse economiche secondo il criterio dell'utile collettivo anche a costo di sacrificare l'utile individuale[9].

Le visioni del biodiritto delineate, seppur con modalità ed argomenti diversi, tendono ad escludere dal diritto qualsiasi riferimento etico univoco nel tentativo di essere neutrali rispetto ad ogni scelta di valore o ad includere eventualmente nel diritto il riferimento alle etiche, ritenendo che manchi una verità etica oggettiva nel diritto. Secondo le prospettive libertaria, liberale, utilitarista, seppur con argomentazioni diverse, non si parla di doveri se non "prima facie" e di diritti "diretti" solo per i soggetti in grado di rivendicarli o subordinatamente all'utile sociale. Gli altri sono diritti "indiretti", provvisori, bilanciabili in base alle circostanze, a considerazioni sociali, ad accordi di opportu-

[9] P. Singer, *Ripensare la vita. La vecchia morale non serve più*, cit.; E. Lecaldano, *La bioetica e i limiti del diritto*, in "Democrazia e Diritto", 1988, 4/5, pp. 21-41.

nità o prudenza, di benevolenza o simpatia, ma anche a ragioni simboliche o estetiche.

Un elemento comune alle prospettive biogiuridiche delineate, pur nella diversità delle premesse e delle argomentazioni, è la negazione che la natura umana sia espressione di un valore e il fondamento dei diritti: il fatto di possedere una natura umana non è considerato sufficiente per giustificare un dovere di rispetto e di tutela della vita umana.

3. *La biogiuridica tra diritto naturale e diritti umani*

In contrapposizione all'orientamento non cognitivista e alle sue diverse espressioni e declinazioni, si delinea la biogiuridica cognitivista, che parte dalla fiducia nella possibilità della ragione di conoscere o avvicinarsi alla conoscenza della verità. Si delinea in questo contesto di pensiero un approccio prescrittivo, che ritiene insufficiente, seppur rilevante come punto di partenza o contesto di riferimento, e inconcludente l'etica descrittiva, affermando l'imprescindibilità di esprimere una preferenza rispetto ai valori in gioco.

In tale visione filosofica il diritto non è riducibile a diritto positivo (come secondo la prospettiva del positivismo giuridico), inteso come tecnica neutrale e procedura di organizzazione sociale. La connessione tra bioetica e biogiuridica presuppone una visione giusnaturalistica che ritiene il diritto non riducibile esclusivamente a diritto posto dal legislatore o al diritto applicato dai giudici, tematizzando i contenuti morali privilegiati nel diritto, identificabili con il principio del rispetto della dignità umana riconoscendo ogni essere umano come persona e soggetto di diritti, nella coniugazione della libertà e della responsabilità verso sé e verso gli altri, nell'affermazione della giustizia e dell'uguaglianza di tutti gli esseri umani.

Diversi i percorsi che si sono delineati in tale orizzonte di pensiero. Il percorso del giusnaturalismo deduttivistico d'impostazione personalistica, a partire dalla affermazione della conoscenza metafisica della verità nella natura e dall'identificazione tra diritto e morale, ritiene che il biodiritto positivo debba essere derivato in modo sistematico dal diritto naturale, radicato nella natura umana oggettivamente intesa. Il percorso del neogiusnaturalismo, che si sviluppa all'interno di una prospettiva filosofico giuridica onto-fenomenologica, parte dalla conoscibilità ermeneutica della verità, dinamicamente aperta alle esigenze storico-sociali.

Il modello giusnaturalista classico [10], riprendendo il realismo giuridico clas-

---

[10] J. De Dios Vial Correa, E. Sgreccia (a cura di), *Natura e dignità della persona umana a*

sico aristotelico-tomista-neoscolastico, ritiene che ogni espressione della legge mostri e debba mostrare lo stretto legame tra normatività e ragione dell'uomo che ordina o regola le azioni al fine della natura, identificato con il bene, essendo la legge la via che indica e prescrive all'uomo come deve agire per attuare la sua natura (dunque il proprio fine o bene).

Questo modello si ispira alla quadripartizione tomista della legge. Nell'orizzonte della legge divina, che coincide con la verità rivelata, conoscibile per fede quale "ordinazione" della fede al "bene soprannaturale" e della legge eterna o "ordinazione" della ragione, intesa come sapienza o intelletto di Dio, al bene comune dell'universo, la legge naturale è la "partecipazione" della creatura razionale alla legge eterna o "ordinazione" della ragione umana al "bene". La ragione pratica parte dall'osservazione delle tendenze naturali dell'uomo: la conservazione dell'essere, in comune a tutti gli esseri; la riproduzione, in comune con gli animali; la conoscenza della verità e del vivere in società, proprie dell'essere razionale. La ragione traduce e interpreta le inclinazioni, formula le regole della condotta che prescrivono il conseguimento dei fini: bene (dovere) è ciò che è in accordo con i fini della natura; male (proibito) ciò che è difforme dai fini della natura.

Il modello biogiuridico personalista si inscrive in questo orizzonte di pensiero che fonda la normatività oggettiva sull'esigenza ontologica della natura dell'uomo. La legge naturale è dunque legge dell'essere dell'uomo: la violazione della legge naturale produce un danno ontologico alla stessa persona umana. Nell'ambito di questo quadro concettuale, che dalla legge eterna conduce alla legge naturale, la legge positiva civile e umana è nei contenuti la derivazione dalla legge naturale (morale); "l'ordinazione" della ragione al "bene comune", promulgata da chi governa una comunità. La legge positiva umana è un insieme di disposizioni particolari che guidano l'uomo al perseguimento dei fini terreni: nel contenuto derivano dalla legge naturale, benché nella forma siano promulgati dal legislatore. Partendo dalla considerazione che l'uomo sia un essere sociale, dunque non sia in grado di conseguire i fini se vive isolato ma abbia bisogno di vivere con gli altri, ed essendo la società un'unione morale e stabile di più individui che tendono ad un medesimo scopo nell'ordine temporale, il bene comune è identificato con il bene di tutti, il bene al quale tutti partecipano, vivendo in società. La legge che prescrive (alla società) la via al fine (bene comune) è la legge umana, civile, positiva. Il contenuto della legge positiva deriva dei precetti della legge naturale, tratti, mediante la ragione, per conclusione o determinazione.

---

fondamento del diritto alla vita. Le sfide del contesto culturale contemporaneo, Libreria Editrice Vaticana, Città del Vaticano 2003.

La conclusione è il procedimento di deduzione analitica dai principi, ossia l'inferenza necessaria dei principi dalla legge naturale (analogamente al procedimento scientifico di dimostrazione). In questo caso il legislatore sancisce e rafforza la legge naturale, essendo la legge umana l'unica possibile derivazione della legge naturale (la scelta sta nel fatto che il legislatore potrebbe decidere di non regolamentare, dunque di non trarre la conclusione). Ne sono esempio le leggi che proibiscono l'uccisione, che tutelano la famiglia fondata sul matrimonio. La determinazione è il procedimento di specificazione di norme generali, ossia la scelta dei mezzi per i fini.

In questo ambito vi è uno spazio inventivo, non creativo, del giurista: dapprima nella deduzione e nella determinazione (in rapporto all'emergere di nuove situazioni e alla conoscenza di realtà inedite), poi nella traduzione positiva, nella regolamentazione, nella formulazione nel linguaggio giuridico. Ad esempio, in bioetica, una volta riconosciuto il valore intrinseco naturale della vita umana, spetta al legislatore dare le disposizioni specifiche anche in relazione alle nuove acquisizioni scientifiche e tecnologiche riguardo alle modalità di tutela che ne garantiscano la protezione in senso assoluto (ad esempio vietando la sperimentazione arbitraria sull'uomo e ammettendo solo interventi terapeutici o comunque conservativi).

Nell'ambito di questa concezione giuridica bidimensionale, si può creare un contrasto tra diritto naturale e diritto positivo: di fatto è possibile che esista una legge civile non conforme al diritto naturale (una legge ingiusta), se il legislatore legifera contro i precetti naturali. Se la legge impone un'azione contraria alla legge naturale e al diritto naturale, perderebbe il fondamento di obbligatorietà e sarebbe giustificata l'obiezione di coscienza[11].

Il personalismo ontologico, alla luce della concezione tomista del diritto naturale, riconosce i diritti dell'uomo come scaturenti per deduzione immediata dall'essere persona: nell'essenza della persona sono inscritti i suoi diritti. La persona come soggetto sussistente ha beni che ineriscono al proprio essere, che sono parte integrante del suo essere: sono suoi, gli altri non se ne possono appropriare arbitrariamente. Non sono diritti che sono attribuiti all'uomo dalla volontà positiva, non sono frutto di decisioni individuali, convenzione, accordi o concessione della società; ma preesistono alla volontà positiva, che li riconosce in quanto inerenti alla natura dell'uomo. L'esigibilità del diritto e il debito (ossia le spettanze) scaturiscono dalla natura ontologica dell'uomo. La persona ha, al tempo stesso, una valenza ontologica, morale e giuridica: la

---

[11] E. Sgreccia (*Manuale di bioetica. Fondamenti ed etica biomedica*, cit., p. 64 ss.) sostiene che non tutta la sfera morale può essere coperta dal diritto e che la legge non può fondare la morale, ma semmai riconoscerne le istanze. Cfr. anche J. Herranz, *Il rapporto tra etica e diritto nella Enciclica 'Evangelium Vitae'*, in "Medicina e Morale", 1999, 3, pp. 445-466.

prospettiva personalista dimostra che la soggettività giuridica è radicata nella natura dell'essere dell'uomo; persona in senso giuridico è una categoria essenzialmente contenuta nel concetto di persona in senso filosofico.

Ne consegue, in questo orizzonte di pensiero biogiuridico, che il diritto non può negare personalità giuridica all'essere umano, qualunque sia la sua condizione o stato di sviluppo psico-fisico. In questo senso il criterio di riconoscimento della titolarità e della misura dei diritti naturali è invariabile in quanto la natura umana, nella sua essenza, permane, non cambia nello spazio e nel tempo: ciò che è variabile è l'enumerazione concreta, la formulazione e la determinazione specifica dei diritti naturali, che va perfezionata, integrata ed articolata in base alle esigenze storiche mutate e alle nuove situazioni emergenti.

Il modello biogiuridico coesistenziale o relazionale [12], a differenza del modello realista personalista, non deriva il diritto dalla morale, ma trae dal diritto stesso la propria visione assiologica, identificata con l'etica civile o l'etica "del" diritto (l'etica coesistenziale). Nella linea della onto-fenomenologia del diritto [13], la biogiuridica relazionale evidenzia l'etica coesistenziale quale etica inscritta nella stessa giuridicità. Il punto di partenza dell'analisi fenomenologia è l'indagine antropologica, al fine di accertare se le condizioni dell'esistere dell'uomo mostrino la necessità del coesistere giuridicamente.

L'uomo comprende che l'essere "accanto" è un essere "con" l'altro (in senso orizzontale): avverte la dialettica con l'alterità come condizione di possibilità dell'identità, del riconoscimento reciproco. L'uomo avverte la relazionalità non solo come fatto, ma anche come principio, il principio costitutivo dell'essere uomo tra gli uomini. L'uomo comprende che la relazione non è solo un modo di esprimersi dell'io, ma è la sua condizione di possibilità, prima che della sua esprimibilità. In questo senso il fatto di trovarsi accanto all'altro costituisce una spinta a riconoscere la propria non unicità, limitatezza ed indigenza: l'uomo comprende di non essere solo, di non essere un individuo irrelato, di non essere assoluto, ma di mancare di qualcosa. L'uomo avverte la necessità di trascendere se stesso nel confronto, nella relazione con la prospetticità dell'altro-da-sé. È la relazionalità, radicata nel reciproco riconoscimento, la condizione di possibilità del convivere sociale.

È proprio nel contesto dell'antropologia relazionale, che emerge il senso della giuridicità quale "forma di coesistenza integrativo-includente", uno dei modi strutturati che rende possibili e sicuri i legami intersoggettivi, impeden-

---

[12] F. D'Agostino, *Bioetica nella prospettiva della filosofia del diritto*, Giappichelli, Torino 1998; Id., "Biodiritto", in *Parole di bioetica*, Giappichelli, Torino 2004, pp. 4-14.

[13] S. Cotta, *Il diritto nell'esistenza. Linee di ontofenomenologia giuridica*, Giuffrè, Milano 1991.

do mediante la sanzione atti anticoesistenziali, estendendosi "di principio" (in un dinamismo centrifugo-diffusivo) sino ad includere tutti gli uomini, a prescindere dalla condizioni fisiche (si potrebbe anche dire, dagli stadi di sviluppo), dal sesso, dalla razza, dall'appartenenza politica o religiosa. Il diritto crea vincoli associativi universali mediante la regola (una proposizione prescrittiva vincolante generale, senza eccezioni) formulata secondo giustizia: è la giustizia il valore del diritto, il criterio oggettivo, quale condizione di pensabilità, possibilità e realizzabilità giuridica della dignità umana.

È la giustizia che esprime in ultima analisi il senso proprio della giuridicità e mostra i requisiti irrinunciabile per la legittimazione oggettiva della legge in bioetica. La legge è giusta (dunque legittima oggettivamente) nella misura in cui garantisce la relazionabilità universale degli uomini quale condizione dell'identità, l'ordine delle libertà, ossia la limitazione delle libertà quale garanzia della compossibilità e compatibilità delle libertà e l'uguaglianza ontologica, ossia l'uguale trattamento per tutti gli uomini, rifiutando eccezioni e privilegi, secondo simmetria (il diritto che si rivendica, deve poter essere rivendicabile da chiunque altro nella medesima situazione) e secondo reciprocità (al diritto di un soggetto deve corrispondere il dovere dell'altro di rispettarlo). Solo la legge giusta che risponde a tali requisiti tutela oggettivamente l'uomo: se la legge privilegia, asimmetricamente, la libertà di alcuni non riconoscendo la libertà degli altri e attribuisce diritti senza i reciproci doveri, va contro l'uomo stesso e contraddice il significato della giuridicità non garantendo la relazione universale.

In particolare, la biogiuridica è chiamata a ritematizzare la soggettività giuridica in chiave relazionale, mostrando la necessità che tutti i soggetti umani godano di un'uguale tutela giuridica, anche coloro che per motivi accidentali o transeunti, non ontologici (dovuti all'età, allo stadio di sviluppo o a condizioni di malattia, provvisorie o permanenti) non sono in grado di gestire in atto la relazionalità o la gestiscono debolmente.

La funzione del giurista in bioetica, nella prospettiva coesistenziale, non è solo formale, procedurale o fattuale: il giurista non si limita a garantire l'autonomia individuale, a calcolare l'utile sociale, a tradurre la volontà legislativa, a verificare la correttezza delle procedure, a registrare la prassi sociale diffusa, ma ha anche il compito di entrare criticamente nel merito del contenuto del diritto, esprimendo un giudizio di verità sul diritto esistente (in base alla verità del diritto). Il biogiurista è chiamato a prendere posizione di fronte al diritto vigente, interrogandosi sulla conformità al diritto naturale, ossia al senso della giuridicità, nello sforzo di adeguazione del diritto positivo al diritto naturale e nella ricerca di nuovi modi di positivizzare (anche tenendo conto delle nuove istanze emergenti) le spettanze obiettive relazionali dell'umano.

In questo contesto teorico, la natura umana diviene l'orizzonte di senso e la misura critica del diritto, il valore pregiuridico e metagiuridico che dovrebbe costituire l'orientamento per il legislatore e il giudice, nel momento in cui sono chiamati ad intervenire nell'ambito della regolamentazione della tecnoscienza. Ritenere che la regolazione biogiuridica debba ispirarsi esplicitamente al criterio della dignità umana intrinseca significa ritenere che la vita umana non sia mai un semplice mezzo, ma sempre anche un fine da rispettare, nella ricerca di un bilanciamento tra l'interesse della scienza e il riconoscimento del bene umano fondamentale.

In questo contesto si delinea la rilevanza di una biolegislazione che intervenga esplicitamente – se il diritto vigente è silente, obsoleto, ambiguo – quando emerge il pericolo della violazione della dignità umana o la problematicità del riconoscimento dei diritti dell'uomo. Una biolegislazione che, almeno nella esplicitazione dei principi generali, stabilisca i limiti interpretativi sul piano giudiziale, garantendo la democraticità della elaborazione normativa, la certezza per operatori e cittadini, la generalità e astrattezza, evitando discrezionalità e creatività di decisioni giurisprudenziali. In questa prospettiva si vede con forte preoccupazione l'assenza del diritto in bioetica che delinea scenari di "far west", la biolegislazione minimale neutrale che fa prevalere i diritti di chi può rivendicarli sui diritti di chi non ha voce nella potenziale conflittualità tra le autonomie e la biogiurisprudenza flessibile (in particolare in sistemi non vincolati dal precedente) a causa dell'eterogeneità delle sentenze e della creatività dei giudici che possono creare condizioni di ingiustizia.

Questo orientamento è criticato in quanto l'identificazione diritto/morale o la stretta connessione tra diritto e morale è accusata di "imporre" una prospettiva morale delegittimando le altre: viene accusata di illiberalità, non tenendo in adeguata considerazione le istanze di autonomia e di convenienza sociale, e di oscurantismo, in quanto blocca o tende a frenare, mediante divieti e proibizioni, il progresso tecno-scientifico.

4. *Il contributo della bioetica "critica": verso una governance*

Tra soggettivismo non cognitivista da un lato e oggettivismo cognitivista dall'altro lato, si delinea l'esigenza di ricercare un equilibrio. Il soggettivismo apre ad una liberalizzazione permissiva che rischia di esporre l'uomo a rischi imprevedibili e potenziali danni irreversibili; l'oggettivismo, nell'affermazione di valori assoluti, può ostacolare l'innovazione del progresso delle tecnoscienze e non considerare adeguatamente le trasformazioni sociali in atto.

Emerge l'esigenza di una bioetica "critica" che superi le rigide contrapposizioni e che, con una argomentazione dialettica, ricerchi una mediazione etica sul piano teorico che non si riduca a mero compromesso o accordo pragmatico, identificando il minino etico condivisibile nel bilanciamento dei principi e valori in gioco di fronte alla complessità reale.

È un percorso che si sta delineando "di principio" nell'ambito della filosofia del diritto sul piano della teorizzazione e "di fatto" nell'ambito della discussione in organismi istituzionali, sul piano nazionale ed internazionale. Tale esigenza emerge da diverse sollecitazioni.

Da sollecitazioni interne: dalla stasi biopolitica sui problemi bioetici causata anche dalla contrapposizione ritenuta inconciliabile delle etiche, dall'esperienza di talune legislazioni che hanno favorito una visione etica sulle altre e che hanno suscitato conflitti etici oltre che modifiche biogiurisprudenziali, dalla lacunosità di aree del diritto che suscitano incertezze nei comportamenti negli operatori sanitari e nei cittadini, dall'emergere di casi e problemi inediti che mostrano la necessità di un dialogo e un ripensamento delle categorie consolidate.

Ma anche da sollecitazioni esterne, in particolare dalle emergenti esigenze internazionali di confronto su temi comuni, mediante la discussione interculturale e l'elaborazione di regole condivise a livello continentale ed intercontinentale globale per evitare il fenomeno, sempre più diffuso, del "turismo bioetico", ossia del trasferimento di individui in Paesi che ammettono ciò che il proprio Paese proibisce.

Sul piano metodologico la bioetica "critica" combina l'approccio descrittivo e prescrittivo, si costruisce mediante un costante confronto con le teorie e le ragioni degli altri. Tale confronto interdisciplinare e pluralistico si realizza nella misura in cui ogni concezione sia adeguatamente e coerentemente giustificata e argomentata, sia consapevole dei possibili limiti e criticità, nella disponibilità a tenere in considerazione dialogicamente le ragioni degli altri, verificando fino a che punto la propria posizione sia condivisa dagli altri, da posizioni diverse e anche opposte. L'obiettivo è la ricerca di una mediazione, l'identificazione di minimi etici condivisi/condivisibili, anche rinunciando a qualcosa della propria teoria espressa in modo 'massimo' per cercare un punto di contatto comune, evitando nella misura possibile fratture inconciliabili.

Sul piano teoretico l'elaborazione di una bioetica "critica" in vista della regolamentazione delle tecno-scienze è possibile all'interno di un orizzonte di riferimento che delinea un collegamento tra filosofia del biodiritto, teoria generale del biodiritto e sociologia del biodiritto.

Si tratta dei valori etici minimi che la filosofia del diritto contribuisce a tematizzare e che sono espressi nei diritti umani fondamentali, formulati nelle costituzioni e nelle normative internazionali. Tali documenti, negli ultimi decenni, hanno visto anche un'esplicita specificazione ed interpretazione alla luce dei problemi emergenti dallo sviluppo scientifico e tecnologico in dichiarazioni di organismi internazionali, convenzioni, risoluzioni, raccomandazioni, direttive, regolamenti a livello europeo (secondo diversi livelli di vincolatività).

Tale specificazione ha consentito di consolidare nel dibattito biogiuridico alcuni principi condivisi quali: 1. la dignità dell'essere umano: seppur nel contesto di diverse possibili interpretazioni, in senso forte o debole, il principio riguarda la tutela dell'integrità fisica del corpo e delle sue parti (cellule e tessuti), la sicurezza, la non manipolazione arbitraria, la non strumentalizzazione e commerciabilità del corpo, il non sfruttamento a fini commerciali, la non invasività fisico-psichica (es. uso di dispositivi, trattamenti sperimentali); 2. il principio di vulnerabilità, che giustifica una particolare attenzione nei confronti di persone in condizioni di fragilità particolare e di incapacità (minori, disabili fisico-psichici, anziani, donne in età fertile/gravidanza/allattamento, detenuti, militari, migranti, individui di Paesi in via di sviluppo, persone in condizione di indigenza); 3. l'autonomia e la responsabilità, intese come rispetto della capacità di una persona di fare scelte personali in un contesto relazionale: l'autonomia presuppone sempre l'informazione comprensibile con riferimento alle condizioni cronologiche, esistenziali, culturali, spiegando le conseguenze della scelta; 4. la proporzionalità o appropriatezza: è il principio che esplicita la necessità, in ogni azione e ambito di applicazione, di un bilanciamento dei rischi e dei benefici, nell'orientamento verso la massimizzazione dei benefici oggettivi e la minimizzazione dei danni o rischi fisici-psichici-sociali (possibili, probabili o potenziali); 5. la giustizia: è il principio che si basa sull'uguaglianza e sull'equità nella distribuzione delle risorse scarse e nell'accesso ai trattamenti, o ai risultati delle scoperte scientifiche e applicazioni tecnologiche.

Si tratta di valori e principi giuridici che evidenziano l'inaccettabilità delle rivendicazioni di autodeterminazione arbitraria del corpo: nel quadro dei diritti umani in bioetica, non è legittimo vendere il corpo e le proprie parti, condurre una sperimentazione internazionale senza consenso, consentire l'accesso alle nuove tecnologie nel libero mercato solo a chi può pagare. Tali valori minimi mostrano inevitabilmente talune ambiguità, in particolare nell'ambito delle delicate e controverse questioni ai confini della vita. Si tratta di valori minimi che stabiliscono alcuni limiti alla libertà arbitraria, senza fondare ontologicamente ed in modo assoluto la dignità umana: costituiscono punti di riferimento per la normazione nell'ambito tecno-scientifico, in una via intermedia tra accettazione neutrale e acritica dell'esistente, accusabile di relativizzare ogni etica e imposizione direttiva di una visione etica.

La bioetica "critica" nella misura in cui ricerca la mediazione etica nel contesto del pluralismo, offre un punto di partenza indispensabile per la normazione in bioetica che può integrarsi con la teoria generale del biodiritto. A quest'ultima spetta il compito di sistematizzazione del diritto interno verificando nell'ambito delle diverse problematiche emergenti l'effettiva necessità di nuove regole nel contesto delle normative vigenti, la possibilità/impossibilità di ricavare in via interpretativa dall'ordinamento norme o la necessità/opportunità di un'innovazione normativa.

Si tratta anche di identificare la opportunità di ripensare le categorie giuridiche tradizionali (anche le stesse denominazioni e definizioni) che risultano inadeguate rispetto alla nuova realtà (es. filiazione-genitorialità, privacy-trasparenza, danno da procreazione, cessione-donazione, capacità-incapacità) e delinearne i percorsi per la traduzione normativa positiva verificando di volta in volta, nel confronto con la filosofia del diritto, se sia indispensabile un approccio permissivo o proibitivo, che apra alle opportunità e al tempo stesso fissi i limiti di liceità di una tecnologia, nella modalità specifica o generale in base ai contesti. L'obiettivo potrebbe essere la ricerca di un'integrazione possibile tra biolegislazione e biogiurisprudenza, tra esigenze di democraticità e certezza, ma al tempo stesso di flessibilità e concretezza [14].

Lo sforzo congiunto della filosofia biogiuridica e della teoria generale del biodiritto è quello di garantire da un lato la coerenza interna all'ordinamento giuridico che tenga conto dei principi fondamentali espressi nella carta costituzionale e dell'evoluzione e stratificazione storico-sociale del diritto; dall'altro l'armonizzazione nell'elaborazione, interpretazione e applicazione normativa, con i principi e valori espressi nei documenti internazionali [15]. Va in particolare considerato il ruolo sempre più rilevante delle Corti internazionali, quali la Corte europea dei diritti dell'uomo, anche sul diritto interno degli Stati nazionali, oltre al ruolo dei principi generali del diritto internazionale e nazionale.

Filosofia e teoria del diritto devono anche aprirsi, nel prospettare una regolazione delle tecno-scienze, al rapporto scienza/società: in questo ambito si in-

---

[14] S. Amato, *Biogiurisprudenza. Dal mercato genetico al self-service normativo*, Giappichelli, Torino 2007; Id., *Caratteri del biodiritto*, in "Rivista di Filosofia del Diritto", 2013, 1, pp. 31-49; A. Santosuosso, *Giudici senza leggi: rimedio o nuova prospettiva?*, in "Notizie di Politeia", 2002, 18, pp. 65, pp. 4-30.

[15] R. Andorno, *Human dignity and human rights as a common ground for a global bioethics*, in "Journal of Medicine and Philosophy", 2009, 34, pp. 223-240; Id., *Principles of international biolaw: seeking common ground at the intersection of bioethics and human rights*, Bruylant, Geneve 2013; D. Beyleveld, R. Brownsword, *Human dignity in bioethics and biolaw*, Oxford University Press, Oxford 2002.

serisce il contributo della sociologia del biodiritto. Ogni regolazione, oltre alla mediazione etica ed elaborazione/interpretazione/applicazione normativa, necessita di un monitoraggio costante dei risultati scientifici e degli orientamenti della ricerca. Sono a tal fine indispensabili Comitati consultivi scientifici in continuo dialogo con eticisti e giuristi.

La discussione bioetica e biogiuridica deve aprirsi alla società, mediante un'adeguata informazione e al tempo stesso consultazione e monitoraggio delle aspettative ed inquietudini. Emerge in modo sempre più evidente la rilevanza della 'cittadinanza scientifica', dell'importanza della costruzione (istituzionale e non) di piattaforme di dialogo e discussione interdisciplinare che consentano un aggiornamento dinamico e un'interazione attiva tra gli esperti delle nuove tecnologie e i cittadini. Un'interazione che consenta un'adeguata informazione e formazione, cercando di evitare da un lato la paura irrazionale nei confronti della novità della scienza e dall'altro la cieca fiducia, entrambi atteggiamenti emotivi, acritici, non riflessivi, non adeguatamente giustificati.

In questo ambito il diritto è chiamato a bilanciare la valutazione scientifica e la consultazione pubblica, evitando il rischio dello scientismo (assolutizzazione della valutazione scientifica) e del populismo (assolutizzazione della percezione sociale). Va realizzato e mantenuto un equilibrio nel rapporto scienza e società, per evitare l'eccesso di allarme sociale per rischi bassi e improbabili o la scarsa paura per rischi elevati e seri, la speranza acritica per prospettive scientificamente inattendibili o l'assenza di speranza per prospettive concrete. In una condizione di complessità delle conoscenze tecno-scientifiche è indispensabile che la partecipazione democratica o "democraticizzazione della scienza", sia inclusiva ed attiva, per garantire l'efficacia del diritto: ciò è possibile mediante la promozione concreta del dibattito pubblico nella cittadinanza e nel processo di normativizzazione, nella consapevolezza che ogni formulazione – anche quando faticosamente elaborata – necessita di continue revisioni e riformulazioni alla luce delle nuove acquisizioni scientifiche e trasformazioni della società e del sentire sociale.

È indubbiamente difficile, oggi, il ruolo del diritto in bioetica e anche comprensibile, per certi aspetti, il disagio del biodiritto. Il diritto non riesce a 'stare al 'passo' con la tecno-scienza, nella difficoltà filosofica della mediazione etica, nella complessità teorica della sistematizzazione concettuale e normativa, e nello sforzo sociologico dell'interazione con i rapidi cambiamenti sociali. Spesso le leggi bioetiche sono accusate di ambiguità, di elusività, di mancanza di precisione. Le pronunce giudiziali di frettolosità, di ideologia, di eterogeneità.

Ma il biodiritto non si può fermare. Le domande dalla tecno-scienza emergono in modo sempre più pressante. Il dialogo biogiuridico nazionale e transnazionale sta progressivamente maturando la percezione della necessità, in taluni ambiti bioetici di particolare urgenza (si pensi a questioni che mettono in gioco l'identità dell'uomo, della specie umana e della vita sulla terra), di ricercare punti minimi di condivisione, di elaborare una risposta urgente, efficace e globale. Emerge l'esigenza di una macro-bioetica, dilatata nello spazio (tra le culture, gli Stati, i continenti) e nel tempo (tra le generazioni, prossime e remote), una bioetica internazionale, intercontinentale e interculturale [16].

Il biodiritto ha di fronte a sé un percorso complesso e difficile, nel contesto del pluralismo e della moltiplicazione dei problemi bioetici. Ma il suo è un compito indispensabile per una costruzione giuridica solida che si opponga alla tecnocrazia e al mercato, orientando i percorsi della tecno-scienza nella direzione della difesa dell'uomo e nella tutela dei diritti umani fondamentali.

5. *Il ruolo dei Comitati internazionali, europei e nazionali*

A livello internazionale, europeo e nazionale sono sorti vari comitati di bioetica con l'obiettivo di implementare una riflessione etica che bilanci le esigenze dell'innovazione scientifica con i valori morali nel contesto del comune orizzonte dei diritti umani, i valori della dignità, vulnerabilità, autonomia, proporzionalità, giustizia.

Dal 1993, l'UNESCO ha istituito un *Comitato internazionale di bioetica* (*International Committe of Bioethics*, IBC), un'organizzazione di esperti di bioetica e biogiuridica indipendenti dai governi. L'obiettivo del comitato è: promuovere una riflessione etica e giuridica sollevata dalle scienze e dell'applicazione delle nuove tecnologie; incoraggiare lo scambio di idee e informazioni; sollecitare una presa di coscienza della società globale e dei governi; cooperare con governi e organizzazioni non governative in bioetica, su basi internazionali, regionali e nazionali; contribuire a disseminare i principi delle dichiarazioni dell'Unesco nell'ambito della bioetica.
Le principali dichiarazioni elaborate dal Comitato sono: la *Dichiarazione universale sul genoma umano e i diritti umani* (1997), la *Dichiarazione interna-*

[16] M.Y. Barilan, *Human dignity, human rights, and responsibility: the new language of global bioethics and biolaw*, The MIT Press, New York 2012; B. van Beers, L. Corrias (eds.), *Humanity across international law and biolaw*, Cambridge University Press, Cambridge 2014; H. ten Have, B. Gordijn (eds.), *Handbook of global bioethics*, Springer, Dordrecht 2014; C. Foster, *Human dignity in bioethics and law*, Hart Publishing, Oxford 2011.

zionale sui dati genetici umani (2003): la *Dichiarazione universale di bioetica e diritti umani* (2005).
Molti i temi trattati nei documenti e rapporti: diversi profili della genetica e consulenza genetica, clonazione, neuroscienze, biotecnologie, ricerca e sperimentazione, medicine tradizionali, consenso informato, solidarietà e cooperazione internazionale, condivisione dei benefici (*benefit sharing*), responsabilità sociale e vulnerabilità, non discriminazione e giustizia, tecnologie riproduttive.
http://www.unesco.org/new/en/social-and-human-sciences/themes/bioethics/international-bioethics-committee/.
Il *Comitato intergovernativo di bioetica* (*International Intergovernamental Committee of Bioethics*, IGBC) è stato costituito nel 1998: comprende 36 membri rappresentativi di diversi Stati nel mondo con lo scopo di analizzare in modo critico i documenti dell'IBC e di interagire. http://www.unesco.org/new/en/social-and-human-sciences/themes/bioethics/intergovernmental-bioethics-committee/.
La Commissione mondiale dell'etica della conoscenza scientifica e delle tecnologie (World Commission on the Ethics of Scientific Knowledge and Technology, COMEST) è un organismo consulente dell'Unesco, istituito nel 1998, composto da esperti in ambito scientifico, filosofico, culturale e politico di varie regioni del mondo al fine di offrire un contributo nell'ambito delle nuove biotecnologie e dell'etica ambientale (cambio climatico, biodiversità).
http://www.unesco.org/new/en/social-and-human-sciences/themes/comest/

L'Organizzazione mondiale della sanità ha istituito un Dipartimento di etica che si occupa della "Etica della salute globale" (Global Health Ethics Unit Department of Information, Evidence and Research). L'unità si occupa di esaminare problemi etici emergenti nell'ambito dell'organizzazione mondiale della sanità, sostiene gli Stati membri nel trattare i problemi etici che devono affrontare nei propri Paesi e elabora i temi di etica globale della salute, con particolare attenzione alla sorveglianza epidemiologica nell'ambito degli sviluppi della genomica, delle nuove tecnologie, dell'equo accesso alle risorse sanitarie, delle decisioni nell'ambito della cura clinica e della salute pubblica (emergenze, epidemie e pandemie, trapianti, HIV, biobanche, governance della medicina, anzianità). È stato istituito un Comitato per la revisione etica (Research Ethics Review Committee) che si occupa dell'analisi e valutazione etica dei problemi etici emergenti nel contesto della ricerca e una Interagenzia con Nazioni Unite sulla bioetica (U.N. Inter-Agency Committee on Bioethics), dal 2003, con i rappresentanti della Organizzazione delle Nazioni Unite per promuovere il coordinamento a livello internazionale e regionale intergovernamentale nell'ambito della bioetica, nel contesto dei diritti umani.
http://www.who.int/ethics/en/

L'*European Group on Ethics in Science and New Technologies* (EGE) è stato istituito nel 1991 (con il nome di *Group of Advisers on the Ethical Implications of Biotechnology*, GAEIB). In base alla legislazione dell'Unione Europea l'EGE ha un ruolo istituzionale di consulenza del Presidente della Commissione nell'ambito delle linee etiche, della legislazione e delle politiche comunitarie, richiedendo specifici pareri. È un organo indipendente, pluralista, multidisciplinare: ha fatto parte del Bureau of European Policy Advisers (BEPA), attualmente fa parte della direzione generale della ricerca (DG of Research). Gli esperti sono nominati in base alla competenza scientifica e non rappresentano il proprio Paese. Molti i temi affrontati: biotecnologie e brevetti, ingegneria genetica, diagnosi prenatali, clonazione, biobanche, ricerca sull'uomo, sperimentazioni animali, sperimentazioni internazionali, impianti nel corpo e doping, nanomedicina, sicurezza del cibo, biologia sintetica, tecnologie dell'informazione e della comunicazione, energia, sicurezza e sorveglianza, nuove tecnologie per la salute e partecipazione dei cittadini, ricerca sugli embrioni, organismi geneticamente modificati, genome-editing. La Commissione europea, il Parlamento europeo e il Consiglio ritengono il Gruppo un valido interlocutore nell'elaborazione delle politiche dell'Unione europea. Il Consiglio e il Parlamento europeo organizzano anche dibattiti inter-istituzionali nei settori chiave delle politiche europee, dagli OGM alla sicurezza, dall'agenda digitale all'energia.
https://ec.europa.eu/research/ege/index.cfm

Il *Committee of Bioethics* (DH-BIO) presso il Consiglio d'Europa, istituito nel 2012 (originariamente Steering Committee on Bioethics, CDBI) è un organismo intergovernativo composto di delegati rappresentanti dei diversi Paesi del Consiglio europeo, in stretto rapporto con la Steering Committee on Human Rights (CDDH). I componenti del DH-BIO si riuniscono regolarmente e scambiano informazioni, discutono su alcuni temi e propongono raccomandazioni e risoluzioni da discutere al Consiglio dei Ministri e da presentare agli Stati, con l'obiettivo di armonizzare la biogiuridica europea.
Il principale documento di armonizzazione in materia di bioetica ed etica della ricerca del Consiglio d'Europa, vincolante per i Paesi che lo hanno firmato e ratificato, è la *Convention for the Protection of Human Rights and Dignity of the Human Being with regard to the Application of Biology and Medicine: the Convention on Human Rights and Biomedicine* e i protocolli addizionali (*Additional Protocol on the Prohibition of Cloning Human Beings*, 1998; *Additional Protocol concerning Transplantation of Organs and Tissues of Human Origin*, 2002; *Additional Protocol on Biomedical Research*, 2005; *Additional Protocol concerning Genetic Testing for Health Purposes*, 2008).
Tra i documenti non vincolanti ma orientativi rispetto alla regolazione europea si ricordano: *Recommendation on xenotransplantation* Rec(2003)10; *Recommendation on the protection of the human rights and dignity of persons with mental disorder* Rec(2004)10; *Recommendation on research on biological ma-*

terials of human origin Rec (2006)4, e la successiva Rec(2016)6; *Recommendation on the processing of personal health-related data for insurance purposes, including data resulting from genetic tests* Rec(2016)8. Ogni documento è accompagnato da un *Explanatory memorandum* che esplicita le motivazioni delle regole, che nascono da una discussione interna e dalla ricerca di mediazioni etiche.
https://www.coe.int/en/web/bioethics/home

Il *Comitato Nazionale per la Bioetica* è stato istituito nel 1990 con Decreto del Presidente del Consiglio dei Ministri nell'ambito delle nuove questioni emergenti dal continuo e rapido progresso della scienza e della tecnologia in biomedicina. È composto da diversi esperti, oltre che rappresentanti dell'Istituto Superiore di Sanità, Consiglio Superiore di Sanità, Consiglio Nazionale delle Ricerche, Federazione Nazionale degli Ordini dei Medici Chirurghi e Odontoiatri, Federazione Ordini Veterinari Italiani: la discussione è condotta su basi interdisciplinari e pluralistiche.
Molti i temi discussi: questioni di inizio e fine vita, la ricerca e la sperimentazione, problemi di etica sociale, le tecnologie emergenti, la salute animale e l'ambiente. Sono stati elaborati numerosi pareri, mozioni (testi più brevi e urgenti) e risposte a quesiti formulati dai cittadini. Duplice la funzione del Comitato: la funzione di consulenza etica presso il Governo, il Parlamento e le altre istituzioni in vista dell'elaborazione normativa e la funzione di informazione nei confronti dell'opinione pubblica sui problemi nell'ambito delle scienze della vita e della cura della salute. Sono organizzate anche conferenze per le scuole e le Università, per coinvolgere nella discussione le nuove generazioni. Il Comitato interagisce attivamente con i comitati internazionali e tutti i Comitati nazionali degli altri Paesi del Continente e fuori del Continente.
http://presidenza.governo.it/bioetica

Parte II

QUESTIONI AI CONFINI DELLA VITA UMANA

Capitolo I

QUESTIONI ALL'INIZIO DELLA VITA UMANA

SOMMARIO: 1. Statuto dell'embrione umano e sperimentazione. – 2. Tecnologie riproduttive. – 3. Gestazione per altri. – 4. Ectogenesi. – 5. Diagnosi prenatali. – 6. *Gene-editing*. – 7. Clonazione riproduttiva.

1. *Statuto dell'embrione umano e sperimentazione*

La discussione bioetica e biogiuridica sull'embrione umano è nata a seguito dell'apertura di nuove possibilità di intervento sulla fase iniziale della vita umana e della forte pressione da parte della scienza di effettuare ricerche a scopo conoscitivo [1]. È possibile produrre in vitro embrioni mediante la fecondazione assistita e consentire il loro sviluppo fino a 7/9 giorni dalla fecondazione, si discute la possibilità di continuare anche fino al 14° giorno e oltre; è possibile usare embrioni umani e distruggerli a scopi sperimentali, per l'avanzamento delle conoscenze; è possibile congelare gli embrioni, generalmente avanzati dalle tecnologie riproduttive. L'attuabilità e l'attuazione concreta di tali pratiche solleva la questione: è lecito sperimentare su embrioni umani? Gli embrioni umani sono soggetti o possono essere oggetti della sperimentazione? Entro quali limiti può essere consentito l'avanzamento delle ricerche scientifiche e delle applicazioni tecnologiche sull'embrione umano?

La filosofia del diritto contribuisce alla riflessione sullo statuto dell'embrione umano. È possibile distinguere, nell'ambito del dibattito estremamente articolato, diverse linee di pensiero [2]: una linea che nega i diritti all'embrione

---

[1] Attualmente in Italia la sperimentazione sugli embrioni umani è vietata dalla legge 40/2004 sulla procreazione medicalmente assistita, che riconosce la soggettività e gli interessi del concepito. La sperimentazione è ammessa solo per finalità terapeutica sull'embrione stesso, quando non ci sono alternative terapeutiche.

[2] Cfr. Comitato Nazionale per la Bioetica, *Identità e statuto dell'embrione umano*, 1996.

o li attribuisce in modo estrinseco e debole; una visione che giustifica una stretta connessone tra diritti e natura umana affermando i diritti intrinseci della vita nascente in senso forte e assoluto; altri orientamenti si collocano in una posizione intermedia e avanzano argomenti a protezione dell'embrione solo in alcune circostanze, legittimando in altre la possibilità sperimentale [3].

L'embrione umano non è ancora un soggetto

La negazione dello statuto soggettivo dell'embrione umano parte da una visione materialistica: l'embrione umano è ritenuto un mero insieme di cellule appartenenti alla specie umana che si formano casualmente e si moltiplicano secondo la legge causa/effetto divenendo un aggregato di cellule umane estese e in movimento, in contatto accidentale le une con le altre, che si scambiano informazioni biochimiche e genetiche. L'embrione sarebbe insomma ridotto a mero fatto osservabile, a materia organica estesa (nello spazio) in movimento (nel tempo), della quale semmai si può dire che avrà uno sviluppo futuro, estrinsecamente possibile o statisticamente più o meno probabile. In questo orizzonte epistemologico, l'embrione umano è ridotto a mero dato oggettuale: la ragione umana non è in grado di leggere nell'embrione alcun segno della sua espressione antropologica (ossia dell'esserci della soggettività e della persona), nessuna indicazione della sua rilevanza etica e giuridica.

Il fatto meramente empirico e contingente dell'esistenza materiale della vita biologica di un embrione umano non giustifica alcun obbligo di comportamento sul piano assiologico e normativo: lo sbarramento esplicitato dalla legge di Hume nell'orizzonte non-cognitivista tra fatti e valori/diritti, impedisce il riconoscimento antropologico del nascituro come persona e dunque il riconoscimento prescrittivo dell'embrione come soggetto morale e giuridico.

Se la natura umana dell'embrione vivente non ha alcuna rilevanza di per sé sul piano antropologico ne consegue che i valori e i diritti non possono che essere convenzionali ed estrinseci: non hanno cioè alcun fondamento obiettivo nell'essere dell'embrione, ma sono frutto di una scelta individuale emozionale o razionale (secondo il modello libertario) o di un calcolo di simpatia, convenienza o benevolenza (secondo il modello utilitarista). Non c'è insomma alcun dovere necessario alla protezione dell'embrione umano: semmai ci sarebbero solo eventuali doveri "*prima facie*" e diritti deboli, relativi e contingenti, possibili e provvisori, comunque rivedibili, revocabili o bilanciabili in base alle circostanze [4].

---

[3] Per una ricostruzione del dibattito cfr. L. d'Avack, *Il potere sul corpo. Limiti etici e giuridici*, Giappichelli, Torino 2015, p. 67 e ss.

[4] P. Borsellino, *La tutela giuridica della vita prenatale. Alcune considerazioni in prospettiva filosofico-giuridica*, in "Bioetica. Rivista Interdisciplinare", 2000, 4, pp. 640-650.

In questo senso è possibile intervenire, manipolare, alterare, modificare in modo transitorio o permanente, scambiare e vendere, sfruttare e anche distruggere l'embrione ridotto a mero oggetto. Chi nega la soggettività all'embrione umano, ammette, seppur con toni diversi (più estremi o più sfumati) la possibilità di disporre della vita dell'essere umano nelle primissime fasi del suo sviluppo. Ammettere la disponibilità dell'embrione umano significa legittimare la strumentalizzazione dell'embrione: la posizione più radicale è quella di coloro che ritengono lecita la produzione di embrioni a solo scopo sperimentale distruttivo o addirittura a scopo commerciale; più moderata la posizione di chi ritiene che la sperimentazione non terapeutica possa essere applicata solo a determinate condizioni, definibili in ragione delle esigenze della scienza.

All'interno di questo orizzonte di pensiero, sono definibili diversi confini dell'inizio della soggettività.

Il primo confine della soggettività riguarda il momento stesso della fecondazione. La fecondazione non è un evento istantaneo, ma un processo che si svolge nel tempo (tra le 18 e le 35 ore), dal momento della penetrazione dello spermatozoo nell'ovulo sino allo stadio di *singamia*, ossia il momento della completa fusione di tutti i cromosomi delle cellule germinali. L'entità precedente alla singamia viene denominata ootide o ovocita a due pronuclei o prezigote per indicare l'ovocita fertilizzato allo stadio pronucleare: si ritiene che, non essendo possibile stabilire l'identità di tale entità in modo univoco, non sia moralmente illecito congelarla o sottoporla ad altre manipolazioni[5]. Tale teoria è stata criticata sulla base del fatto che già al momento della penetrazione dello spermatozoo nella zona pellucida dell'ovulo le membrane delle rispettive cellule si aprono e mettono in comune il materiale genetico, iniziando un'intensa attività di mescolanza e di interazione.

Il secondo confine della soggettività personale dell'embrione umano è stato individuato al momento dell'*annidamento* nella parete uterina del corpo materno, momento nel quale si instaura una strettissima interrelazione cellulare (6/7° giorno dalla fecondazione)[6]. Tale teoria è stata criticata, sia sul piano scientifico che filosofico: sul piano scientifico, è stato rilevato che già prima dell'impianto si instaura una relazione biochimica tra l'embrione e la madre; sul piano filosofico è stato osservato come la relazione, pur essendo un elemento indispensabile per lo sviluppo embrionale, non costituisca l'essere, bensì ne presupponga l'esistenza[7].

---

[5] A. Serra, *L'uomo embrione. Questo misconosciuto*, Cantagalli, Siena 2003.

[6] P. Prini, *Il corpo che siamo. Introduzione all'antropologia etica*, SEI, Torino 1991.

[7] AA.VV., *L'embrione umano nella fase del preimpianto. Aspetti scientifici e considerazioni bioetiche*, Libreria editrice vaticana, Città del Vaticano 2006.

Un ulteriore confine della soggettività embrionale è identificato nel 14° giorno dalla fecondazione, momento della *formazione della stria primitiva*[8]. È stato rilevato che il concetto di individualità (intesa nel senso di non possibilità di divisione) non sia predicabile dell'embrione umano, a causa dei fenomeni possibili nelle prime due settimane della gemellazione monozigotica (ossia della formazione di gemelli con lo stesso patrimonio genetico) e della fusione chimerica (ossia della compattazione ibrida delle cellule di embrioni geneticamente diversi). Prima di tale data (il 14° giorno) non si potrebbe parlare propriamente di individuo umano, data la possibilità che un individuo divenga due individui e che due individui divengano un solo individuo. In verità il fenomeno della gemellazione è spiegabile anche senza negare l'individualità: gemellazione non significa divisione, bensì duplicazione (o, anche, moltiplicazione) di un individuo in due (o più) individui. In tal senso l'individuo darebbe "origine" ad un altro individuo, che da quel momento inizierebbe un processo vitale con un patrimonio genetico identico, una sorta di gemellazione cronologicamente posticipata[9].

La *formazione del sistema nervoso centrale* è il confine della soggettività personale identificato dalla teoria utilitarista[10] in quanto inizio della sensitività. Altri autori identificano l'inizio della soggettività con la *formazione della corteccia cerebrale*, considerata la condizione di possibilità per l'esercizio della funzione razionale. È la tesi sostenuta dai teorici del parallelismo tra "morte cerebrale" e "vita cerebrale"[11], ossia da coloro che identificano la nascita del soggetto umano con la rilevazione dell'attività corticale (specularmente all'accertamento della morte come cessazione della funzione cerebrale) e dai teorici dell'emergentismo[12], teoria materialistica che ritiene che dalle combinazioni di più parti possano "emergere" proprietà nuove e trascendenti, quali appunto la mente dalla corteccia cerebrale. C'è anche chi teorizza *l'imprescindibilità della ragione*, intesa quale esercizio effettivo (in senso massimale), per la definizione della persona. Tale teoria finisce con l'identificare la persona nella fase della vita umana post-natale, al momento dell'acquisizione

---

[8] N.M. Ford, *Quando comincio io? Il concepimento nella storia, nella filosofia, nella scienza* (1989), tr. it., Baldini e Castoldi, Milano 1997.

[9] Gli scienziati hanno chiesto di potere andare 'oltre' la regola del 14° giorno, per poter sperimentare la possibilità per l'embrione di vivere anche all'esterno del corpo materno oltre questo periodo.

[10] È la tesi di P. Singer.

[11] J.M. Goldenring, *The brain-life theory: towards a consistent definition of humanness*, in "Journal of Medical Ethics", 1985, 11, pp. 198-204.

[12] M. Mori, *Il feto ha diritto alla vita?*, in L. Lombardi Vallauri (ed.), *Il meritevole di tutela*, Giuffrè, Milano 1990, pp. 735-751.

dell'autocoscienza [13], della manifestazione della capacità di intellezione e di autodeterminazione [14] (dunque della facoltà di intendere, di volere e di valutare).

La bioetica d'ispirazione libertaria-utilitarista nega, con argomenti diversi, la soggettività dell'embrione e ritiene lecita la sperimentazione sulla base del prevalere del valore della libertà della ricerca e dell'utilità della scienza sul dovere debole di protezione della vita umana iniziale. Anche ammesso che all'embrione fosse dovuto un qualche grado di tutela, essa sarebbe comunque subordinata al dovere di tutela del malato che potrebbe avere benefici dal sacrificio dell'embrione.

L'embrione umano è già un soggetto

Sono emerse alcune obiezioni alla teorizzazione della posticipazione della soggettività dell'embrione umano.

Una prima riflessione è di carattere epistemologico: se la scienza sperimentale si limita metodologicamente allo studio quantitativo, ciò non significa ontologicamente che la realtà (oggetto di osservazione scientifica), in questo caso l'embrione, sia solo materia. Il fatto che la scienza metta tra parentesi le qualità non misurabili della realtà (le essenze o i fini), non significa che esse non esistano. Proprio l'osservazione biologica della vita umana nelle fasi iniziali ci mostra la necessità di superare la spiegazione materialistica ed empirista e formulare ipotesi interpretative metabiologiche che fuoriescono dal sapere analitico e quantitativo sulla vita e allargano lo sguardo all'intuizione sintetica fenomenologica dell'organico.

Quando si vuole spiegare in che cosa consista l'inizio della vita umana, c'è qualcosa che porta ad uscire dai limiti dell'indagine scientifico-sperimentale: l'embrione umano, sin dallo stadio unicellulare (dal momento in cui lo spermatozoo entra nell'ovocita), è già un organismo umano, ossia un essere vivente con un sistema unico, integrato e organizzato non più scomponibile nei componenti che lo hanno generato (i gameti) che contiene in sé intrinsecamente tutte le informazioni genetiche, individuali e specifiche, orientate teleologicamente e autonomamente all'attuazione del corpo nella sua completezza, nelle diverse fasi dello sviluppo continuo, graduale e coordinato [15].

L'osservazione fenomenologica della vita dell'essere umano, sin dal suo

---

[13] M. Tooley, *Abortion and infanticide*, Clarendon Press, Oxford 1983.

[14] È la tesi di H.T. Engelhardt.

[15] Cfr. A. Serra, R. Colombo, *Identità e statuto dell'embrione umano: il contributo della biologia*, in AA.VV., *Identità e statuto dell'embrione umano*, Libreria Editrice Vaticana, Città del Vaticano 1998, pp.106-158.

inizio, mostra che la natura non è riducibile a materia mossa da una cieca casualità o determinata da una legge causa/effetto, ma si manifesta come un'unità dotata di senso finalistico. Sin dall'inizio della sua vita l'organismo umano si sviluppa in una progressiva complessificazione, guidata e orientata alla piena espressione di caratteri già posseduti sin dal momento iniziale.

Ogni embrione umano ha in sé il principio del movimento, ossia "tende" di per sé al compimento del suo sviluppo, alla realizzazione compiuta del suo fine (*télos*), ossia della "ragione per cui" e di "ciò in vista di cui" è orientato. L'uomo tende a divenire ciò che è, ad attuare ciò che è in potenza (attiva, ma non passiva). In questo senso il fatto che l'embrione sia quantitativamente impercettibile e che non eserciti certe funzioni (sensazioni, razionalità, volontà, relazione) non modifica la sua natura ontologica: il raggiungimento di una certa fase di sviluppo o la manifestazione esterna di determinate operazioni non cambia la sua natura. La non attuazione, momentanea o permanente di certe funzioni, dovuta all'incompletezza dello sviluppo o alla presenza di fattori, esterni o interni, che ne impediscono la manifestazione, non modificano la natura: "in potenza" non è la natura umana, ma semmai l'attuazione completa delle capacità che per esplicitarsi necessitano della maturazione biologica, psichica e sociale.

Ne consegue che l'embrione, è "già" umano a tutti gli effetti, in quanto, pur non essendo ancora manifestate in atto, tutte e al massimo grado le proprietà, sono presenti le condizioni che costituiscono il supporto necessario del processo dinamico ininterrotto e progressivo che passa attraverso fasi successive (l'annidamento, la stria primitiva, la formazione del sistema nervoso e della corteccia cerebrale) che consentirà l'attuazione di tali caratteri (sensitività, razionalità, volontà, relazionalità) [16].

L'esistenza fattuale e la conoscibilità razionale di una finalità, inclinazione o tendenza nello sviluppo dell'embrione esigono un dovere di rispetto: la finalità naturale è il fondamento di obbligatorietà intrinseca della responsabilità nei confronti dell'embrione. Nell'ambito della prospettiva che riconosce la dignità intrinseca dell'embrione, il rispetto va inteso in un duplice senso, sia negativo o non intervenire in senso distruttivo, sia positivo o avere riguardo e cura per l'embrione. Dal dovere di rispetto nei confronti dell'embrione deriva il diritto naturale dell'embrione ad esistere e a vivere, a crescere e a svilupparsi. Ogni azione che alteri la finalità intrinseca dell'embrione, provocando anoma-

---

[16] A. Pessina, *Bioetica e antropologia. Lo statuto dell'embrione umano*, in "Vita e Pensiero", 1996, 6, pp. 402-424; F. Botturi, *Embrione umano e persona*, in "Per la Filosofia", 1992, 5, pp. 20-27.

lie, danneggiandolo, ostacolandone la crescita o sopprimendolo, è da ritenersi illecita eticamente e illegittima giuridicamente.

Le implicazioni sulla sperimentazione sugli embrioni

Chi ritiene che l'embrione meriti una protezione forte sin dall'inizio della fecondazione, ammette interventi su embrioni solo in pochi casi. Sono considerati leciti gli interventi genetici (anche sperimentali) solo su cellule somatiche (ossia cellule del corpo), non su cellule germinali o su embrioni, per evitare il rischio della trasmissibilità di modificazioni genetiche per le generazioni future: al nascituro deve essere riconosciuto il diritto alla non manipolazione del patrimonio genetico. Sono considerate lecite solo le sperimentazioni terapeutiche su embrioni, ossia quegli interventi, anche rischiosi, a beneficio del soggetto su cui si interviene, in assenza di alternative terapeutiche e con il consenso dei genitori. Sono ritenute gravemente illecite le manipolazioni su embrioni umani, quali la produzione in vitro al solo scopo sperimentale o commerciale, la creazione di chimere e la produzione di ibridi, con fusione di gameti umani e animali. All'embrione vanno riconosciuti il diritto alla non disponibilità arbitraria; alla non manipolazione, danneggiamento, sovrapproduzione, riduzione, congelamento, selezione, sperimentazione.

Sulla questione degli embrioni soprannumerari o residuali [17], il dibattito recente ha focalizzato l'attenzione su due problemi principali: l'adozione prenatale e il destino degli embrioni non impiantabili.

Adozione per la nascita

Il problema dell'adozione per la nascita si discute con riferimento agli embrioni abbandonati a seguito di fecondazione assistita, i cui genitori sono irreperibili, deceduti o in età avanzata, o che hanno esplicitamente rifiutato l'impianto: l'adozione prenatale è discussa come alternativa alla distruzione (con i relativi costi e problemi organizzativi), alla destinazione/donazione alla ricerca e all'estinzione naturale [18].

Coloro che sono favorevoli all'adozione si richiamano all'argomento dell'assenza del trauma del distacco (rispetto all'adozione postatale), alla rilevanza dell'esperienza della maternità (per colei che accetta l'adozione nella gesta-

---

[17] Esistono migliaia di embrioni crioconservati in Italia. L'Istituto Superiore di Sanità emana regolarmente un rapporto e censimento, ma non è completo.

[18] In Italia l'adozione prenatale non è prevista dalla legge 40/2004. Ci sono progetti di legge favorevoli all'adozione prenatale. Il Comitato Nazionale per la Bioetica ha espresso un parere *Adozione per la nascita degli embrioni crioconservati e residuali derivanti da procreazione medicalmente assistita*, 2005.

zione), alla solidarietà del gesto (offrendo agli embrioni una chance di vita). Tale scelta dovrebbe preliminarmente accertare lo stato di abbandono degli embrioni: si parte comunque dall'assunto che i genitori che rifiutano l'impianto non possono rifiutare l'adozione, non essendo l'embrione un oggetto di proprietà, ma prevalendo il suo interesse a vivere. Coloro che sostengono la legittimità dell'adozione prenatale si richiamano all'intenzione dell'atto (finalizzato a dare la vita all'embrione umano) nel contesto del dovere di vietare il commercio e di garantire la riservatezza.

Coloro che non sono favorevoli all'adozione prenatale si richiamano al fatto che tale atto diverrebbe indirettamente una sorta di fecondazione eterologa o una maternità surrogata (con tutte le problematiche etiche relative), esponendo gli embrioni nello scongelamento al rischio di morte, nel quadro di un probabile numero di richieste sociologicamente basso.

I difensori della adozione prenatale ritengono che tale atto non sia identificabile con una procreazione eterologa, in quanto l'intervento della persona esterna non incide sulla fecondazione, bensì consente la gestazione di una vita già iniziata in provetta e poi congelata. Non è accettabile nemmeno l'analogia con la surrogazione di maternità, in quanto la donna che effettua la gestazione si assume anche il ruolo genitoriale. Va inoltre rilevato che l'intenzione di chi accede a queste pratiche è diversa: chi vuole accedere alla procreazione eterologa e alla maternità surrogata è mosso dal desiderio di avere un figlio biologico; chi si offre per la adozione prenatale è spinto dal desiderio di solidarietà e di offrire a embrioni congelati una opportunità di vita. L'intenzione di chi scongela gli embrioni per la gestazione adottiva è orientata alla sua nascita e non alla sua morte, anche se può essere un effetto non intenzionale della pratica (come secondo la teoria del duplice effetto). La possibilità di far nascere anche un solo embrione giustifica, in questa prospettiva, il ricorso all'adozione prenatale.

Gli embrioni non impiantabili

Strettamente connessa alla questione dell'adozione prenatale è la questione degli embrioni non impiantabili [19]. Scongelare embrioni crioconservati a fini adottivi può determinare la rilevazione di embrioni non destinabili all'impianto, a causa di anomalie irreversibili. Tale condizione possibile ha sollecitato la discussione sullo statuto degli embrioni in questa specifica condizione, la non impiantabilità.

La posizione di chi ritiene di poter utilizzare per la sperimentazione em-

---

[19] Cfr. Comitato Nazionale per la Bioetica, *Destino degli embrioni derivanti da procreazione medicalmente assistita e non più impiantabili*, 2007.

brioni non impiantabili, evidenzia che si tratta di una soluzione transitoria che usufruirebbe di una situazione di fatto esistente a seguito delle tecnologie riproduttive, per realizzare un atto di solidarietà e di altruismo: si tratterebbe di una donazione di cellule embrionali alla ricerca analogamente alla donazione di organi. Tale legittimazione sarebbe comunque subordinata all'accertamento della ragionevole impossibilità di impianto, dell'informazione corretta e completa (di chi dovrà decidere) e del consenso dei genitori genetici oppure della rilevazione dello stato di abbandono, escludendo ogni forma di compenso e di riserva sulla destinazione delle linee cellulari che eventualmente verranno prodotte.

Tale visione è criticata da chi considera l'embrione come un soggetto: anche l'uso di embrioni congelati non impiantati è ritenuto, in questa prospettiva, illecito, perché si tratta comunque della soppressione diretta e intenzionale di embrioni vivi che vengono scongelati per la sperimentazione e destinati a morire. La distruzione di embrioni è un male in sé, indipendentemente dalle finalità dell'atto (le finalità buone non giustificano i mezzi, oggettivamente malvagi). Il diritto alla vita dell'embrione deve avere pari dignità rispetto al diritto del malato di essere curato.

Anche l'argomento di chi ritiene che si possano usare gli embrioni congelati non impiantabili in quanto altrimenti andrebbero distrutti o comunque morirebbero spontaneamente, non è ritenuto convincente essendo insostenibile l'equiparazione tra "uccidere" e "lasciare morire": gli stessi argomenti che giustificano la proibizione morale di creare embrioni umani a solo scopo sperimentale valgono anche per la proibizione dell'uso di embrioni esistenti seppur residuali e non impiantabili. Del resto, l'eventuale ammissione dell'uso di embrioni umani congelati ne incentiverebbe l'uso strumentale: al contrario, la tutela dell'embrione umano auspica una regolamentazione sulla fecondazione assistita che delimiti il numero di embrioni prodotti per impianto al fine di evitarne la produzione in eccesso e il successivo congelamento.

In questo contesto si discute della possibilità di individuare un criterio di accertamento di "morte dell'embrione", con un'analogia con la donazione di organi *ex mortuo*. Si ipotizza l'accertamento della morte dell'embrione nelle condizioni fisiche che ne impediscono lo sviluppo (si parla di "morte organismica"[20]). In questa prospettiva, pur restando vitali alcune cellule, l'embrione è da considerarsi morto come individualità nella misura in cui si accerta la perdita della capacità di continuare a vivere e svilupparsi. Il prelievo di bla-

---

[20] Terminologia ripresa dal documento *Alternative Sources of Human Pluripotent Stem Cells*, maggio 2005, emanato da The President's Council on Bioethics degli Stati Uniti. Si veda anche: C. Holden, *Stem cells. Scientists create human stem cell line from 'dead'embryos*, in "Science", Sep. 29, vol. 313, n. 5795, 2006, p. 1869.

stomeri vivi da un embrione dichiarato morto può essere paragonabile al prelievo di organi e tessuti da un individuo cerebralmente morto.

Questa tesi è criticata da chi ritiene non corretta l'analogia tra accertamento della "morte cerebrale totale" sul nato e accertamento della "morte per arresto o degenerazione dello sviluppo" dell'embrione. Nel primo caso si tratta di verificare la perdita di funzionalità fisiologica di un organo, il cervello, che impedisce l'integrazione dell'organismo, nel secondo caso di valutare la perdita della capacità di sviluppo regolare di un embrione. Si tratta di un criterio di prognosi e di probabilità di morte, ma non di diagnosi o accertamento della morte avvenuta.

2. *Tecnologie riproduttive*

L'aumento delle nuove possibilità tecnologiche in ambito riproduttivo e, parallelamente, l'incremento della sterilità e dell'infertilità individuale e di coppia, costituiscono le condizioni fattuali dell'emergere in questi ultimi decenni di una sempre più diffusa richiesta sociale, nei Paesi tecnologicamente avanzati, di accesso alla procreazione medicalmente assistita [21].

L'uso di tali tecnologie solleva alcune domande di rilevanza bioetica e biogiuridica: il desiderio di avere un figlio coincide con la rivendicazione di un "diritto"? Esistono "diritti riproduttivi positivi", ossia diritti a scegliere non solo se e quando riprodursi, ma anche "come" riprodursi? Ci devono essere limiti alle richieste di accesso alla procreazione assistita e, nel caso, quali? [22].

Invasività della tecnica

Una preliminare riflessione bioetica riguarda il problema della separazione tra sessualità e procreazione, a causa della mediazione dell'intervento tecnico del medico. Una separazione minima nell'ambito dell'inseminazione "in vivo" (inseminazione intra-corporea, con l'inserimento del gamete maschile nel corpo della donna), una scissione forte con la fecondazione "in vitro" (fecondazione extra-corporea, con prelievo dei gameti, maschile e femminile, e ferti-

---

[21] Per un inquadramento del tema della procreazione assistita sul piano bioetico e biogiuridico si veda L. Avack, *Il progetto filiazione nell'era tecnologica*, Giappichelli, Torino 2019. Cfr. Comitato Nazionale per la Bioetica, *Problemi della raccolta e trattamento del liquido seminale umano per finalità diagnostiche*, 1991; *Parere sulle tecniche di procreazione assistita. Sintesi e conclusioni*, 1994; *La fecondazione assistita*, 1995.

[22] Per la regolazione in Italia si veda legge 40/2004 nella parte III di questo volume.

lizzazione in provetta, con trasferimento di embrione nell'utero, la c.d. FIVET o fecondazione in vitro con trasferimento di embrione).

La prospettiva libertaria e utilitarista affermano la legittimità dell'intervento invasivo e sostitutivo del medico rispetto all'atto unitivo della coppia nell'ambito della fecondazione in vitro extra-corporea, appellandosi alla libertà procreativa e alla soddisfazione di un desiderio individuale. È ritenuto un atto conveniente, nonostante i mezzi, per i risultati raggiungibili.

La prospettiva personalistica ritiene, invece, che l'eccessiva tecnicizzazione e proceduralizzazione del nascere tendono sempre più a ridurre la procreazione ad un atto artificiale ed impersonale: la procreazione rischia di diventare una mera ri-produzione di un procedimento biologico da controllare tecnicamente nel miglior modo possibile al fine di ottenere il risultato desiderato, allontanandosi sempre più dalla valenza costitutivamente relazionale della procreazione naturale. La depersonalizzazione e l'impoverimento della densità antropologica, oltre che psicologica ed affettiva, della generazione, sono dati obiettivamente riscontrabili nell'uso delle tecnologie riproduttive, che per la bioetica personalista costituiscono un problema bioetico [23].

Finalità dell'atto

La richiesta dell'uso delle tecnologie riproduttive può avere una finalità c.d. "terapeutica" se la richiesta è motivata da obiettive condizioni di sterilità ed infertilità [24] o "non terapeutica" se la richiesta è motivata da un atto di autodeterminazione a prescindere dalle condizioni obiettivamente accertabili sul piano medico.

Le prospettive bioetiche libertaria e utilitaristica ritengono lecita la richiesta di accesso alle tecnologie riproduttive indipendentemente dalle indicazioni mediche. In questo senso, la rivendicazione della libertà procreativa porta a mettere sullo stesso piano il concepimento naturale e l'uso delle tecnologie riproduttive: se si prescinde dalla rilevazione delle condizioni fisiche del singo-

---

[23] La Chiesa cattolica ritiene illegittima la fecondazione extracorporea ("propriamente detta") a causa dell'invadenza della tecnica rispetto alla naturalità dell'atto generativo umano (l'intervento del medico sostituisce l'atto sessuale, essendo l'artefice che controlla l'intero processo della fecondazione) e legittima l'inseminazione artificiale intracorporea (o fecondazione assistita "impropria", nella fattispecie omologa) in quanto l'intervento del medico è considerato un aiuto terapeutico (una con-causa) per facilitare e completare l'atto sessuale. Congregazione per la dottrina della fede, *Istruzione su "Il rispetto della vita umana nascente e la dignità della procreazione"* (22/2/1987), in *Enchiridium Vaticanum*, 10, Dehoniane, Bologna 1988, pp. 855-883.

[24] Anche se, va precisato, che l'uso delle tecnologie non cura la sterilità, ma può solo consentire di superare gli ostacoli che impediscono la procreazione.

lo o della coppia, la fecondazione assistita può divenire un'alternativa equivalente al concepimento naturale. Secondo questa visione, la scelta dipenderebbe non da fattori oggettivi, ma da fattori soggettivi, con riferimento all'autonomia o all'interesse/desiderio dei soggetti adulti.

La bioetica personalistica ritiene che la legittimazione dell'accesso alle tecnologie riproduttive vada regolamentato sulla base dell'individuazione delle cause della sterilità (in senso fisico, o quanto meno psico-ambientale) e della non possibilità di superarle in altro modo con tecniche meno invasive. Secondo tale prospettiva si ritiene che l'ammissione ad un progetto di fecondazione assistita debba essere subordinata all'accertamento dell'impossibilità di rimuovere altrimenti le cause impeditive della procreazione e laddove altri metodi terapeutici siano risultati inefficaci. Il criterio della terapeuticità dell'atto è un criterio deontologico, che assume una rilevanza anche sul piano etico e giuridico. Il medico non è chiamato a rispondere al desiderio e a soddisfare le richieste del paziente: il medico è colui che deve curare il paziente nel contesto della relazione terapeutica, scegliendo i trattamenti al fine di garantire il bene complessivo di chi si rivolge a lui. In questo senso acquisisce un peculiare significato anche la prevenzione della sterilità e infertilità, a livello individuale e sociale-ambientale, al fine di ridurre l'accesso alle tecnologie.

È intermedia la posizione di chi ritiene accessibili le tecnologie anche per chi non è sterile o infertile, ma si trova in condizioni che non consentono il concepimento naturale, come il caso di persone affette da malattie sessualmente trasmissibili e da malattie genetiche trasmissibili.

Manipolazioni dell'embrione: dispersione, sovraproduzione, riduzione

Il problema bioetico e biogiuridico centrale della procreazione medicalmente assistita riguarda lo statuto dell'embrione umano, in particolare per la possibile dispersione di embrioni (molti embrioni prodotti in vitro non si annidano e molte gravidanze non giungono al termine), per la sovrapproduzione di embrioni o produzione in eccesso rispetto all'effettivo utilizzo (per avere embrioni "di scorta" per un successivo impianto, evitando ulteriori prelievi di gameti in specie femminili, essendo gravosi per la donna), per la riduzione di embrioni, ossia la soppressione casuale di alcuni embrioni impiantati per evitare i rischi di gravidanze plurigemellari (causate dall'impianto di un elevato numero di embrioni per aumentare le probabilità di successo dell'attecchimento in utero).

Le teorie bioetiche che escludono la soggettività personale dell'embrione umano ammettono la liberalizzazione dell'uso delle tecnologie riproduttive, anche se disperdono, sovraproducono, riducono embrioni umani, appellandosi all'autodeterminazione riproduttiva. Si afferma il primato del diritto a riprodursi dei soggetti di diritto sui diritti dell'embrione, ad essi subordinati. La produzione in eccesso degli embrioni è ritenuta legittima al fine di avere una maggiore probabilità di successo delle tecniche ed evitare un danno alla salute della donna a causa di ulteriori stimolazioni ormonali e prelievi di ovociti[25], anche se il prezzo da pagare è il congelamento degli embrioni residui, destinabili, secondo questa prospettiva anche alla sperimentazione; la riduzione embrionaria è motivata dalla prioritaria esigenza di tutela della salute della donna, evitando i rischi delle gravidanze plurigemellari.

Nell'ambito della riflessione bioetica personalista la legittimazione della fecondazione assistita in vitro va subordinata a determinate condizioni: impedire nei limiti del possibile la dispersione, limitare la produzione di embrioni fecondando solo il numero di embrioni necessari per un singolo e contemporaneo impianto, vietare la riduzione embrionaria (assicurandosi preventivamente che la donna sia in condizioni fisiche e psichiche di accogliere il numero di embrioni impiantati). In questo senso l'accesso alle tecnologie riproduttive si ritiene eticamente lecito nella misura in cui garantisce, in modo compatibile, il desiderio (legittimo) di genitorialità della coppia e il diritto a vivere e nascere dell'embrione umano.

Consenso informato

Una esigenza bioeticamente condivisa è l'importanza del consenso informato. È rilevante che il medico, di fronte ad una richiesta di accesso alle tecnologie riproduttive, informi adeguatamente, in modo chiaro ed esaustivo (graduato in base alla capacità di comprensione della coppia) sul grado di invasività (fisico-psichica), sulle probabilità di successo ed insuccesso delle diverse tecniche, sui rischi per la salute (della madre e del nascituro), sui problemi etici e sulle conseguenze giuridiche della scelta, oltre che sui costi della procedura.

Le prospettive libertaria e utilitaristica tendono ad interpretare il consenso informato in senso convenzionale ed autonomistico, facendo coincidere l'espressione del consenso (dopo adeguata informazione) come la manifestazione di una scelta individuale o di un desiderio/interesse che il medico è chiamato ad accogliere e soddisfare acriticamente, anche a prescindere da una valutazione deontologica ed etica. Il consenso informato diviene un mero contratto sotto-

---

[25] Va rilevato che il prelievo di ovociti risulta particolarmente oneroso per la donna che deve sottoporsi a una terapia farmacologica ormonale (con conseguenze anche per la salute), oltre all'anestesia generale per la laparoscopia e il prelievo di ovociti. Per questa ragione si ritiene difficile che donne possano "donare" ovociti e si sospetta che la donazione possa nascondere un mercato.

scritto con rilevanza formale e legale di autorizzazione ad applicare determinate procedure, sulla base di una scelta personale. Così inteso il consenso informato tende ad inserirsi nel contesto della "medicina difensiva", riducendo il medico a mero esecutore della volontà insindacabile altrui, limitandosi solo a verificare la fattibilità e praticabilità tecnica di un programma.

La prospettiva personalista ritiene doveroso che il consenso informato si realizzi nel contesto di un dialogo relazionale tra il medico e la coppia, che consenta, mediante un reciproco affidamento di alleanza terapeutica, di comprendere adeguatamente le implicazioni etiche oltre che giuridiche della scelta procreativa con l'uso di tecnologie. In questo senso l'espressione del desiderio, seppur legittima, non deve vincolare il medico all'esecuzione; il medico è chiamato a tenere in considerazione le scelte e gli interessi dei soggetti che a lui si rivolgono, ma anche di valutarne la congruità rispetto ad una valutazione deontologica ed etica, verificando l'effettivo senso di responsabilità della scelta.

Nuove configurazioni familiari

Un ulteriore problema bioetico dell'uso delle tecnologie riproduttive riguarda il tema della famiglia. L'uso delle tecnologie riproduttive apre alla possibile configurazione di nuove modalità familiari, provocando una possibile moltiplicazione o una riduzione delle figure genitoriali.

Con la fecondazione artificiale eterologa, ossia con l'uso di un gamete da un donatore/una donatrice esterni alla coppia, aumentano i referenti per il nato: oltre a coloro che chiedono accesso alla procreazione assistita (la c.d. coppia committente), anche il donatore e/o la donatrice di gameti. Si profila anche la "monogenitorialità" sociale nel caso della donna sola che chiede l'accesso alla fecondazione assistita eterologa o nel caso della donna vedova che chiede di essere inseminata con il gamete del marito morto (la fecondazione assistita omologa *post-mortem*, detta anche differita o dei "figli dall'al-di-là"). Si delinea il caso di "genitorialità tardiva o posticipata" nell'ambito della fecondazione assistita di donne in menopausa e di "bigenitorialità omosessuale" nel caso di fecondazione assistita eterologa di coppie omosessuali femminili o di coppie omosessuali maschili con surrogazione d'utero. È indispensabile una riflessione su che cosa sia la famiglia e quale sia la funzione del biodiritto in relazione alla famiglia.

La liberalizzazione dell'accesso alle tecnologie riproduttive è sostenuta dalle teorie liberal-libertaria e utilitarista che condividono una concezione storicista e contrattualista, ritenendo la famiglia un prodotto storico e sociale, ossia un'istituzione la cui origine è convenzionale e artificiale. La famiglia è considerata un fenomeno accidentale, variabile in base alle esigenze e alle situazioni, in una "società aperta" flessibile e modificabile, ritenendo irrilevante il legame naturale biologico con la filiazione, l'eterosessualità e addirittura la bigenitorialità: sono gli individui e la loro espressione di volontà ad avere un primato sulla famiglia alla quale si nega la valenza naturale originaria. Il biodiritto, secondo tali prospettive, tende a riconoscere ampi spazi all'autonomia privata e alle preferenze individuali e sociali, demandando la regolamentazione del rapporto di coppia o la decisione di istituire una famiglia alla libera espressione della volontà: la famiglia è intesa come associazione volontaria, accordo di convenienza di individui liberi, luogo di condivisione pragmatica di interessi. Ne consegue l'affermarsi di una duplice tendenza giuridica: da un lato la pubblicizzazione ed istituzionalizzazione della famiglia e di ogni modalità di espressione della famiglia (lasciando l'individuo, in modo neutrale, libero di fare la scelta che preferisce), dall'altro lato la privatizzazione e deistituzionalizzazione del matrimonio.

In contrapposizione a questa visione, la prospettiva bioetica personalista difende "un" modello di famiglia, quale forma di relazione naturale interpersonale, tra un uomo e una donna, che intendono unirsi in una comunione coniugale stabile di vita, strutturalmente aperta al succedersi delle generazioni. La famiglia è riconosciuta quale "comunità naturale", luogo originario della relazionalità, sede naturale dell'identificazione antropologica oltre che psicologica, sociale ed esistenziale del soggetto.

Fecondazione eterologa

Nella prospettiva libertaria e utilitarista[26], la scissione tra genitorialità genetica e genitorialità sociale, causata dalla fecondazione assistita eterologa, non solleva problemi bioetici. Tale prospettiva propende verso la garanzia di anonimato del donatore: l'atto di donazione del gamete (ma alcuni, solo i più radicali, si spingono fino ad ammettere la possibilità di remunerazione, dunque di commercializzazione dei gameti) deve essere un atto libero, assimilabile a qualsiasi altra donazione: in questo senso il donatore non deve subire restrizioni alla sua libera scelta dall'eventualità di poter essere riconosciuto come "referente genetico".

Al tempo stesso, in questa prospettiva, si ritiene di dover proteggere la riservatezza di chi ha deciso di riprodursi mediante tali tecnologie, non riconoscendo l'obbligo di rivelare agli altri e al figlio le modalità della nascita: tale obbligo è percepito come una limitazione della libertà di scelta procreativa. Si ritiene che il diritto debba tutelare la libertà proteggendo la *privacy* di chi richiede un figlio con la procreazione assistita, che potrebbe avere motivazioni

---

[26] M. De Tilla, L. Militerni, U. Veronesi, *Fecondazione eterologa*, Utet Giuridica, Torino 2015.

che lo inducono a non esplicitare la propria scelta, per paura del giudizio di sterilità o per un senso di colpa nei confronti del figlio. In questo contesto, alcune prospettive femministe ritengono che, data la asimmetria tra donazione di spermatozoi e di ovociti (dovuta alla onerosità del prelievo per le donne), debba essere anche ammessa una forma di retribuzione.

Nell'ambito della prospettiva personalista, emergono molte problematicità etiche rispetto alla procreazione eterologa, con riferimento alla tutela del nascituro nel rapporto tra genitori e donatore/donatrice[27].

La donazione del gamete non è assimilabile a qualsiasi altra donazione, come alla donazione del sangue o di un organo: chi dona mette a disposizione metà del proprio patrimonio genetico, dando la vita ad un nuovo essere umano. Si tratta di un gesto che implica una responsabilità nei confronti di chi nasce: al donatore pertanto non dovrebbe essere riconosciuto l'anonimato. Al nascituro dovrebbe essere, invece, riconosciuto il diritto a "conoscere la propria origine", sia in riferimento alle modalità della propria nascita che ai referenti genetici per motivi di carattere igienico-sanitario, nel contesto della tutela del diritto alla salute, oltre che di carattere psicologico esistenziale nell'ambito del diritto della personalità.

È interesse del minore conoscere le modalità della nascita, in quanto sul piano scientifico è un'informazione utile al pediatra e al medico per la diagnosi di patologie o comunque per la ricostruzione della storia biografica del paziente. Del resto, si tratta di un segreto difficile da mantenere nel tempo: la diffusione oggi e la previsione di un incremento di diffusione dei test genetici, aprirà sempre più la possibilità per il nato da eterologa di conoscere la verità sul concepimento. Se la verità è conosciuta occasionalmente e tardivamente, senza la indispensabile mediazione e filtro dei genitori che hanno la responsabilità della comunicazione, può danneggiare il nato (bambino o adulto) e compromettere le relazioni familiari di fiducia, producendo nel figlio delle reazioni emotive negative. L'informazione data al figlio con i criteri appropriati (proporzionalità, gradualità rispetto all'età e capacità emotiva di comprensione) sulle sue modalità di nascita può permettere di evitare tali rischi e garantire al nato la condizione di possibilità per conoscere la sua identità genetica. In

---

[27] E. Roccella, *Fine della maternità. Il caso degli embrioni scambiati e la fecondazione eterologa*, Cantagalli, Siena 2015; R. Ferrigato, *Il terzo incomodo. Critica della fecondazione eterologa*, San Paolo edizioni, Roma 2015; M. Casini, *Il diritto a conoscere le proprie origini tra fecondazione eterologa, adozione e parto in anonimato*, in "Medicina e Morale", 4, 2015, pp. 641-661; A. Nicolussi, *Fecondazione eterologa e diritto di conoscere le proprie origini. Per un'analisi giuridica di una possibilità tecnica*, in "AIC Associazione Italiana dei Costituzionalisti", n. 1, 2012, p. 2; L. Palazzani, *Il diritto del nascituro a conoscere le proprie origini vs. il diritto all'anonimato del donatore*, in L. Grion (ed.), *Cose o persone? Sull'essere figli ai tempi dell'eterologa*, Annuario di studi filosofici, "Anthropologica", 2016, pp. 105-115.

questo senso è importante che la consulenza che precede l'accesso alle tecnologie riproduttive sia attuata da personale formato, consapevole delle problematicità bioetiche, e preveda un'esauriente informazione da dare ai genitori che utilizzano tecnologie eterologhe da parte dei medici. I genitori vanno informati sui rischi delle conseguenze negative del mantenimento del segreto sulle modalità della procreazione e vanno supportati nella comprensione della rilevanza della trasparenza. Mantenere il segreto delle modalità del concepimento può essere una scelta egoistica dei genitori in quanto impedisce al figlio di interrogarsi e trovare risposte sulle proprie origini.

È evidente che l'identificabilità del donatore provocherebbe una diminuzione delle donazioni (come di fatto è avvenuto e sta avvenendo), oltre che un'esplicitazione della frammentazione delle figure di riferimento genetiche (che con l'anonimato potrebbero in qualche misura rimanere nascoste): ma queste sono possibili conseguenze negative che vanno affrontate obiettivamente come conseguenza di una situazione che sarebbe preferibile non porre in atto. Inoltre, benché sia provata statisticamente l'improbabilità del ricongiungimento incestuoso tra consanguinei che non sono consapevoli della loro origine, così come è provato che siano sempre esistiti figli adulterini che avrebbero potuto incombere nella stessa situazione, è il divieto dell'incesto come principio che viene intaccato dalla tutela di segretezza del donatore.

Nell'ambito della procreazione eterologa, inoltre, emerge il possibile problema che scaturisce dall'asimmetria nella coppia[28]: solo un genitore ha un vincolo genetico, mentre l'altro genitore, pur non avendolo, lo ritiene così irrinunciabile, da acconsentire di essere sostituito da un donatore (anche, a volte, per sensi di colpa nei confronti del desiderio di genitorialità del coniuge). Seppur inizialmente la situazione può essere accettata dalla coppia, spesso emerge una conflittualità psicologica. Ne sono conferma empirica e giuridica i casi di richiesta di disconoscimento di genitorialità (spesso di paternità): il genitore tende a vivere la donazione di gamete come un "adulterio biologico", avvertendo anche un sentimento di rivalità e competizione nei confronti del donatore, che rende ancora più difficile l'elaborazione del "lutto" della propria sterilità e porta spesso a sentire la genitorialità non genetica come estraneità rispetto al legame con l'altro genitore. Ciò può ripercuotersi negativamente sull'identificazione bio-psichica del nascituro.

Emerge inoltre il problema della possibile (anche se improbabile) rivendicazione da parte del donatore di una genitorialità genetica: in questo senso il diritto dovrebbe configurare, accanto alla identificabilità genetica, il divieto

---

[28] Le linee guida della legge 40/2004 del 2015 precisano "al fine di evitare illegittime selezioni eugenetiche, non è possibile per le coppie scegliere particolari caratteristiche fenotipiche del donatore".

del donatore di sovrapporsi e competere con la genitorialità sociale. Inoltre, seppure necessaria, la selezione del donatore dal punto di vista medico-sanitario, ovviamente motivata dalle necessarie garanzie di tutela della donna che porterà avanti la gravidanza oltre che del nascituro, rischia di accentuare la logica della selezione (del donatore e del figlio sano e perfetto). Le uniche limitazioni generalmente ammesse alla scelta di donazione, oltre alle ragioni biomediche, sono: la delimitazione del numero e della distanza temporale o geografica delle donazioni, per evitare un possibile incesto (tra fratellastri e sorellastre genetiche, figliastri dello stesso donatore o tra donatori e figliastri). Ma ogni selezione sulla base di preferenze soggettive è ritenuta inaccettabile, in quanto causa forme di discriminazione.

Per quanto riguarda la asimmetria tra donazione maschile e femminile, va sempre sottolineata la gratuità della donazione nel contesto del principio del valore del corpo, della sua non disponibilità e non commerciabilità[29].

Fecondazione di donna sola, di donna vedova, di donna in età avanzata

Secondo la visione permissiva rispetto alle tecnologie riproduttive non costituisce un problema la richiesta di fecondazione assistita eterologa di una donna sola o omologa di una vedova, essendo oltretutto possibile, anche a causa di eventi non voluti quali la morte del padre durante la gravidanza della madre o di eventi accidentali quali la separazione o il non riconoscimento del figlio da parte di un genitore, che un bambino sia cresciuto da un solo genitore senza traumi. Anche la donna in menopausa ha diritto di avere un figlio, ritenendo l'età un fattore irrilevante per la costruzione di una buona relazione tra le generazioni anche se distanti cronologicamente. Non esistono evidenze empiriche che provino che la monogenitorialità sia un danno per il figlio, affermando che sia meglio nascere con un genitore solo o con genitori avanti negli anni piuttosto che non nascere affatto.

Al contrario, la biogiuridica personalista sottolinea la rilevanza della bigenitorialità eterosessuale: due genitori possono garantire (di principio) le condizioni per una maggiore possibilità di accudimento, di persistenza del dovere di cura; la dualità polare maschile/femminile è il luogo naturale dell'identificazione, oltre che antropologica, anche esistenziale e sessuale del nascituro come confermano le teorie psicologiche e psicoanalitiche. La mancanza di una delle due figure genitoriali sessuali comporta il rischio che il figlio rimanga

---

[29] Cfr. Comitato Nazionale per la Bioetica, *Mozione sulla compravendita di ovociti*, 2007; *Conoscere le proprie origini biologiche nella procreazione medicalmente assistita eterologa*, 2011. Cfr. anche L. d'Avack, *Il diritto alle proprie origini tra segreto, anonimato e verità nella PMA con donatori/trici di gameti*, in "Diritto di Famiglia e dei Minori", 2, 2012, par. 1.

impigliato nel narcisismo parentale senza che si instauri quella progressiva separazione che consente al nato di divenire sé.

Nel caso della perdita di un genitore o della separazione è sempre possibile ricostruire con altre modalità (la memoria, l'affidamento congiunto) la relazione con i genitori mancanti o non compresenti nella vita familiare. Tale possibilità è negata di principio nella scelta di fecondazione eterologa di donna sola (con l'anonimato del donatore e comunque la non assunzione di responsabilità) e con la fecondazione *post-mortem*, con il concepimento di un 'orfano biologico' già dal momento del concepimento. La gravidanza della donna in età avanzata costituisce un pericolo per la salute del nascituro e della donna, data l'eccessiva invadenza tecnologica a supporto dell'evento, alterando la natura del corpo femminile e a causa di problemi psicologici (data la forte distanza cronologica) e di ragioni sociali, essendo i genitori anziani meno adatti ad aiutare ed assistere il futuro del figlio. Del resto non si può dare per scontato che sia sempre e comunque meglio nascere piuttosto che non nascere: il diritto non tutela la nascita come un bene in sé, ma cerca la regolamentazione a priori che consenta al nato di venire al mondo nelle condizioni più favorevoli alla protezione della sua identità. È evidente che la consanguineità non è garanzia di parentalità o che l'assenza di bigenitorialità sia di per sé causa di mancanza di amore; ma è altrettanto evidente che, se il diritto non può garantire di fatto la dedizione e la cura dei genitori, può almeno rendere possibile di principio le condizioni che possono esplicitarsi in tale manifestazione.

Fecondazione di coppie omosessuali

La bioetica libertaria e utilitarista ammette la possibilità di fecondazione eterologa per una coppia omosessuale, ritenendo che non sia indispensabile la differenza sessuale per una identificazione del bambino, affermando che ciò che davvero conta nella famiglia è l'amore e l'affetto, che oltretutto può essere mediato dall'assunzione da parte di un componente della coppia del ruolo "mancante" o da situazioni di identificazione extra-familiari. La biogiuridica che chiede la liberalizzazione dell'accesso alle tecnologie riproduttive a tutti i soggetti (coppie omosessuali, single, vedove, donne anziane) riconosce come unico limite l'accertamento del senso di responsabilità, ritenendo che non esista una prova empirica di un eventuale danno per il nascituro dovuto alla presenza di due genitori dello stesso sesso.

Nella prospettiva personalista [30], di fronte alle tecnologie riproduttive emerge la rilevanza della bigenitorialità eterosessuale: due genitori possono garan-

---

[30] Cfr. anche L. Palazzani, *Sex/gender: gli equivoci dell'uguaglianza*, Giappichelli, Torino 2011.

tire (di principio) le condizioni per una maggiore possibilità di assistenza ed accudimento, di persistenza del dovere di cura; la dualità polare maschile/femminile è il luogo naturale dell'identificazione, oltre che antropologica, anche esistenziale e sessuale del nascituro come confermano le teorie psicologiche e psicoanalitiche. La mancanza di una delle due figure genitoriali sessuali comporta il rischio che il figlio rimanga impigliato nel narcisismo parentale senza che si instauri quella progressiva separazione che consente al nato di divenire sé. Del resto il desiderio di genitorialità delle coppie omosessuali è un desiderio di imitazione della coppia eterosessuale: uno dei due partner assume il ruolo del sesso mancante, agisce "come se fosse" (uomo o donna), pur non avendone la sostanza psicosomatica. Lo stesso fatto che si ammetta che il bambino possa ricorrere a figure extra-familiari, di sesso opposto ai genitori, per la propria identificazione, è una prova quanto meno di incompletezza dell'identificazione intra-familiare.

Modelli biogiuridici di libertà riproduttiva e responsabilità procreativa

Un percorso o "modello della libertà" prevede la configurabilità di un "diritto alla procreazione" o "diritto riproduttivo positivo" (come diritto "della" riproduzione), identificato con il diritto alla privacy esteso a tutti (coppie sposate o non, eterosessuali o omosessuali, single, vedove o donne anziane) con la libertà di scegliere qualsiasi tecnica procreativa, non solo a scopo terapeutico, tutelando l'interesse prioritario dell'adulto in grado di scegliere, lasciando in posizione marginale e secondaria l'interesse dell'embrione. Il diritto "al" figlio diventa diritto "sul" figlio.

L'altro percorso è il "modello della responsabilità" che identifica il "diritto alla procreazione" come un diritto "per" la procreazione, non "ad ogni costo", ma subordinatamente a determinate condizioni compatibili con i diritti umani: la terapeuticità dell'atto, la tutela dell'embrione e della famiglia. Il diritto dell'embrione a nascere, in determinate condizioni favorevoli, supera il diritto dei genitori a procreare; il diritto alla genitorialità deve essere compatibile con il diritto alla vita dell'embrione e il diritto ad una doppia figura genitoriale eterosessuale, stabile e relativamente giovane.

In questa prospettiva bioetica emerge anche l'esigenza di uno sforzo etico-sociale che consenta la diminuzione della richiesta dell'uso delle tecnologie riproduttive, mediante la promozione ed incentivazione della ricerca scientifica nella direzione della individuazione delle cause della sterilità e della infertilità (fisiche psichiche, sociali, ambientali) al fine di predisporre interventi per prevenirle, minimizzarle o rimuoverle. La ricerca non deve essere orientata solo a trovare sempre più sofisticate tecniche riproduttive che garantiscano il successo, ma anche orientata alla ricerca per ridurre l'incidenza della sterilità.

Tale sforzo va accompagnato da un impegno culturale ad attenuare le forti pressioni psicologiche e sociali che tendono a considerare solo la maternità genetica e biologica "la" maternità autentica, riconoscendo la rilevanza della maternità sociale, realizzabile mediante l'affidamento e l'adozione.

Obiezione di coscienza del medico alla procreazione assistita

Il medico può rifiutarsi di seguire le richieste della coppia che chiede l'accesso alla procreazione assistita per ragioni scientifiche o morali.

L'obiezione di scienza riguarda il rifiuto per ragioni medico-sanitarie. Le ragioni del rifiuto potrebbero essere riconducibili all'accertamento di un'inappropriatezza o sproporzione del trattamento, ossia di uno sbilanciamento tra i benefici attesi e i rischi per la coppia e per la donna in ordine alla sua salute. Tale aspetto fa specificamente riferimento alle modalità con cui il medico è chiamato a fornire le proprie prestazioni e ai correlati profili di autonomia e responsabilità che devono caratterizzarne l'operato, anche tenendo conto dell'evoluzione delle tecniche e delle conoscenze scientifiche.

L'obiezione di coscienza sul piano morale rimanda al problema della separazione dell'atto unitivo dall'atto procreativo nella coppia e alla manipolazione degli embrioni, I medici sono chiamati a decidere il numero di embrioni da produrre e da impiantare, anche a seguito dell'esame diagnostico preimpianto, con conseguente ricorso alla crioconservazione di embrioni prodotti in sovrannumero (che ben potranno essere utilizzati per ulteriori e successivi tentativi di impianto). Al medico è assegnato il compito di valutare in concreto il pregiudizio per la salute della donna, anche prevedibile al momento della fecondazione, che può legittimare la posticipazione del trasferimento in utero degli embrioni, nonché la loro crioconservazione. Si possono configurare motivazioni di diversa natura che inducono il medico a sollevare obiezione di coscienza in ragione del rifiuto di procedere alla manipolazione di embrioni umani (sovraproduzione, crioconservazione).

Il caso dello scambio di embrioni

Una questione particolare è stata sollevata a seguito di un caso di *scambio di embrioni*[31]: gli embrioni di una coppia a seguito di fecondazione omologa, sono stati impiantati nell'utero di un'altra donna, che, insieme al marito, aveva a sua volta chiesto l'accesso ad una procreazione omologa. La donna ha partorito due gemelli. Il caso ha suscitato un dibattito bioetico relativamente alla identi-

[31] Comitato Nazionale per la Bioetica, *Considerazioni bioetiche sullo scambio involontario di embrioni*, 2014.

ficazione delle figure genitoriali tra madre gestante, madre genetica, padre genetico, padre legale o sociale.
Il punto di partenza è una considerazione generale secondo la quale tali errori devono essere nella misura possibile evitati a causa del dramma umano oltre che morale che sollevano (per i genitori e per i bambini), che si manifesta in modo diverso a seconda delle circostanze: se lo scambio di embrioni crea situazioni simmetriche (entrambe le donne partoriscono bambini); se lo scambio viene scoperto prima o dopo la nascita e quanto dopo (se dopo avere già consolidato rapporti affettivi). Nel caso oggetto d'esame, la donna aveva scoperto in fase prenatale l'errore, a seguito di diagnosi prenatale finalizzata a verificare le condizioni di salute dei nascituri.
Nell'ambito della discussione bioetica sono emerse due linee interpretative.
Una linea ha ritenuto giustificato il riconoscimento della maternità nella gestante, dati i legami fisici e psichici che si instaurano durante la gestazione e la difficoltà del distacco dopo il parto, traumatico sia per il bambino che per la madre.
Un'altra linea è stata favorevole alla genitorialità genetica, partendo dalla considerazione che i gameti non sono stati 'donati' per una procreazione di altri, ma sono stati prelevati con la precisa intenzione di avere dei figli. Anche la presa di coscienza per i genitori genetici che i loro figli, a causa di uno scambio, nasceranno con altri genitori e vederli crescere in un'altra famiglia, costituisce un forte trauma. Va anche considerato il problema della paternità: da un lato un padre genetico, dall'altro un padre legale o sociale in quanto marito o compagno della madre gestante.
La problematicità etica nasce dalla complessità di conciliare contrapposte esigenze, da un lato l'esigenza di garantire ai nascituri la certezza di riferimenti genitoriali e di una famiglia, dall'altra di assicurare – nei limiti possibili – gli interessi di coloro che desiderano avere un figlio mediante le tecnologie riproduttive.
Il Comitato Nazionale per la Bioetica si espresse prima della nascita dei bambini ritenendo di "non potere esprimere una 'preferenza' bioetica in merito alla prevalenza delle une o delle altre possibili figure genitoriali, nella consapevolezza che qualsiasi sia la situazione in cui i bambini cresceranno, il dilemma etico resterà aperto". In ragione della "preminenza degli interessi del minore", ritenendo eticamente imprescindibile il diritto a due figure genitoriali certe "per una equilibrata e serena crescita, evitando traumi di distacco o d'inserimento in contesti che potrebbero essere percepiti come estranei", auspica il superamento della conflittualità tra le famiglie e la disponibilità alla condivisione della responsabilità e della solidarietà nei confronti dei nati, "che un giorno dovranno fare i conti con un errore che ha reso incerte le loro origini e il contesto familiare di vita", favorendo "una reciproca "affettività" verso i minori, di modo che i figli possano mantenere un "rapporto significativo" con coloro che hanno dato loro la vita (in modo genetico o gestazionale)". Auspicando un accordo spontaneo, o quantomeno un diritto di visita dei genitori giuridicamente

non riconosciuti. Va anche riconosciuto il diritto dei minori a conoscere le modalità della loro nascita con criteri appropriati e un sostegno psicologico adeguato. Dal caso emerge inoltre la necessita di un incremento, con norme efficaci, delle procedure di sicurezza con protocolli specifici, al fine di evitare errori [32].

3. *Gestazione per altri*

Distinzioni preliminari

L'uso delle tecnologie riproduttive ha aperto anche alcune questioni bioetiche relative alla gestazione dell'embrione prodotto trasferibile: la questione della maternità surrogata [33]. È indispensabile preliminarmente introdurre alcune distinzioni [34].

Dal punto di vista della gestante surrogata va distinta la possibilità che una donna offra gratuitamente il proprio utero per la c.d. "gestazione per altri" o "gestazione oblativa" o "dono d'utero" e la possibilità che una donna affitti con remunerazione il proprio utero, detta anche "locazione d'utero" nella fattispecie lucrativa. In entrambi i casi è preferibile l'espressione 'gestazione' a 'maternità', in quanto si tratta di un servizio 'per altri' che non prevede un modo di esprimere e vivere la maternità autentica.

Dal punto di vista della coppia committente (eterosessuale o omosessuale) o di una donna single, la richiesta può avere una motivazione detta "terapeuti-

---

[32] Con provvedimento cautelare dell'8 agosto 2014 il Tribunale di Roma ha riconosciuto il legame di filiazione tra i gemelli e la madre "uterina" e suo marito, rigettando le domande dei genitori "genetici" finalizzate anche a chiedere che venisse sollevata questione di legittimità costituzionale con riferimento alle norme in forza delle quali si era giuridicamente instaurato il legame di filiazione e a consentire loro di frequentare i gemelli appena nati. I genitori genetici hanno successivamente, con distinte azioni, cercato di ottenere il disconoscimento dello status di filiazione tra i gemelli e la madre "uterina" e il di lei marito, appellandosi al legame genetico.

[33] La legge 40/2004 proibisce la maternità surrogata, o più precisamente ne sanziona la sua attuazione. Negli ultimi anni si sono susseguite sentenze eterogenee. Dapprima alcune condanne di genitori che si erano recati all'estero per avere un figlio con maternità surrogata (imputati per alterazione di stato di famiglia, false dichiarazioni; Cassazione Civile, sez. I, sentenza 11 novembre 2014 n. 24001), poi nei diversi gradi di giudizio stanno sfociando in assoluzioni (con l'argomento che è possibile il riconoscimento se la maternità surrogata è permessa nel Paese in cui viene effettuata; Cassazione penale, sez. V, sentenza 5 aprile 2016 n, 13525). Si veda la discussione sul tema nella rivista "BioLaw Journal", 2016, 2.

[34] Cfr. Comitato Nazionale per la Bioetica, *Maternità surrogata a titolo oneroso*, mozione, 2016.

ca" nel caso non ci siano le condizioni obiettive per la gravidanza (assenza di utero o malformazioni incompatibili con la procreazione, sterilità incurabile) o "non terapeutica" nel caso in cui la richiesta emerga da un desiderio soggettivo (evitare la gravidanza per ragioni personali, ad esempio estetiche o lavorative). Nelle diverse tipologie, va distinto il caso della madre "portante" o "incubatrice" solo gestazionale (inseminata con il gamete della madre richiedente, fecondato o non fecondato con il gamete del marito/compagno) o la madre "sostitutiva" o "vicaria" che, oltre a portare in gestazione l'embrione, dona il gamete (che può essere fecondato con il seme del marito o compagno della coppia committente, ma può essere anche fornito da un donatore esterno)[35]. La madre surrogata è detta anche aggiuntiva, per contratto diretto o intermediazione, per delega, commissione o prestito.

Gestazione non retribuita e retribuita

Gli argomenti che generalmente sono addotti a sostegno della "gestazione per altri" di carattere oblativo si appellano alla legittimità dell'espressione del desiderio di maternità, con specifico riferimento alla c.d. gestazione "terapeutica". In particolare si rileva che le donne senza utero sarebbero trattate ingiustamente rispetto a donne senza ovaie che, mediante la donazione di gameti, possono superare la sterilità. La liceità della donazione gratuita della gestazione è dedotta dal valore morale delle motivazioni che ispirano tale scelta, quali la generosità solidale e l'altruismo filantropico[36].

I sostenitori della maternità surrogata retribuita (che può avvenire sia nell'ambito della richiesta "terapeutica" che "non terapeutica") si richiamano principalmente ai diritti riproduttivi della coppia o della single e all'autodeterminazione della madre surrogata nella gestione e disponibilità sul proprio corpo al fine di "offrire" un servizio o una "funzione gestativa" anche a scopo utilitaristico e commerciale. In particolare alcuni orientamenti femministi hanno

---

[35] In questo senso si possono dare situazioni diverse: casi in cui la referente genetica è distinta dalla gestante e dalla madre sociale (che poi terrà il bambino); casi in cui la donatrice di gamete e gestante coincidono, distinguendosi dalla madre sociale; casi in cui la madre genetica e sociale coincidono, distinguendosi dalla gestante (il caso in cui la madre non sia sterile, doni i gameti e decida di avere un figlio, ma non abbia l'utero oppure non voglia affrontare una gravidanza). Ci sono situazioni in cui la gestante è estranea alla coppia committente o in cui è una parente (la mamma per la figlia, la figlia per la madre, o la sorella) o ancora casi in cui sia un'amica o conoscente. Il padre può essere genetico e/o sociale.

[36] I. Corti, *La maternità per sostituzione*, Giuffrè, Milano 2000; A.B. Faraoni, *La maternità surrogata. La natura del fenomeno, gli aspetti giuridici, le prospettive di disciplina*, Giuffrè, Milano 2002; H. Braho, *La maternità surrogata come problema biogiuridico*, Universitalia, Roma 2013; A. Musio, *Baby boom: critica della maternità surrogata*, Vita e Pensiero, Milano 2021.

evidenziato come tale scelta riproduttiva sia una modalità da riconoscere e legittimare per una parificazione della funzione della donna rispetto all'uomo: così come esiste il donatore di seme, una sorta di "padre sostituito", deve poter esistere oltre alla madre donatrice/fornitrice di gamete, anche la "madre sostituta" per la gestazione per consentire alla donna di porsi (nonostante la differenza anatomica) in condizione di simmetria rispetto all'uomo[37].

Si ritiene che la donna debba liberarsi dal "giogo biologico" della gravidanza e dalla "schiavitù riproduttiva", dalla considerazione della gestazione come indispensabile per sperimentare l'istinto "naturale" della maternità: la maternità deve poter essere vissuta anche dalla donna, come la paternità, senza gravidanza, non essendo ritenuta un'esperienza necessaria per la realizzazione femminile del desiderio di maternità. A ciò si aggiunge l'argomento secondo il quale per il futuro bambino nascere sia meglio che non nascere e che il trauma della separazione dalla madre gestante potrebbe essere attenuato da un distacco progressivo, che consenta al nato di percepire gradualmente l'accoglienza nella famiglia committente. Peraltro spesso è introdotta l'analogia tra madre surrogata e balia: entrambe sostituiscono la madre in alcune funzioni procreative (la gestazione) o accuditive (l'allattamento), in modo temporaneo, senza alterare la relazione madre-figlio.

Molte sono le obiezioni che sono state avanzate contro la gestazione surrogata, sia oblativa che lucrativa.

Le obiezioni alla gestazione surrogata in generale si richiamano innanzitutto alla difesa dei diritti del nascituro, che sono sbilanciati rispetto all'esaltazione della libertà procreativa dei committenti. È un fatto che la gestazione surrogata determini una proceduralizzazione e spersonalizzazione ulteriore del nascere nel contesto delle tecnologie riproduttive: alla scissione tra sessualità e procreazione con la fecondazione in vitro si aggiunge la separazione tra procreazione e gestazione, che viene affidata all'accordo tra le parti. Si frantuma la maternità in genetica e/o uterina e maternità sociale della committente con inevitabili conseguenze che ricadono sul nascituro che da un lato vivrebbe l'abbandono della madre gestazionale con la quale costruisce un rapporto biologico ma anche metabiologico (psicologico, emotivo) e dall'altro lato si troverebbe in una situazione confusa con più figure di riferimento nel suo processo di identificazione.

Va considerato che la gestante surrogata non può essere anonima, almeno per la chi la commissiona e dunque più facilmente ricontattabile dal nato, facendo riemergere il problema (anche per la fecondazione eterologa, come visto) del diritto a conoscere le proprie origini e le modalità della nascita da par-

---

[37] C. Shalev, *Nascere per contratto* (1989), tr. it., Giuffrè, Milano 1992.

te del nato. A tali problemi si può aggiungere la problematicità della monogenitorialità o bigenitorialità omosessuale, che potrebbero privare il nato della doppia figura genitoriale eterosessuale.

Elementi di difficoltà emergono anche per la stessa gestante surrogata, dati i rischi per la sua salute (sempre da considerarsi sproporzionati in quanto bilanciabili non con i benefici per se stessa, ma per un terzo estraneo) e il forte legame psico-fisico con il feto, con l'inevitabile trauma del distacco. Non è raro il caso di gestanti surrogate che, nonostante la firma di un contratto, hanno tenuto i figli con sé e non li hanno riconsegnati, a causa anche delle difficoltà non prevedibili e gestibili della separazione dal bambino, a maggior ragione quando è anche loro figlio geneticamente. Va sottolineato come il "contratto di maternità" (stipulabile sia in caso di retribuzione che di oblazione) comporti un "controllo" da parte dei committenti sul corpo della gestante, oltre all'impegno della consegna finale del nato: in genere il contratto prevede condizioni concordate che obbligano la gestante a determinati trattamenti sanitari e a seguire alcune regole e stili di vita funzionali alla salute del feto, oltre anche a possibili accordi di interruzioni di gravidanza nel caso di patologie genetiche o malformazioni non accettate dai committenti. Generalmente nel contratto è previsto anche l'obbligo della restituzione dei soldi (nel caso di gestazione surrogata lucrativa) o comunque risarcimento del danno (nel caso di oblativa con contratto) nel caso di responsabilità della gestante di una nascita con disabilità.

Fenomeni particolarmente problematici di ingiustizia sociale emergono nei Paesi poveri, dove le donne vengono sfruttate da agenzie di intermediazione per coppie committenti provenienti da Paesi avanzati e ricchi che proibiscono tale pratica: si tratta spesso di uno sfruttamento e un "mercato" su donne particolarmente vulnerabili, spesso analfabete, in condizioni socio-economiche e culturali di svantaggio e non in grado di comprendere adeguatamente ed avere coscienza della problematicità etica del loro atto. In questi casi il consenso informato non sarebbe una tutela sufficiente, in quanto le donne non sarebbero in grado di comprendere le informazioni e di assumersi una cosciente responsabilità della loro decisione. Si tratta dunque di una pratica che impoverisce la dignità della donna e annulla il valore del corpo che non può e non deve essere ridotto a oggetto di profitto e di transazioni economiche e che deve essere riconosciuto come valore fuori dal commercio, analogamente al principio rivendicato nell'ambito della donazione di organi per il trapianto.

Alcune conseguenze negative possono ricadere anche sulla madre sociale per il possibile conflitto con la gestante che, oltre a poter rescindere il contratto durante o dopo il parto, potrebbe non attenersi alle regole concordate e imposte dal contratto ed esigere una totale libertà di comportamento con conseguenze negative sulla salute del nascituro e potrebbe sempre rappresentare una minaccia di interferenza, dopo la nascita, sul piano psicologico e pedagogico, soprattutto nei casi in cui la donatrice sia parente o amica della madre sociale.

Non è possibile oggi prevedere quali possano essere le conseguenze future sul bambino che nascerà, oltre che sui rapporti affettivi e psicologici tra coppia committente e madre in affitto: non esistono ancora studi psicologici sull'argomento sufficientemente documentati[38]. Ma anche solo la possibilità che tale situazione possa turbare il processo delicato di identificazione antropologica, psicologica ed esistenziale del bambino, deve portare ad assumere un atteggiamento di prudenza. Oltretutto il biodiritto è chiamato a garantire la certezza della maternità al nascituro: l'unico modo è riconoscere la maternità a colei che partorisce. Un contratto tra coppia committente e donna che presta l'utero non darebbe mai garanzie: la donna surrogata potrebbe non rispettare il patto e la donna che ha stipulato il contratto non sarebbe mai sufficientemente tutelata.

Infine, anche se gratuito, il gesto di donazione dell'utero espone sempre la donna al rischio della strumentalizzazione e mercificazione del corpo femminile ridotto a "recipiente" o "contenitore". È difficile accertare l'autenticità del desiderio oblativo, che spesso si nasconde dietro "rimborsi spese" e "indennizzi" non proporzionati e "gonfiati" ben oltre il rimborso spese di viaggio o per l'assenza dal lavoro. L'esposizione alla strumentalizzazione si può manifestare anche nel caso di donazione oblativa nel subire pressioni indirette e nascoste, in particolare proprio nel contesto familiare o amicale, che si traducono per la donna nell'avvertire un "dovere di solidarietà" che diviene una "trappola da compassione". Va anche considerato che la donazione è sempre e solo di "qualcosa" e non di "qualcuno": l'embrione e il bambino non possono essere oggetto di una donazione.

All'interno dello stesso femminismo, nella prospettiva tecnofoba, si sono sollevate voci in forte contrasto con la gestazione surrogata, avvertendo nell'invadenza tecnologica biomedica in ambito riproduttivo non tanto l'opportunità di liberazione dall'oppressione maschilista patriarcale, quanto piuttosto il rischio di medicalizzazione eccessiva, di artificializzazione e di reificazione e mercificazione del corpo femminile[39].

---

[38] Cfr. P. Binetti, *Maternità surrogata: un figlio a tutti i costi*, Edizioni Magi, Roma 2016, p. 43. Paola Binetti ha anche curato il numero monografico su *La nobiltà del nascere*, "L'Arco di Giano", 2016, dedicato alla maternità surrogata.

[39] G. Corea, *The Mother Machine. Reproductive Technologies from Artificial Insemination to Artificial Womb*, Harper and Row, New York 1985.

4. *Ectogenesi*

L'ectogenesi, analogamente alla gestazione surrogata, scinde la gestazione dalla procreazione, introducendo un ulteriore elemento di artificializzazione. L'ectogenesi riguarda le possibili future tecnologie, ancora predizioni futuristiche, di una gravidanza extracorporea in un utero artificiale, realizzabile in modo parziale o totale. L'ectogenesi parziale o tardiva (sulla quale è stata fatta una sperimentazione animale) interverrebbe dopo una prima fase di vita intrauterina, precisamente dal momento in cui il feto ha il cordone ombelicale da applicare a macchinari capaci di nutrire, ossigenare e depurare il sangue del feto; la gestazione artificiale completa, dalla fecondazione al parto, prevede la fabbricazione di uteri come incubatrici meccaniche con una placenta artificiale, membrane e liquido amniotico surrogati in grado di far sopravvivere un embrione e un feto fuori del ventre materno, sostituendo l'organismo materno nelle funzioni nutritive e di scambio dal momento dell'annidamento fino alla 35° settimana di gestazione. Si tratta di una tecnica non ancora riproducibile sperimentalmente, data la complessità funzionale della placenta umana.

Nonostante tale tecnologia non sia stata ancora concretamente realizzata, la bioetica già ne discute la legittimità o la illegittimità, riflettendo sulle problematiche relative alla disponibilità del corpo, oltre alle implicazioni nell'ambito del rapporto uomo/donna, della famiglia e della società in generale e del nascituro.

I sostenitori della ectogenesi, nel contesto della teoria libertaria ed utilitarista, ritengono che sia giunta l'epoca della fine della maternità naturale, o per lo meno, l'inaugurazione di una nuova era che apra la possibilità di scelta tra maternità naturale e artificiale, garantendo l'autodeterminazione riproduttiva della donna senza utero o della donna con l'utero che rifiuta la gravidanza, percependo la maternità come un onere e un peso gravoso[40]. L'utero artificiale è esaltato come una modalità tecnologica che, separando la procreazione dalla gestazione, consente di realizzare concretamente un'uguaglianza simmetrica della donna rispetto all'uomo, potendo la donna realizzare il proprio desiderio di avere un figlio geneticamente proprio senza la gestazione e il parto, evitando le conseguenze negative sulla salute o altre possibili ripercussioni estetiche o lavorative. Oltretutto evitando la surrogazione di maternità o il trapianto d'utero.

L'irrilevanza della gestazione materna viene argomentata con riferimento a bambini che nascono da gravidanze di donne in coma irreversibile (il cui utero

---

[40] H. Altan, *L'utero artificiale* (2005), tr. it., Giuffrè, Milano 2006.

è una sorta di complessa incubatrice, priva di interrelazione materno-fetale) o bambini adottati. Anche fosse dimostrata la stretta correlazione materno-fetale, la macchina potrebbe sostituire la gestazione naturale nella crescita fisiologica, lasciando alla madre la possibilità di stimolare opportunamente il feto sul piano psicologico mediante sollecitazioni e stimoli diversi, ad esempio parlando con il feto. La stessa macchina potrebbe essere fabbricata in modo mimetico rispetto alla gestazione umana, riproducendo i movimenti del corpo nell'ambiente asettico di un laboratorio.

A giustificazione della loro tesi i sostenitori di tale tecnica adducono anche altri argomenti che ne dimostrerebbero l'utilità terapeutica sia con riferimento alla madre che con riferimento al nascituro: la possibilità di portare avanti gravidanze per donne che non hanno l'utero, senza fare ricorso a maternità surrogate; la prevenzione di aborti spontanei o di aborti desiderati (trasferendo feti da madri che non accettano la gravidanza in uteri artificiali); la prevenzione di effetti nocivi sull'embrione di madri con comportamenti rischiosi (donne alcolizzate, tossicomani, tabagiste, o anche con regimi alimentari inadeguati); la possibilità di controllare le diverse tappe di sviluppo del nascituro in modo nettamente superiore ad ecografie o diagnosi prenatali con la pianificazione anche di interventi terapeutici. In questo ambito la gestazione intracorporea rimarrebbe una scelta individuale solo per donne che desiderino fare l'esperienza della gravidanza corporea naturale analogamente alla scelta se allattare naturalmente o artificialmente il proprio figlio.

Indubbiamente l'ectogenesi potrebbe rappresentare un'importante conquista per la tecnoscienza biomedica nella misura in cui fosse considerata un'ipotesi terapeutica, ossia finalizzata solo a salvare feti da aborti, anticipando il tempo di vitalità fuori dal corpo materno. Ma anche in tale ipotesi rimane aperto un problema bioetico ineludibile: nella fase di sperimentazione di un apparato sostitutivo del grembo materno, embrioni e feti umani sarebbero usati e strumentalizzati, con un probabile numero elevatissimo di danni e di soppressioni. La sperimentazione riguarderebbe gli embrioni in vitro al fine di verificare la durata possibile dello sviluppo esterno dal corpo materno e la sperimentazione su feti, verificando la capacità di vita autonoma (senza danni) all'esterno dell'utero. L'uso di embrioni come cavie per la funzionalità di un utero artificiale contraddirebbe anche i principi generalmente accolti della sperimentazione di farmaci o apparati medici sull'uomo: la sperimentazione deve essere condotta nel rispetto dell'integrità fisica del soggetto su cui si conduce, finalizzata al miglioramento della sua salute e non alla sua eliminazione o danneggiamento.

Un primo ostacolo etico dunque alla costruzione dell'utero artificiale (anche per fini terapeutici) consiste nell'illiceità delle azioni inevitabili dirette consapevolmente alla produzione di embrioni in vista di un loro sacrificio (in termini di vita e di salute) certo o altamente probabile. Dietro il progetto di ectogenesi non c'è solo una finalità terapeutica (in particolare nell'ipotesi della ectogenesi completa): si tratta di un progetto che presuppone una de-naturalizzazione e de-biologicizzazione della riproduzione che apre a scenari di artificializzazione completa del nascere, potendo produrre un bambino senza alcuna relazione con corpi umani.

La gestazione artificiale coincide con la disincarnazione della maternità e l'annullamento del legame fisico-psichico materno-fetale, con la conseguente lesione dei diritti del nascituro. È ormai ampiamente documentata, da studi scientifici ma anche dalla stessa esperienza umana, che la gestazione sia una fase di intensa interrelazione tra madre e figlio, che il rapporto prolungato di interazione della madre verso il feto abbia un forte impatto sulla salute di chi nascerà e sulla sua stessa crescita psichica ed emotiva. La separazione tra madre genetica e madre uterina spezzerebbe il legame in modo definitivo tra madre e figlio dal punto di vista naturale, legame che non potrebbe essere sostituito da presidi meccanici surrogati e toglierebbe al nascituro elementi non solo non riproducibili (in quanto estremamente complessi rispetto alla riproducibilità tecnica) ma non più recuperabili per chi è nato.

Tali tecniche costituirebbero oltretutto una premessa per la radicale de-sessualizzazione della procreazione, consentendo la diffusione di famiglie monoparentali e omoparentali, con la nascita di bambini da donne sole ma anche da padri soli, da coppie omosessuali, femminili e maschili, indifferentemente. Si aprirebbero anche scenari possibili di produzione di bambini senza genitori, procreazioni anonime in cui orfani potrebbero essere cresciuti in strutture collettive, con la conseguente morte della famiglia detta "tradizionale". Verrebbe negato il diritto del nato ad avere una famiglia e a nascere con un contatto ed interazione con il corpo materno quali condizioni per un'adeguata possibilità di identificazione antropologica e sviluppo della personalità. Si pensi alle difficoltà psicologiche, consapevoli o inconsapevoli, di bambini che hanno vissuto situazioni di relazioni anomale con la madre, bambini adottati che hanno vissuto gravidanze difficili e il distacco dalla madre naturale.

Le possibilità della gestazione surrogata e della ectogenesi portano la donna ad una riflessione sul significato della gravidanza: la gravidanza, pur con l'inevitabile onere biologico e psicologico che porta con sé, non va considerata come un limite o una schiavitù, ma come un privilegio e un'opportunità. L'opportunità di vivere una relazione carnale con il bambino che nascerà, l'opportunità di fare l'esperienza della costruzione di un rapporto sin dall'inizio. L'eliminazione della gravidanza e del parto rischiano di provocare una modificazione profonda della maternità e del ruolo della donna. La maternità non sarebbe più un ruolo insostituibile, ma diverrebbe sostituibile dalla paternità, portando ad una scomparsa progressiva della differenza sessuale o della rilevanza della differenza sessuale nel nascere, che annullerebbe la stessa peculiarità di ogni sesso, con la conseguente espropriazione dalla donna del ruolo proprio.

La scomparsa della differenza sessuale può costituire un pericolo per la donna stessa: anche alcune femministe si sono opposte agli orientamenti radicali tecnofili, ritenendo che la sostituzione meccanica delle funzioni tradizionalmente affidate alla natura femminile divengano una perpetuazione del potere patriarcale. La donna sarebbe asservita alla tecnoscienza, al dominio del potere maschile, con la conseguente perdita dell'identità femminile. Se la distinzione tra padre e madre si riduce solo all'essere fornitori di cellule per la fecondazione (forse, in un futuro, anch'esse artificializzabili) e alla scelta della modalità procreativa, si aprirà una tendenza sempre più evidente all'artificializzazione non solo della gestazione ma anche all'annullamento della genitorialità e della peculiarità della soggettività femminile.

Va anche considerata la questione di giustizia: le ricerche sulla ectogenesi richiederebbero un investimento di risorse ingiustificato, in quanto l'infertilità non costituisce una condizione che minaccia la vita e la salute, esistendo oltretutto alternative per persone infertili, quali l'adozione, con anche un beneficio sociale. Si aprirebbe inoltre il problema della compatibilità tra aborto e sopravvivenza del feto: il diritto all'interruzione di gravidanza diverrebbe un diritto alla soppressione del feto, potendo questo vivere anche all'esterno dell'utero.

5. *Diagnosi prenatali*

Diagnosi su embrioni e su feti

Le diagnosi prenatali sono indagini rese possibili dal progresso della tecnoscienza, che consentono di identificare precocemente malformazioni somatiche e patologie genetiche nello sviluppo embrio-fetale. La diagnosi prenatale apre numerose problematiche bioetiche e biogiuridiche a causa dello scarto, allo stato attuale delle conoscenze genetiche, tra l'incremento crescente delle conoscenze diagnostiche e l'ancora limitata possibilità di intervento terapeutico sulle patologie in atto, sulle predisposizioni a patologie future o su patologie ad insorgenza successiva[41].

---

[41] L. Palazzani (a cura di), *Gen-ius. La consulenza tra genetica e diritto*, Studium, Roma 2011.

Nel contesto delle diagnosi prenatali, bisogna distinguere le diagnosi pre-impianto dalle diagnosi post-impianto: le prime indicano una serie di procedure che consentono di effettuare la diagnosi sulla cellula uovo non fecondata (l'ootide o zigote presingamico), sull'embrione prodotto in vitro (mediante le tecnologie riproduttive) o estratto dall'utero (mediante lavaggio); la seconda è costituita da un insieme di tecniche applicate al feto in momenti diversi della gravidanza umana. Si ricorda: l'amniocentesi o prelievo di liquido amniotico, la cordocentesi o funicolocentesi o prelievo di sangue fetale, la villocentesi o prelievo e biopsia di villi coriali di origine placentare, la fetoscopia o prelievo di sangue e tessuti fetali. Nell'ambito della diagnosi prenatale, è indispensabile fare una distinzione tra diagnosi individuali e screening genetici: questi consistono nella applicazione sistematica delle tecniche diagnostiche prenatali su larga scala a categorie di soggetti, gruppi di individui o popolazioni ad alto, medio o basso rischio, anche a rischio solo probabile o non predeterminabile, al fine di rilevare dati a scopo conoscitivo o preventivo [42].

Nell'ambito della genetica prenatale diverse sono le scelte possibili: la scelta se accedere o non accedere ad un test genetico; la scelta relativa a come agire in seguito all'acquisizione delle conoscenze genetiche [43].

La bioetica liberale-libertaria richiamandosi al principio di autotodeterminazione [44] configura la rivendicazione del "diritto alla salute" di fronte alle nuove possibilità aperte dagli sviluppi della genetica: si tratta di un diritto a nascere "sano"/diritto ad avere un figlio "sano", ossia a fare le scelte in modo soggettivo in base alla propria concezione di salute (in riferimento a sé e agli altri), senza indebite interferenze e amplificando la propria sfera di libertà. Tale diritto potrebbe essere mitigato solo da una valutazione, provvisoria, dei rischi prevedibili – intesi, primariamente, come rischi diretti per l'agente morale, e solo indirettamente come rischi nei confronti di altri – rapportati ai benefici ottenibili, non solo in senso terapeutico, ma anche in senso lato come realizzazione dei desideri e delle preferenze individuali.

In questo orizzonte di pensiero, il "sapere" genetico coincide con il "potere" genetico. È rivendicato il diritto individuale a usare le conoscenze genetiche per selezionare il nascituro (selezione degli embrioni prima dell'impianto o dei feti dopo l'impianto), in nome del principio di autodeterminazione della

---

[42] Cfr. Comitato Nazionale per la Bioetica, *Diagnosi prenatali*, 1992; *Orientamenti bioetici per i test genetici*, 1999.

[43] A. Buchanan, N. Daniels, D. Wikler, D.W. Brock, D.I. Wikler, *From Chance to Choice: Genetics and Justice*, Cambridge University Press, Cambridge 2000.

[44] N. Agar, *Liberal Eugenics*, in H. Kuhse, P. Singer (eds.), *Bioethics*, Blackwell, London, 2000, p. 173 e ss.; T.H. Engelhardt, *Manuale di bioetica*, cit., p. 279 ss.; R. Nozick parla di "supermercato genetico" in *Anarchia, stato e utopia*, tr. it., Saggiatore, Milano 2000, p. 320.

donna. Si configura un "dovere selettivo" della madre o dovere a non far nascere un individuo malato e, corrispettivamente, un "diritto del nascituro a non nascere" con la possibilità, per il feto divenuto adulto e portatore di disabilità, di chiamare in causa il medico e i genitori per averlo fatto nascere, accusandoli di "danno/torto da procreazione/nascita" per una "nascita/vita sbagliata" ("*wrongful birth*" e "*wrongful life*"). È giustificata anche la libertà dei genitori di scegliere per 'migliorare' la dotazione genetica dei figli selezionando in modo positivo le caratteristiche desiderate. La conoscenza genetica amplifica la possibilità di scelta dell'uomo, ove la scelta si esprime nell'eliminazione o modificazione in funzione delle preferenze e desideri. L'unico limite che è posto alla libera applicazione delle possibilità di intervento genetico sulla vita umana è la "prudenza" che si deve avere nei confronti delle generazioni future, essendo le manipolazioni del patrimonio genetico ereditarie.

La teoria dell'utilitarismo[45] interpreta il "diritto alla salute" di fronte alla genetica nel significato di diritto all'assenza o riduzione della sofferenza, bilanciando i rischi/costi, in termini di sofferenza fisico-psichica di individui senzienti e di frustrazione di interessi e preferenze, ma anche nel senso economico di convenienza sociale per il maggior numero di individui. Il "diritto alla salute" assume il significato di diritto a non soffrire inutilmente e diritto alla qualità della vita.

L'utilitarismo ritiene che i test genetici prenatali si debbano applicare ed incentivare, anche se a volte invasivi e rischiosi, in quanto l'embrione non è considerato un soggetto di interessi (non essendosi ancora formato il sistema nervoso e dunque non essendo ancora senziente) e il feto, benché senziente, nella misura in cui avesse patologie o anomalie genetiche che lo potrebbero rendere infelice nel futuro o comunque potrebbero rendere infelici gli altri, non avrebbe una vita degna di essere vissuta: ne sarebbe legittimata la sua eventuale soppressione, data la non sufficiente qualità, prevedendo l'aumento complessivo della sofferenza per i soggetti coinvolti. In questo senso è ritenuto non solo legittimo ma anche doveroso l'eliminazione dell'embrione e l'aborto selettivo (con l'accortezza di praticarlo con tecniche indolore, essendo il feto in grado di percepire la sofferenza) nel caso di diagnosi infausta di patologie incurabili, che prevedibilmente provocherebbero un aumento della infelicità globale per l'individuo, per la famiglia e per la società. La selezione pre-impianto o abortiva è considerata una modalità di "prevenzione" della malattia, ove prevenzione coincide in questa prospettiva con l'eliminazione del nascituro.

---

[45] P. Singer, *Ripensare la vita. La vecchia morale non serve più*, cit., p. 194 ss.; J. Harris, *Wonderwoman e superman. Manipolazione genetica e futuro dell'uomo*, tr. it., Baldini & Castoldi, Milano 1997, p. 136 e p. 293 ss.

Sempre per le stesse ragioni, la prospettiva utilitarista ritiene non utile la diagnosi prenatale nel caso in cui i costi economici e i rischi per la salute della donna o la probabilità di errori dei risultati sulla salute del feto (che potrebbero indurre a non impiantare un embrione sano o ad abortire un feto sano) sono elevati e considera invece utile, più conveniente e meno rischioso, portare a termine comunque la gravidanza e, in caso di rilievo di "imperfezioni" subito dopo la nascita, praticare l'eutanasia neonatale astenendosi dalle cure di base. Anche l'intervento selettivo migliorativo è considerato un dovere sociale, quale dovere di prendere in mano l'evoluzione in modo diretto con una scelta deliberata (rispetto alla selezione adattiva dell'evoluzione naturale), individuando una responsabilità semmai nel caso di omissione di interventi genetici per il benessere individuale e sociale.

L'attuazione sociale della scelta genetica selettiva in modo programmato, nell'ambito della concezione liberale-libertaria ed utilitarista, significa, sistematicamente, eliminare gli 'imperfetti' e fare nascere solo i 'perfetti', ossia coloro che sono senza patologie o predisposizioni a patologie indesiderabili (siano esse incurabili o curabili). La selezione genetica tende a sostituire la volontà alla natura, ad evitare nella misura del possibile la imprevedibilità genetica ritenuta pericolosa perché non controllabile. In questo contesto, chi non è stato selezionato rischia di vivere in condizioni di emarginazione, subordinazione e di esclusione genetica e sociale, a causa dei suoi difetti; chi è stato selezionato parte da una posizione di vantaggio in una società competitiva.

È la società che definisce i parametri genetici a cui adeguarsi per essere accolti o rifiutati. "Perfetto", in questa prospettiva di pensiero, è colui che non ha malattie, che non ha predisposizioni a patologie invalidanti o socialmente indesiderate, che ha caratteri desiderati e approvati socialmente: è l'eugenismo (nel significato etimologico di "nascere bene") che può scivolare dalla dimensione negativa o eliminare le malattie e rimuovere la predisposizione a malattie alla dimensione positiva o eliminare anche chi è sano, al fine di promuovere solo chi ha le caratteristiche desiderate e modificare geneticamente gli individui al fine di acquisire le caratteristiche desiderate. La selezione, nella prospettiva libertaria ed utilitarista, giustifica l'eliminazione non solo a causa di patologie incurabili, ma anche curabili, o per ogni predisposizione indesiderata, anche se la predisposizione è solo la possibilità o la probabilità di una patologia, che potrebbe anche non manifestarsi: può essere selezionato ogni individuo con caratteristiche "non confacenti".

Si dischiude la possibilità della discriminazione genetica o "genoismo": non è la discriminazione per ragioni etniche o politiche o religiose, ma per ragioni genetiche. Una discriminazione che può riguardare chiunque solo per il fatto che non ha i caratteri e si presume non abbia i caratteri che la società ritiene indispensabili requisiti di accettazione. La dignità finirebbe per essere "scritta nei geni", dipendendo dal "profilo genetico" individuato, dal calcolo del "quoziente genetico", in relazione ai desideri dei genitori e alle aspettative della società.

Emergono alcuni aspetti problematici di questa visione. Innanzitutto i test genetici non sono in grado di diagnosticare ogni possibile malattia e i test genetici, ad accezione delle malattie monofattoriali, offrono risultati solo attendibili e non certi: pertanto la stessa scelta selettiva sarebbe inattendibile e non escluderebbe in assoluto la presenta di patologie o anomalie. Inoltre va ricordato che i test genetici prenatali possono provocare danni in individui sani (in modo particolare il rischio, allo stato attuale delle conoscenze, è più alto nelle diagnosi pre-impianto sugli embrioni) e che la disabilità e la imperfezione non dipende solo dalla nascita (fattori genetici, diagnosticabili o non diagnosticabili, spontanei o provocati) ma anche da fattori interni ed esterni. Bisogna sempre considerare la non esclusione della possibilità di ammalarsi geneticamente anche per chi ha fatto un test con risultato negativo, supposta l'attendibilità del risultato.

Gli interventi selettivi sarebbero comunque una programmazione parziale, essendovi l'interazione tra i geni e l'interazione dei geni con l'ambiente. La scoperta dell'epigenetica e dell'influsso dell'ambiente esterno sull'espressione dei geni, hanno messo in evidenza i limiti del riduzionismo genetico e del determinismo genetico sul piano scientifico. L'individuo non è riducibile alla somma o serie dei suoi geni; i suoi caratteri e i suoi comportamenti non sono determinabili e prevedibili in base alla composizione genetica. Chi parte svantaggiato nella composizione genetica potrebbe acquisire caratteristiche migliori nel tempo; viceversa chi parte avvantaggiato, potrebbe, a causa di eventi esterni, diventare debole. Il problema è che la "società dei perfetti" non accoglie e non potrà mai accogliere nemmeno la "imperfezione dei perfetti": perché si disabitua all'imperfezione, perché la considera negativamente come un limite, un ostacolo da eliminare, quale che sia la sua origine. L'eugenismo non può che delineare una società competitiva, che mira solo alla produttività, all'efficienza del miglior risultato possibile, al profitto. È una società individualistica, inesorabilmente egoista, incapace di slanci di solidarietà, di altruismo, di cura nei confronti di chi è debole e indifeso.

La logica genetica selettiva che nasce dalla commistione tra "sapere genetico" e "potere genetico" minaccia la dignità umana e la giustizia sociale.

L'eugenetica minaccia la dignità umana in quanto è un tentativo di superare i limiti della natura, nello sforzo di ridisegnare la natura sulla base di desideri e scelte soggettive arbitrarie, selezionando caratteristiche fisiche, mentali ed emotive considerate migliori (ma quanto migliori? sulla base di quali criteri? chi giudica cosa sia migliore o peggiore? chi va migliorato?). La ricerca dell'efficienza e della perfezione non avrebbe più confini; l'eugenetica rischia di divenire l'espressione della non accettazione della natura per come ci è data, della prevaricazione della volontà soggettiva sulla natura oggettiva.

L'eugenetica minaccia la giustizia sociale in quanto produce gerarchie sociali e disuguaglianza tra chi è selezionato e chi rimane nelle condizioni naturali, ma anche tra chi riesce a realizzare una vita perfetta e chi per cause accidentali non è in grado di farlo, tra "perfetti" e "imperfetti". Si dischiuderebbero nuove forme di discriminazione, promuovendo una mentalità di non accoglienza e marginalizzazione delle disabilità[46].

J. Habermas ritiene che l'"essere generato con riserva"[47] metta in pericolo l'autocomprensione dell'identità di genere. Il giudizio di "miglioramento" è soggettivo e potrebbe non essere considerato allo stesso modo dal soggetto su cui si interviene. Non possiamo escludere il pericolo, sottolinea l'autore, "che la conoscenza di una programmazione eugenetica del proprio patrimonio ereditario riduca gli spazi creativi dell'autonomia individuale e comprometta le relazioni, idealmente simmetriche, tra persone libere ed eguali"[48]: la consapevolezza della programmazione genetica disturba il "senso di naturalezza per cui noi esistiamo come corpo"[49]. Il semplice venire a sapere di questa programmazione sarebbe sufficiente ad "alterare l'autoriferimento della persona interessata nei confronti della propria esistenza fisica e mentale"[50], dunque a limitare la libertà di chi è programmato, infrangendo il principio di uguaglianza. È indubbiamente vero che il giovane potrebbe adottare come sua l'intenzione eugenetica, a lui estranea, dei genitori, ma è altrettanto vero che non si può escludere la possibilità di "casi dissonanti", non correggibili. Il controllo "premeditato sulla qualità" della vita (propria ed altrui) porta alla "strumentalizzazione di una vita umana rispetto alle preferenze e agli orientamenti di valore nutriti da terzi". Il sapere genetico rende pensabile e possibile il rischio dell'"assoggettamento del corpo e della vita all'ingegneria genetica"[51]: la natura non più frutto del caso o della provvidenza, della decisione e dell'azione dell'uomo. L'idea di uomo è messa in discussione non solo dal potere di intervento della genetica, ma dallo stesso sapere che ne è la premessa.

---

[46] A. Pessina, *Bioetica. L'uomo sperimentale*, cit.

[47] J. Habermas, *Il futuro della natura umana. I limiti della genetica liberale*, tr. it., Einaudi, Torino 2002, p. 38.

[48] *Ibidem*, p. 26.

[49] *Ibidem*, p. 44.

[50] *Ibidem*, p. 55.

[51] *Ibidem*, p. 56.

M.J. Sandel ritiene che l'eugenetica liberale anziché esaltare la libertà comporti una "coercizione"[52], configurando un obbligo per i 'genitori eugenetici' e un 'sovraccarico morale': una volta mettere al mondo un bambino disabile era una "fatalità", oggi è una "responsabilità"[53]. La scelta di non conoscere la condizione genetica dell'embrione o del feto, dunque, di "lasciare al caso" (riconoscendo un "diritto al caso" e all'imprevedibilità della vita genetica del nascituro) diviene sempre più residuale in una società dove si diffondono i test genetici, motivata dalla volontà di non mettere a rischio la vita del nascituro e dall'intenzione di accettare il proprio bambino quale che sia la sua condizione genetica. "Un campo in precedenza dominato dal fato è ora un'arena della scelta"[54] e un "onere di scelta". Secondo Sandel la responsabilità per la sorte propria e dei propri figli diminuisce il sentimento di solidarietà: siamo solidali nella partecipazione con gli altri dei danni che subiamo come casuali e imprevedibili, come ciò che accade per sorte, in modo fortuito, quale risultato della "lotteria genetica".

L'ingegneria genetica ha portato alla sostituzione del "caso" con la "scelta"[55]: nella scelta perdiamo la percezione di appartenere a un comune destino, perdiamo la solidarietà. Chi ha successo sente di avere il merito, considerando chi è svantaggiato come responsabile del suo insuccesso, pertanto non meritevole. "Non più controbilanciata dal caso, la meritocrazia diventerebbe più severa e meno comprensiva": il sapere genetico e il controllo del genoma corrodono la solidarietà, che c'è quando si percepisce la contingenza del talento e delle fortune. Sandel – contro la logica della scelta selettiva – propone una visione laica del "dono", come qualcosa che è dato all'uomo per natura o per sorte, di cui l'uomo non è artefice: è il "dono naturale" che riporta dalla "scelta" (intesa come dominio, padronanza, controllo) al "caso", nell'accettazione dei limiti e dell'imperfezione, nell'accoglienza dell'"inatteso", nell'atteggiamento di accoglienza.

In una prospettiva personalista, porre al centro la dignità intrinseca ad ogni essere umano significa interpretare il "diritto alla salute" come tutela della salute intesa come bene oggettivo (oltre che soggettivo) e come bene relazionale. È una prospettiva che esprime un atteggiamento più restrittivo e cauto nei

---

[52] M.J. Sandel, *Contro la perfezione. L'etica nell'età dell'ingegneria genetica*, tr. it., Vita e Pensiero, Milano 2007, p. 83.

[53] Con la conseguenza che i genitori che hanno consentito la nascita di bambini 'imperfetti', devono "sopportare non solo il dolore dell'handicap del proprio figlio, ma la riprovazione sociale per non avere accettato gli strumenti della scienza" (cfr. L. d'Avack, *Verso un antidestino. Biotecnologie e scelte di vita*, cit., p. 146).

[54] M.J. Sandel, *Contro la perfezione. L'etica nell'età dell'ingegneria genetica*, cit., p. 91.

[55] *Ibidem*, p. 94.

confronti dei test diagnostici prenatali, ritenendo indispensabile enunciare precise condizioni di tutela dei soggetti coinvolti nell'applicazione delle tecniche, riducendo l'accesso sulla base di precise indicazioni mediche obiettive, in rapporto alla sperimentalità, invasività e rischiosità della tecnica.

Per quanto riguarda la diagnosi pre-impiantatoria sulla cellula uovo non fecondata si ritiene non praticabile di fatto a causa dell'incidenza dei fallimenti, della frequenza di risposte errate per possibili eventi di ricombinazione genetica, dell'indeterminabilità della probabilità di induzione di anomalie e delle false risposte. La diagnosi genetica pre-impianto sull'embrione umano è considerata moralmente problematica, allo stato attuale delle conoscenze scientifiche, a causa della sperimentalità delle tecniche che non consente un'adeguata protezione del concepito: in molti casi l'embrione sul quale si pratica la biopsia (ossia il prelievo di cellule), anche sano, muore prima del trasferimento; la stessa diagnosi pre-impianto, usata per evitare patologie tentandone una conoscenza e correzione precoce, può produrre malformazioni; nell'embrione biopsato diminuisce la possibilità di impianto e di sviluppo; inoltre l'inattendibilità e l'incertezza del risultato potrebbe portare ad eliminare embrioni sani; oltre alla considerazione che il prelievo delle cellule totipotenti costituisce una clonazione per scissione gemellare, ritenuta illecita, sulla base della difesa dell'integrità genetica individuale ed irripetibile.

Non pone invece problemi morale la diagnosi osservazionale sugli embrioni che può evidenziare, sulla base di parametri scientifici, eventuali anomalie dello sviluppo embrionale precoce. Il divieto della selezione degli embrioni è motivato dal principio bioetico della dignità dell'embrione umano, che non può essere scartato sulla base di criteri arbitrari secondo la logica eugenetica.

La diagnosi genetica post-impianto, ossia durante la gravidanza (ad es. l'amniocentesi), è considerata lecita a determinate condizioni. Innanzitutto, nel caso di tecniche invasive, è indispensabile l'accertamento, mediante consulenza pre-diagnostica, delle indicazioni alla diagnosi sulla base di precisi criteri scientifici rigorosamente predefiniti, aggiornabili, in base alle linee guida delle società medico-scientifiche: tali indicazioni consentono di giustificare il ricorso alla diagnosi prenatale evitando così il pericolo di abusi indiscriminati. Non è considerato legittimo sottoporsi ad una diagnosi prenatale in assenza di condizioni obiettive, a causa dei rischi che la pratica comporta. Solo l'ecografia è considerata eticamente lecita, data l'assenza di rischi per il nascituro e per la madre e i benefici rilevanti ottenibili, in relazione all'individuazione dell'epoca gestazionale, della regolarità dell'accrescimento fetale, della possibilità di identificare precocemente anche predittivamente malformazioni strutturali fetali. Si può ritenere l'ecografia obbligatoria, ma è indispensabile anche per tale pratica acquisire un consenso informato essendo una tecnica che può essere vissuta dalla donna e dalla coppia in modo ambivalente: la donna può vivere la visualizzazione del feto come un'intrusione e profanazione del proprio corpo, portandola a percepire il feto come estraneo e può aumentare le ansie connesse alla gravidanza aumentandone i rischi; al contrario tale diagnosi può rafforzare la comunicazione materna e paterna con il figlio, stimolando ad una partecipazione attiva e ad una presa di coscienza dell'esistenza reale del figlio, sollecitando l'assunzione di responsabilità e rinsaldando anche la relazione di coppia.

Consulenza genetica

La diagnosi prenatale deve essere sempre preceduta e seguita da una consulenza genetica[56]. Prima della diagnosi la consulenza genetica ha lo scopo di determinare la presenza o assenza di indicazioni all'intervento diagnostico sulla base dell'acquisizione delle informazioni sull'età e sullo stato di salute dei genitori e della famiglia, su eventuali altri figli o gravidanze, sull'esposizione ad agenti mutanti chimici o fisici. Lo scopo è quello di valutare il rischio (di danno all'embrione o di aborto; di fallimento diagnostico; di falsi positivi e falsi negativi nei risultati) rapportato ai benefici ottenibili (conoscenze acquisibili, possibilità terapeutiche, rassicurazione emotiva) e di informare la coppia su tali rischi e benefici. La consulenza genetica dopo la diagnosi ha lo scopo di comunicare il risultato della diagnosi (eventuali patologie accertate in atto o ad insorgenza probabile futura, specificando il tipo di patologia e verificando la percezione e l'accettabilità da parte dei genitori) e il beneficio ottenibile in rapporto alle concrete possibilità di terapia genica per curare, trattare o correggere anomalie, o fornire un'eventuale assistenza, offrendo le informazioni sulle possibili conseguenze alla decisione di proseguimento o interruzione della gravidanza sul piano psico-sociale ed etico-giuridico. L'esigenza di informatività e non direttività sono considerati requisiti etici e deontologici, al fine di garantire un giusto equilibrio tra gli interessi della madre e gli interessi del nascituro.

Particolarmente problematica è la situazione in cui la diagnosi prenatale porti alla diagnosi di malattie genetiche che, con cure, possono avere una sopravvivenza prolungata o che si manifestano (o hanno una certa probabilità di manifestarsi) in età avanzata portando ad una degenerazione neurologica progressiva incurabile (è il caso della diagnosi della fibrosi cistica e della corea di Huntington). L'eventuale scelta di interrompere la gravidanza si baserebbe non sulla inguaribilità della malattia, bensì sull'inaccettabilità della conoscen-

---

[56] L. Palazzani, L. Nepi (a cura di), *Gen-ius. Consulenza genetica e normative europee*, Studium, Roma 2012.

za anticipata della durata limitata della vita o sulla probabilità del rischio di insorgenza futura di una patologia che porterà ad una bassa qualità di vita, alla dipendenza e alla morte. Si tratta di una questione estremamente delicata: è discutibile eticamente l'estensione della legittimazione dell'aborto ad anomalie pur classificabili come rilevanti ma ad insorgenza solo probabile ed oltretutto tardiva, che porterebbero a dilatare a dismisura l'aborto, che rischierebbe di divenire una "prassi eugenetica".

La prospettiva che difende la dignità intrinseca dell'essere umano ritiene che debba essere sostenuta la ricerca nell'ambito della terapia prenatale e neonatale (individuando centri di riferimento con controllata competenza) affinché nel futuro mediante interventi medico-chirurgici prima e dopo la nascita e terapia genica somatica in utero, si possano guarire le malattie genetiche. L'incremento terapeutico non esclude i benefici della diagnosi precoce, consentendo l'attivo coinvolgimento della madre, la predisposizione di provvedimenti clinici che garantiscono una tempestiva assistenza neonatale e pediatrica, la precocità, specificità ed efficacia dell'intervento terapeutico. La bioetica personalista ritiene che l'obiettivo sociale della diagnosi prenatale debba essere, come per qualsiasi altro atto diagnostico, quello della finalità curativa, intervenendo per curare o trattare la patologia in atto o preventiva, intendendo il termine nel senso dell'impedire la manifestazione clinica della patologia, non selettiva nel senso dell'eugenetica negativa (ossia prevenire la nascita del bambino) o positiva (selezione dell'individuo con le caratteristiche desiderate).

La limitazione delle possibilità terapeutico-preventive rispetto all'ampiezza delle possibilità diagnostiche non giustifica l'eugenetica negativa ossia l'eliminazione dei feti malati o probabilmente malati nel futuro o, peggio ancora, l'eugenetica positiva, la scelta di feti con i caratteri preferiti e ritenuti desiderabili. In questo senso è opportuno, laddove non sia possibile curare o prevenire, attivare presidi medico-psicologici a tutela della maternità a rischio, ove per tutela si intende l'informazione e il sostegno psicologico che contribuisca ad aiutare la donna di fronte alla possibile decisione abortiva motivata dallo stato di incertezza sulla salute del concepito. In questo senso lo *screening genetico* prenatale, nel contesto di una politica sociale non eugenista, rappresenta un importante servizio sociale in quanto dovrebbe offrire la possibilità di un intervento a tutela della maternità a rischio, finalizzato a sostenere la responsabilità della donna, a sollecitare la solidarietà dell'organizzazione sociale intorno alla famiglia per l'auspicabile accoglienza dei disabili.

Test genetici non invasivi

Una delle questioni recentemente discusse riguarda i nuovi problemi morali emergenti nel contesto dei test genetici non invasivi che si possono effettuare durante la gravidanza. Si tratta di prelievi di sangue da cui si traggono cellule fetali e DNA libero proveniente dalle cellule della placenta, che sono espressione del genoma del feto. Non si tratta di un test genetico ma di un test che indica la probabilità o la probabilità di predizione di presenza o assenza nel feto di una malattia cromosomica: lo scopo è, auspicabilmente, di tranquillizzare e ridurre l'indicazione alle diagnosi prenatali invasive.

Già da tempo esistono test non invasivi con il dosaggio di alcuni markers biochimici, il triplo-test o il quadruplo-test o il bi-test, anche integrati con parametri ecografici per aumentarne la precisione. Il problema dei test era costituito dai falsi positivi e falsi negativi: donne identificate con elevata probabilità di avere un feto malato risultavano avere invece un figlio sano o donne con bassa probabilità di avere un feto malato in realtà lo avevano. All'ansia del test, si aggiungevano i rischi delle tecniche invasive utilizzate successivamente, se non anche dell'aborto per chi, non adeguatamente informata sul significato del test, anche sulla sola base di probabilità di avere un bambino malato, decideva di interrompere la gravidanza. Il nuovo test di screening basato sul DNA fetale prelevato dal sangue materno promette fino al 99% di sensibilità e 0,2% di specificità (falsi positivi): si basa sulle nuove tecnologie di sequenziamento. Lo screening si è subito diffuso in molti Paesi con un mercato fiorente; generalmente il test è disponibile solo privatamente ma in alcuni Paesi (come Regno Unito e Germania) ci sono spinte ad introdurli nei servizi sanitari pubblici. Il costo potrebbe essere bilanciato dalla riduzione della diagnosi invasiva e la riduzione della nascita di bambini malati, con un risparmio complessivo da un punto di vista economico.

Da un punto di vista morale il test in sé è un importante risultato delle conoscenze scientifiche e della tecnologia che consentono di rendere più specifico un test per predire l'esistenza di una patologia. La visione libertaria e utilitarista è favorevole all'uso sulla base della autodeterminazione della donna e della convenienza; la visione personalista identifica alcune condizioni di liceità, identificabili oltre che nella competenza degli operatori, nella qualità dei laboratori, nella correttezza della procedura, anche nelle informazioni sulle possibilità terapeutiche di eventuali diagnosi di probabilità di patologie[57]. L'obiettivo è di rassicurare la gestante, evitando di esporre il feto ai rischi delle tecniche invasive e di offrire, grazie all'identificazione precoce di patologie, delle prospettive terapeutiche, con interventi possibili per alcune patologie già in gravidanza. Ad esempio alcuni interventi su feti affetti da sindrome di Down possono avere miglioramenti della condizione cognitiva grazie ad interventi fetali.

---

[57] Le *Linee-guida* pubblicate dal Gruppo di lavoro del Consiglio Superiore di Sanità (2021).

È importante che l'analisi sia accompagnata da una adeguata consulenza: in effetti non si tratta solo di un prelievo di sangue, ma è un atto medico di screening (non di diagnosi). Alla donna e alla coppia vanno spiegati i possibili risultati, il valore predittivo e i limiti di predittività nel contesto della spiegazione del significato di percentuale di probabilità (con riferimento ad alta o bassa probabilità di patologie). Nel caso di malattie cromosomiche (come la sindrome di Down) va anche proposta la ricerca terapeutica prenatale come alternativa all'aborto. Nel caso di malattia incompatibili con la vita, è indispensabile accompagnare i genitori e i bambini malati nella prospettiva dell'*hospice* perinatale. I test prenatali non invasivi costituiscono un ambito di business sanitario nella competizione del mercato sanitario. Non si deve prescindere alla riflessione etica, oltre l'economia.

6. Gene-editing

Nell'ambito delle questioni all'inizio della vita umana, nel contesto dell'uso delle tecnologie riproduttive e delle decisioni di interruzione della vita, va affrontato anche il problema delle possibili modificazioni genetiche della vita nascente. La discussione bioetica sulla sperimentazione genetica e sulla terapia genica sperimentale è nata già negli anni '70. Recentemente è ritornata in modo vivace a seguito dell'introduzione del *gene editing* o *genome-editing*[58], una tecnica di ingegneria genetica che utilizza 'forbici molecolari' per 'tagliare' il DNA in punti ben precisi (*editing* è traducibile in italiano con modificazione, correzione, revisione), al fine di alterare il genoma, eliminare alcune parti, correggerle e/o sostituirne altre. Un intervento che mira a trovare l'errore nella sequenza del DNA per modificarlo, ripristinando la sequenza genica corretta[59]. *Gene editing* costituisce una nuova tecnologia genetica nell'ambito biologico molecolare che apre nuove prospettive di intervento con

---

[58] Comitato Nazionale per la Bioetica, *L'editing genetico e la tecnica CRISP-CAS9: considerazioni etiche*, 2017.

[59] La tecnica oggi al centro della discussione è CRISPR-Cas9: la prima parte della sigla (acronimo di *clustered regularly interspaced short palindromic repeats*) indica una breve sequenza di RNA (acido ribonucleico) costruito in laboratorio e programmato per guidare l'enzima Cas9 in un punto predeterminato del genoma. Cas9 è un enzima del gruppo delle nucleasi di restrizione, una sorta di forbice biologica capace di tagliare il DNA nel punto preciso scelto dallo scienziato che ha programmato l'RNA-guida. A questo punto si mettono in moto (o possono essere stimolati a mettersi in moto) i meccanismi riparatori delle cellule per proteggere l'integrità del materiale genetico.

caratteristiche potenzialmente di precisione, specificità, semplicità, facile accessibilità, efficienza, bassi costi.

Mediante questa tecnologia si delineano prospettive inedite: da un lato si potrebbero sradicare patologie genetiche eliminando o riparando geni difettosi; dall'altro lato si potrebbe modificare, ingegnerizzare e potenziare il patrimonio genetico inserendo caratteristiche desiderate creando esseri umani geneticamente alterati/modificati con caratteristiche predeterminate. In questo caso non si tratterebbe di selezionare geneticamente individui esistenti, nel senso negativo di eliminare caratteristiche indesiderate o in senso positivo di scegliere proprietà desiderate, ma si tratterebbe di intervenire direttamente per migliorare il genoma di individui sani (la genomica migliorativa o doping genetico), con modificazioni su gameti, embrioni, feti. Tali modificazioni potrebbero dunque avere conseguenze non solo su singoli individui (nel caso di gameti), ma anche sulle generazioni future (nel caso di embrioni).

Si tratta di una tecnica ancora sperimentale, pertanto non accurata e precisa, con alti rischi, con la possibilità di indurre mutazioni genetiche impreviste e non intenzionali. Al momento è stata sperimentata su animali e pochi esperimenti sono stati autorizzati su embrioni umani, in Cina e in Inghilterra. Su riviste come "Science" e "Nature" sono stati pubblicati appelli di scienziati, con toni diversi, per una moratoria per la mancanza di condizioni di sicurezza nell'applicazione sull'uomo. L'argomento sta suscitando un dibattito internazionale globale, attraendo l'attenzione di scienziati ma anche attraverso i media dei cittadini, richiamando la questione dell'urgenza del progresso della scienza da un lato e della responsabilità degli scienziati rispetto al valore della vita umana dall'altro.

Si evidenzia un problema di fondo: da un lato la proibizione assoluta delle nuove tecnologie potrebbe impedire possibili risultati positivi in termini preventivi e terapeutici producendo un danno alle generazioni presenti e future; dall'altro la legittimazione altrettanto assoluta potrebbe mettere a rischio singoli individui e le generazioni successive, data la mancanza di sicurezza e gli imprevedibili rischi. Emerge la rilevanza di una posizione bilanciata e critica che possa articolare la riflessione morale in modo flessibile in base al tipo di tecnologia (su cellule somatiche o germinali), ai risultati della sperimentazione animale, all'ambito di applicazione (gameti, embrioni, feti, adulti).

Nell'ambito della discussione pluralistica sono emerse diverse posizioni, tra chi sostiene la legittimità della tecnologia e di chi avanza considerevoli perplessità.

La visione libertaria è permissivista per quanto attiene alle questioni etiche e giuridiche dell'ingegneria genetica sull'uomo in generale, e dunque anche nel contesto del *gene-editing*. Secondo tale concezione è considerata lecita la modificazione genetica e la geneterapia sia sulle cellule somatiche, sia sulle cellule germinali, sia sull'embrione, in nome della libertà dell'avanzamento della ricerca scientifica per l'umanità futura. L'unico limite che è posto alla libera applicazione delle possibilità di intervento genetico sulla vita umana è la "prudenza" che si deve avere nei confronti delle generazioni future, essendo le modificazioni del patrimonio genetico ereditarie.

La teoria utilitarista afferma la liceità di tali interventi genetici non in relazione alla terapeuticità o meno dell'atto, bensì in base al calcolo dell'utile: non è lecita se i costi (economici, sia per l'individuo che per la società) sono troppo alti rispetto ai risultati prevedibilmente ottenibili in ordine alla qualità della vita, calcolata in base ai parametri piacere/dolore, gioia/sofferenza, felicità/infelicità; è lecita se non è troppo costosa per la collettività e se si prevede che possa aumentare il piacere rispetto alla sofferenza sia in riferimento al soggetto su cui si interviene, o nel caso in cui il soggetto venisse soppresso, in riferimento agli altri (siano essi i familiari o le generazioni future).

I sostenitori della tecnologia sottolineano le possibilità preventive/terapeutiche ma anche le possibilità potenziative, come opportunità di miglioramento individuale, sociale, umano. Prevenire patologie ereditarie, eradicare anomalie congenite, conferire all'uomo resistenza a malattie, eliminare patologie, correggere geni difettosi e inserire qualità nuove straordinarie porta al miglioramento individuale ma anche al miglioramento della società e della stessa specie, costituendo un nuovo passo per l'accelerazione artificiale dell'evoluzione della stessa umanità verso la perfezione. Secondo questa visione, l'intervento selettivo di tipo preventivo/terapeutico e migliorativo non ha confini nitidi, essendo i concetti di salute/malattia prevalentemente soggettivi: è considerato un "dovere sociale" quello di "prendere in mano", mediante questa nuova tecnologia, l'evoluzione in modo diretto, individuando una responsabilità semmai nel caso di omissione di interventi genetici per il benessere individuale e sociale. Il rischio di produrre danni sull'embrione umano può essere controllato mediante diagnosi prenatale e interruzione della gravidanza: rimane il rischio di trasmissione di danni alle generazioni future, ma è bilanciato dai possibili benefici per l'umanità futura.

Molte sono le perplessità etiche che suscita tale nuova tecnologia applicata all'uomo, sollevate da coloro che riconoscono la priorità della dignità dell'essere umano rispetto al progresso tecno-scientifico.

Non esiste un particolare problema per quel che concerne l'eticità della terapia genica somatica, se non i problemi etici comuni a qualsivoglia intervento medico di frontiera di carattere sperimentale. Il ricorso alla terapia genica dovrà essere motivato dalla gravità della malattia, dalla mancanza di una terapia alternativa efficace e con effetti durevoli, dalla minima o comunque accettabile incidenza di effetti collaterali indesiderati. Inoltre, particolare cura dovrà essere posta per acquisire il consenso informato del paziente al trattamento, mediante un'adeguata consulenza, prospettandogli la possibilità del ricorso a terapie tradizionali meno efficaci, ma in alcuni casi ben più consolidate dei protocolli della terapia genica. Si consideri infine che il carattere tuttora sperimentale di questa terapia giustifica l'eventuale rifiuto da parte del medico di praticarla, anche se espressamente richiesta dal paziente.

Molto problematica è invece la modificazione genetica su gameti e su embrioni umani. Scientificamente, infatti, non esistono le basi concettuali e teoriche per prevedere gli effetti di una terapia genica germinale sullo sviluppo dell'individuo e della sua discendenza. Gli obiettivi sono preventivi e terapeutici, ma di fatto, allo stato attuale delle conoscenze, la probabilità di indurre ulteriori alterazioni anomale nel genoma è alta. Naturalmente non si può escludere che in futuro si possano acquisire nuove conoscenze (attraverso la sperimentazione su animali), che consentano un intervento terapeutico sulle cellule germinali e sugli embrioni umani: ma allo stato attuale attivare tale intervento appare sproporzionato, nel bilanciamento dei rischi e dei benefici. L'unico caso ammesso è quello di embrioni umani affetti da patologie genetiche monofattoriali, in assenza di alternative terapeutiche.

Le perplessità sul *gene-editing* sono radicate sulla mancanza di sicurezza e appropriatezza della tecnica e possibili elevati rischi, nel caso di ricerche e applicazioni su cellule germinali umane ed embrioni, con possibili danni irreversibili per i bambini futuri e le generazioni successive. Si tratta di una sperimentazione biologica estrema che modifica ogni cellula del corpo per sempre, dai primi stadi dello sviluppo embrionale per l'intero arco vitale. L'aggiunta o cancellazione di geni determina una condizione non prevedibile e predicibile nelle cellule e nell'intero organismo, nelle generazioni presenti e future. Il monitoraggio sulle conseguenze dell'intervento necessiterebbe il controllo non solo delle prime fasi di sviluppo degli embrioni (prime due settimane, in genere), ma anche dopo il trasferimento in utero, durante la gravidanza e per l'intera esistenza dei nati, anche delle generazioni successive. Per queste ragioni risulta essere eticamente problematica una sperimentazione, unica strada per validare la sicurezza e l'efficacia della tecnologia: metterebbe a rischio la vita di embrioni, feti, infanti, bambini e adulti, delle generazioni presenti e delle generazioni future. Ancora più la mancanza di sicurezza evidenzia l'inaccettabilità di interventi ad alto rischio (imprevedibili, trasmissibili) a fronte di benefici nella misura in cui non riguardassero la salute umana, ma la soddisfazione di desideri (dei genitori rispetto ai figli) di miglioramento.

Il rischio etico è che gli esseri umani divengano oggetto di sperimentazione senza il loro consenso, a fronte di elevati ed imprevedibili rischi, con la conseguente determinazione biologica del loro futuro negando il "diritto ad un futuro aperto".

Emerge inoltre una possibile deriva verso la diseguaglianza e la discriminazione, contro il principio di giustizia. L'uso della tecnologia, anche preventiva-diagnostica-terapeutica, nella misura in cui se ne provasse la sicurezza, porterebbe ad una selezione tra i pazienti che possono accedere alla nuova terapia e coloro che non possono accedervi. La stessa sperimentazione toglierebbe risorse per altri tipi di intervento di carattere terapeutico su individui malati. La tecnica inoltre potrebbe essere usata per potenziare caratteristiche socialmente desiderate e scartare o sostituire caratteristiche indesiderate portando verso una selezione eugenica, che determinerebbe ed esacerberebbe differenziazioni, gerarchie e disparità nella società.

Va sottolineato come l'illiceità morale dell'intervento genico sulle cellule germinali e sull'embrione non è affermata per ragioni "di principio", ma per ragioni "di fatto", legate ai rischi attualmente connessi alla tecnica, ai danni che da essi potrebbero risultare per i discendenti. Nella misura in cui la ricerca sarà in grado di risolvere i problemi tecnici di sicurezza (e le nuove tecniche questo appunto promettono), a seguito di una sperimentazione su animali, il giudizio di illiceità è rivedibile proprio perché non dipende da ragioni di principio.

Sul tema sono intervenuti i principali organismi di bioetica internazionali ed europei. Il Comitato internazionale di Bioetica dell'Unesco nel documento *Report of the IBC on Updating its Reflection on the Human Genome and Human Rights* (2015) si è soffermato sulle sfide etiche della nuova tecnologia, evidenziando l'esigenza imprescindibile della sicurezza e del consenso e sottolineando la problematicità etica di questa tecnica, che può mettere in pericolo la dignità degli esseri umani e la giustizia, ossia la potenziale condivisione dei possibili benefici della ricerca. L'European Group on Ethics in Science and New Technologies ha approvato uno *Statement on Gene Editing* (2016) nel quale, distinguendo tra la terapia germinale e somatica, ritiene che la questione richieda una "attenta considerazione, date le profonde potenziali conseguenze della ricerca per l'umanità" e aderisce alla moratoria sul *genome-editing* degli embrioni e dei gameti, considerando indispensabile un ulteriore sviluppo tecnologico prima dell'applicazione clinica e un'adeguata discussione sui temi della dignità, della giustizia, dell'equità, della proporzionalità e dell'autonomia. In un documento su *Genome editing* (2021) raccomanda di garantire che gli investimenti nella ricerca sull'editing del genoma germinale abbiano lo scopo di proteggere la salute e di proteggere la dignità umana, l'identità, la diversità, l'uguaglianza, la giustizia sociale e la solidarietà. In questo contesto, dovrebbero essere sviluppate linee guida che consentano ai comitati etici della ricerca di distinguere tra tecnologie e applicazioni di editing genomico che devono essere considerate preventive, diagnostiche o terapeutiche, e quelle che devono essere considerate come miglioramento umano. Le tecnologie di modifica del genoma si stanno evolvendo rapidamente e le competenze per valutare la ricerca e l'applicazione devono stare al passo con i nuovi sviluppi. Tale adeguatezza delle competenze è fondamentale anche per i comitati etici incaricati di approvare e supervisionare le sperimentazioni cliniche che coinvolgono il *gene-editing*. Il Comitato di Bioetica del Consiglio d'Europa (DH-BIO) ha emanato uno *Statement on Genome-editing Technologies* (2015) riconoscendo le potenzialità di questa ricerca. Il Comitato ha richiamato l'art. 13 della Convenzione di Oviedo, ritenendo che fornisca "i principi di riferimento del dibattito internazionale" sui problemi fondamentali sollevati dalle nuove tecnologie, ed ha ricordato che tale dibattito era previsto nella stessa Convenzione all'art. 28. Il Report della National Academy of Science, National Academy of Medicine, *Human Genome Editing. Science, Ethics, and Governance* (2017) ammette la ricerca quando non ci sono ragionevoli alternative, è possibile la prevenzione di una malattia grave, ci sono dati preclinici e clinici, un rigoroso follow-up multigenerazionale, sussistono condizioni di trasparenza e partecipazione sociale. È ritenuto illecito l'uso della tecnologia con finalità di potenziamento perché lede l'autonomia personale e la giustizia sociale. Si sottolinea la necessità di un dibattito pubblico sui benefici e sui rischi, di studi per analizzare l'impatto sociale, reale e anticipato, di cautela e di responsabilità nella valutazione, che ponga sempre il primato sulla beneficenza per l'uomo (minimizzazione dei rischi e ragionevole bilanciamento con i benefici), il requisito della trasparenza e condivisione di informazioni nell'ottica del rispetto delle persone, dell'equità e della cooperazione transnazionale.

7. *Clonazione riproduttiva*

Nel contesto dell'ingegneria genetica si colloca anche la tecnica della clonazione, ossia la riproduzione asessuata a partire da un singolo organismo umano adulto di un numero anche infinito di copie aventi identico patrimonio genetico [60]. Esistono due tecniche di clonazione: la "fissione gemellare", ossia

---

[60] Comitato Nazionale per la Bioetica, *La clonazione*, 1997; *Mozione sulla clonazione umana a fini riproduttivi*, 2003; European Group on Ethics in Science and New Technologies,

la scissione artificiale di cellule o gruppi di cellule nella fase dello sviluppo embrionale caratterizzato dalla totipotenza e il "trasferimento di nucleo" (la tecnica che ha consentito la nascita della pecora Dolly), ossia la sostituzione o inattivazione del nucleo di un ovocita non fecondato (che contiene metà del patrimonio genetico) con il nucleo di una cellula somatica (che contiene l'intero patrimonio genetico) di un adulto della stessa specie, che, con opportune stimolazioni elettriche, inizia il suo sviluppo. Essendo, quest'ultima tecnica, stata applicata su un mammifero e ad oggi su molti animali, si parla della possibilità, forse non troppo remota, di poterla applicare sull'uomo.

Emerge l'interrogativo: è lecito che l'uomo fabbrichi copie genetiche di se stesso o di altri?

La teoria libertaria e la teoria utilitarista sono favorevoli alla clonazione umana, ritenendo utile la legittimazione di tale tecnica per consentire l'avanzamento delle conoscenze scientifiche e delle applicazioni tecnologiche, per garantire la libertà dell'individuo di scegliere e anche di riprodurre una copia genetica di sé, in funzione del calcolo costi/benefici, ossia nella misura in cui si limitino gli svantaggi (ad esempio, i danni alla salute del clone) procurando possibili vantaggi (eugenetici) presenti e prevedibilmente futuri[61]. In questa prospettiva si ritiene che la clonazione non leda l'unicità individuale, essendo l'identità genetica distinta dall'identità biologica e biografica: anche il clone potrebbe costituirsi come individuo unico, se non geneticamente, almeno biologicamente oltre che psicologicamente, nella sua personalità.

In una posizione intermedia, vi è l'orientamento moderato che propone una proibizione "debole" della clonazione: si tratta di una sostanziale legittimazione della pratica "di principio", nella misura in cui la società si aprisse all'accettazione di tali applicazioni e la scienza consentisse di usarla senza conseguenze di fatto negative, o comunque controllando le eventuali conseguenze negative (sulla salute del clone, sulla salute della donna che porta in gestazione un clone, sugli eventuali danni sociali). In effetti la letteratura scientifica ha fornito i dati della sperimentazione sull'animale mostrando che elevata è la mortalità e la possibilità di contrarre patologie dei cloni (la stessa Dolly è morta precocemente di artrite reumatoide), molti sono i rischi di vita e di salute di colei che porta in gestazione il clone (rischi anche di mortalità), oltre ai prevedibili danni sociali intuibili pensando alla possibilità di scegliere anticipatamente chi ammettere e chi scartare dalla clonazione, sulla base delle caratteristiche genetiche. Tale orientamento assume un atteggiamento di cautela e di

Ethical Aspects of Cloning Techniques, 1997; Unesco, International Bioethics Committee, *Report on Human Cloning and International Governance*, 2009.

[61] J. Harris, *Clones Genes and Immortality: Ethics and the Genetic Revolution*, Oxford University Press, Oxford 1998.

prudenza, ritenendo che la clonazione riproduttiva debba essere proibita provvisoriamente di fatto, ove la proibizione dovrebbe rimanere rivedibile nel tempo in base all'evoluzione delle conoscenze scientifiche e al grado di percezione dell'accettazione sociale.

Nell'ambito di una riflessione che riconosce la vita dell'essere umano come un bene indisponibile, la clonazione umana è considerata gravemente illecita.

Innanzitutto la clonazione è una delle forme forse più aberranti di manipolazione e oggettificazione della vita umana: lo scienziato che volesse attuare un tale progetto sarebbe un homo faber, il cui unico scopo sarebbe l'avanzamento della ricerca e della conoscenza, senza alcuna considerazione sull'uso dei risultati e sul destino dell'uomo da lui prodotto. La clonazione avrebbe il significato di una dimostrazione di onnipotenza della tecnica sull'uomo: ma l'esibizione di onnipotenza tecnologica potrebbe produrre un individuo non rispondente alle aspettative dello scienziato.

La clonazione è una tecnica che de-personalizza la nascita dell'uomo ancor più delle tecniche di procreazione assistita in vitro. Non solo si realizza la scissione tra l'atto unitivo e l'atto procreativo, ma anche tra procreazione ed eterosessualità. Si produce una vita in laboratorio senza l'uso delle cellule germinali maschile e femminile: ciò comporta inevitabilmente una cancellazione della famiglia, almeno nel senso detto "tradizionale" del termine. Il clone non è il figlio del soggetto da cui è prelevata la cellula con il nucleo genetico, semmai è una sorta di gemello differito nel tempo o forse è figlio/fratello o figlia/sorella al tempo stesso. Anche il linguaggio bioetico non ha ancora trovato un'espressione adeguata per identificarne i ruoli e le relazioni: si parla di "progenitore" e "propaggine" per indicare un rapporto tra individui, ove l'elemento originante (ossia l'individuo che mette a disposizione il suo patrimonio genetico) è uno solo. In ogni caso non vi sarebbe alcuna forma analoga alla doppia figura genitoriale eterosessuale, situazione che si configura necessariamente nella riproduzione naturale o artificiale.

Si crea inevitabilmente un'alterazione nel rapporto tra i sessi: l'uomo infatti può solo dare il patrimonio genetico della cellula somatica, mentre la donna può dare oltre al patrimonio genetico della propria cellula somatica anche la ovocellula (elemento indispensabile per la clonazione), oltre all'utero per la gestazione dell'eventuale clone. La donna potrebbe, in uno scenario futuro, non avere più bisogno dell'uomo per generare un clone, mentre sarebbe impossibile l'inverso: l'uomo comunque avrebbe bisogno della ovocellula e dell'utero, almeno fino a che non sia possibile produrre ovociti artificiali e uteri artificiali. Si delineerebbe un orizzonte di asimmetria tra l'uomo e la donna, con il predominio della donna e l'annullamento dell'uomo/maschio, come alcune femministe radicali hanno immaginato.

La clonazione provocherebbe inoltre, inevitabilmente, una restrizione della libertà del clone, in quanto il suo patrimonio genetico non deriverebbe più dalla combinazione genetica inedita e imprevedibile dei cromosomi paterni e materni, bensì dal patrimonio genetico già integralmente determinato del progenitore. Con la clonazione si realizzerebbe la possibilità di un controllo tecnico della natura umana fino al punto da non accettare la casualità delle ricombinazioni cromosomiche nella catena dell'ereditarietà. Con la clonazione nascerebbe una nuova forma di negazione della libertà, precisamente l'annullamento genetico della novità, una sorta di "totalitarismo tecnologico". La nascita non rappresenterebbe più l'irruzione della novità nel mondo, ma sarebbe anch'essa programmabile.

Il contro-argomento di chi sottolinea come l'identità del soggetto non sia solo genetica ma anche biologica e biografica (ossia frutto della relazione con l'ambiente e dell'incontro con gli altri), risulta debole: è vero che il clone, pur identico geneticamente, potrebbe conquistarsi una sua identità bio-sociale distinta (come avviene per i gemelli con lo stesso patrimonio genetico), ma in ogni caso sarebbe consapevole di essere un doppione genetico del donatore della cellula. Tale consapevolezza (al di là del grado di somiglianza esteriore, generalmente notevole, ma sempre suscettibile di modificazioni), potrebbe condizionare le sue scelte e le aspettative degli altri nei suoi confronti.

Il clone sarebbe la copia di un originale che ha già vissuto prima di lui, quantomeno una parte della sua vita: il clone vedrebbe una sua realizzazione esistenziale (tra le possibili), vivrebbe una vita geneticamente già vissuta da qualcuno che ha manifestato alcune potenzialità del suo essere. È vero che ogni essere umano ha in sé molte potenzialità e non tutte si attuano nel corso dell'esistenza, ma non si può negare che il poter essere osservatori di un individuo geneticamente identico che ha già vissuto una parte della sua vita, potrebbe svelare dimensioni altrimenti ignote, soffocare la spontaneità, irrigidire l'autenticità, alterando il rapporto con gli altri, consapevoli della sua predeterminazione genetica.

H. Jonas ritiene che con la clonazione in qualche modo il passato anticipi il futuro: "il rampollo clonato (ipotetico) sa (o crede di sapere) troppo su di sé e gli altri sanno (o credono di sapere) troppo su di lui"[62]. La coscienza di essere la copia genetica di altri individui umani ostacolerebbe la libertà di scoprire e di far scoprire la propria identità, di sorprendere e di sorprendersi. Alla perso-

[62] H. Jonas, *Tecnica, medicina ed etica. Prassi del principio responsabilità* (1985), tr. it., Einaudi, Torino 1997, p. 146.

na che nascerebbe verrebbe sottratto "il diritto di essere valutata e accettata per come essa è in se stessa" e le verrebbe "imposta un'unità di misura della sua identità che è fuori di lei"[63]. Si potrebbe forse ipotizzare una situazione nella quale il clone non sapesse chi è il suo originale: ma rimarrebbe la possibilità di venirlo a sapere tramite altri o tramite archivi o banche dati. Rimarrebbe non spiegata la clonazione stessa: se la clonazione intende produrre copie identiche per ragioni particolari, estetiche, intellettive o altro, non avrebbe senso nascondere l'originale.

J. Habermas[64] aggiunge un ulteriore argomento contro la clonazione umana. L'autore sostiene che non possiamo escludere a priori il pericolo che la conoscenza da parte del clone di essere stato geneticamente programmato riduca la creatività dell'autonomia individuale. La consapevolezza della programmazione genetica potrebbe disturbare il "senso di naturalezza" dell'esistenza corporea del clone, provocando un'alterazione della percezione dell'esistenza fisica e mentale, trasformandola nella percezione di essere un prodotto della tecnica. Tale percezione potrebbe anche compromettere le relazioni simmetriche, tra persone libere ed eguali. Benché il clone possa adottare come sua l'intenzione eugenetica del clonatore, non potendo escludere la possibilità di "casi dissonanti" e mancando la possibilità di correggerli, la clonazione risulta essere una tecnica riproduttiva di pianificazione unilaterale, incontestabile, non rivedibile e dunque ingiusta. L'irreversibilità della differenza genealogica tra clonatore e clone (l'impossibilità che il programmato possa scambiarsi di ruolo con il programmatore) rivela la strutturale ed inaccettabile asimmetria della clonazione.

La clonazione inoltre apre al rischio sociale di una produzione seriale di individui umani "fissando" alcuni caratteri prescelti, inserendosi nell'evoluzione biologica mediante una sorta di "selezione artificiale". Si potrebbero replicare solo individui considerati "migliori" (per motivi intellettuali, estetici o pratici) e moltiplicare solo gli individui ritenuti "eccellenti", ossia aventi caratteristiche genetiche meritevoli di essere ripetute, scartando coloro che sono ritenuti non adatti alla clonazione. Ma su quali basi può essere definita l'eccellenza? Si apre il rischio dell'eugenismo, ossia della selezione arbitraria dei caratteri migliori in funzione di una programmazione sociale. La replicazione seriale consentirebbe oltre all'eugenismo anche la strumentalizzazione dell'uomo: la società potrebbe decidere di produrre copie di individui umani con caratteristiche fisiche sulla base di considerazioni meramente utilitaristiche. Si potrebbero produrre più individui umani da destinare, ad esempio, a compiti

---

[63] *Ibidem.*

[64] J. Habermas, *Il futuro della natura umana. I limiti della genetica liberale*, cit.

considerati sgradevoli, creando una sorta di categoria subumana di replicanti. Si potrebbero anche produrre individui e congelarli per utilizzarli come "riserve" di organi e tessuti per trapianti, addirittura, commercializzabili.

Si può dunque dire che di fronte alla clonazione umana e ai rischi e pericoli ad essa connessi, il biodiritto è chiamato a proteggere l'integrità fisica, la non manipolabilità del patrimonio genetico, l'imprevedibilità genetica, il diritto alla famiglia (con doppia figura genitoriale eterosessuale), il diritto all'identità, unicità e biodiversità genetica, il diritto all'identità personale, il divieto di strumentalizzazione e serializzazione dell'essere umano.

Per quanto riguarda la clonazione animale possono essere avanzate delle riserve prudenziali con particolare riferimento al rischio di un'alterazione dell'equilibrio dell'ecosistema e dell'estinzione della biodiversità o anche ad un rischio per la salute umana, relativamente all'uso di carne di animali clonati.

Capitolo II
QUESTIONI ALLA FINE DELLA VITA UMANA

1. *Accanimento clinico*

Criteri per identificare l'accanimento terapeutico

L'uso di sofisticate tecnologie alla fine della vita umana tende a sfumare i confini tra la vita e la morte, rendendo possibili condizioni inedite di esistenza del paziente [1]. Le tecniche di rianimazione, di respirazione artificiale (ventilazione, intubazione) e di circolazione extracorporea, consentono il mantenimento in vita anche di soggetti con gravi lesioni cerebrali e gravi compromissioni fisiche: per quanto tempo si può prolungare l'applicazione di tali tecnologie? Quali sono i criteri bioetici che ne giustificano la non attivazione o l'interruzione?

Il problema della scelta se curare o non curare, se continuare o sospendere le cure di fronte ad una situazione di malattia grave caratterizzata da inguaribilità, terminalità, imminenza della morte pone problemi bioetici. Si tratta di riflettere sulla sottile linea di confine tra dovere terapeutico o obbligo etico di intervenire a fini curativi e il c.d. "accanimento terapeutico" o "accanimento clinico", quale tentativo di prolungamento tecnologico e/o sperimentale del vivere e posticipazione ostinata, inutile, irragionevole e sproporzionata, oltre ogni limite, della morte. La questione della definizione dei limiti della cura –

---

[1] Comitato Nazionale per la Bioetica, *Parere sulla proposta di risoluzione sull'assistenza ai pazienti terminali*, 1991; *Questioni bioetiche relative alla fine della vita umana*, 1995; Mozione *Accanimento clinico o ostinazione irragionevole dei trattamenti sui bambini piccoli con limitate aspettative di vita*, 2020.

fino a che punto e in che misura si deve trattare il paziente – costituisce il cuore del problema bioetico alla fine della vita umana.

La bioetica libertaria ritiene che la scelta della cura (del quando, quanto e come curare) o della sospensione della cura debba essere lasciata all'individuo, in grado di intendere e di volere, che stabilisce se la vita sia degna e meriti di essere vissuta: è l'individuo che ha il diritto di decidere se essere curato o se rifiutare le cure, sulla base dell'autodeterminazione individuale soggettiva, anche a prescindere dalla valutazione del medico. Da ciò ne consegue che si configura l'accanimento clinico ogni volta che il medico decida di curare il malato contro la sua volontà: in questa prospettiva, il diritto al rifiuto delle terapie del paziente prevale sul dovere di cura da parte del medico. Per la stessa ragione il soggetto può scegliere anche di accettare interventi sproporzionati a parere del medico, dunque richiedere l'accanimento clinico, manifestando la volontà di vivere "ad ogni costo".

La bioetica utilitarista ritiene che la scelta della cura dipenda dal calcolo costi/benefici sul piano individuale e/o collettivo. In questa prospettiva l'accanimento clinico si configura quando il medico decida di curare l'individuo, anche con cure oggettivamente proporzionate, in contrasto con la percezione soggettiva della qualità della vita e con la considerazione dell'opportunità sociale, riferito al calcolo dei vantaggi e svantaggi per il maggior numero. Il criterio di proporzione o sproporzione delle terapie non è riferito alla considerazione medica della salute del paziente, ma al bilanciamento soggettivo o sociale della qualità della vita.

Nell'ambito della prospettiva personalista la definizione di accanimento clinico esige una più complessa articolazione: non è riconducibile alla volontà del medico di curare (considerata un dovere deontologico, oltre che etico) contro la scelta individuale del paziente sulla base della sua autodeterminazione e sulla base della sua percezione della qualità della vita, ma richiede una valutazione su basi obiettive, nell'ambito di un'equilibrata relazione medico/paziente. La determinazione concettuale dell'accanimento clinico comprende elementi oggettivi, definibili sulla base di parametri scientifici e clinici, accertabili dal medico, ed elementi soggettivi che scaturiscono dal dialogo interpersonale nell'attenzione del medico alle esigenze, alle aspettative e ai bisogni del paziente.

In questo senso la definizione di accanimento clinico prevede la correlazione – attraverso un graduale e dinamico processo di valutazione morale, non riducibile a criteri quantitativi predefinibili applicabili a qualsiasi situazione – tra la valutazione medica oggettiva della *sproporzione* delle terapie e la considerazione soggettiva della *straordinarietà* delle terapie [2].

---

[2] M. Calipari, *Curarsi e farsi curare: tra abbandono del paziente e accanimento terapeutico. Etica dell'uso dei mezzi terapeutici e di sostegno vitale*, San Paolo, Cinisello Balsamo (Mi-

La valutazione oggettiva della sproporzione dell'uso di mezzi terapeutici consiste nella considerazione dell'inadeguatezza tecnico-medica delle cure in rapporto all'obiettivo (la conservazione della vita e della salute del paziente e il miglioramento della qualità di vita), determinabile sulla base di diversi fattori. In primo luogo è indispensabile l'acquisizione di dati scientifici e clinici oggettivi, in riferimento alla valutazione della gravità della malattia, alla previsione dell'evoluzione della malattia, all'eventuale possibilità di alternative terapeutiche, alle prospettive di sopravvivenza, cura o rischio di morte. In questo senso la sproporzione di un intervento va misurata con riferimento all'inefficacia medica dell'intervento, determinabile sulla base della ragionevole previsione dei rischi di morte e di sofferenza rispetto ai benefici attesi valutati, evolutivamente e concretamente, durante la patologia. L'entità dei rischi va rapportata alla gravità della patologia e all'urgenza clinica: quanto più la situazione clinica è grave ed urgente, tanto più alta sarà la soglia di rischio accettabile; la quantificazione della soglia di rischio dovrebbe essere stabilita sulla base di criteri condivisi dalla comunità scientifica. La valutazione della sproporzione dell'uso di mezzi diagnostici, terapeutici e di sostegno vitale dipende anche dalla scarsa disponibilità, dalla difficile reperibilità ed uso tecnico dei mezzi. Tale valutazione è particolarmente complessa nel caso di malattie rare, ove la diagnosi e la prognosi presentano caratteristiche di forte imprevedibilità, dunque per lo più probabilistiche e mai certe.

La valutazione della sproporzione medico-tecnica dei mezzi terapeutici va rapportata anche alla percezione individuale della straordinarietà dell'intervento, nel contesto di un vissuto soggettivo di inefficacia o scarsa efficacia globale della terapia, con riferimento al dolore fisico ritenuto insopportabile e non sufficientemente lenibile o ad un vissuto di sofferenza, paura e ripugnanza nei confronti dell'uso di mezzi tecnologici, con particolare riferimento a quelli invasivi rispetto al corpo. Il giudizio bioetico sull'accanimento clinico è rispettoso della persona umana nella misura in cui tiene in considerazione in modo integrato sia la valutazione medica oggettiva, sia la percezione soggettiva del paziente.

Ne consegue che non si configura un accanimento clinico quando, pur se gli interventi risultano essere aggressivi e intensivi, c'è una seria speranza di guarigione e quando l'imposizione di una sofferenza si ritiene accettabile per i benefici prevedibilmente ottenibili: in questi casi si ritiene deontologicamente ed eticamente doveroso continuare le terapie con il consenso informato del paziente.

---

lano) 2006, pp. 147-168; R. Proietti, *Accanimento terapeutico*, in G. Cinà, E. Locci, C. Rocchetta, L. Sandrin (a cura di), *Dizionario di teologia pastorale sanitaria*, Edizioni Camilliane, Torino 1997, pp. 3-8.

La sospensione delle terapie aggressive e intensive è ritenuta eticamente doverosa, quando la spettanza di vita è breve, la prognosi sicuramente infausta escludendo con certezza la reversibilità della malattia, le terapie sono futili e dannose con gravi sofferenze al paziente (sofferenze significativamente maggiori rispetto ai benefici ottenibili), con anche difficoltà di accesso alle terapie, alti costi, scarsa disponibilità o possibilità di applicazione delle terapie.

Le difficoltà dalla teoria alla prassi

Non è facile, concretamente, verificare quando effettivamente si configura un atto di accanimento clinico, ossia l'identificazione concreta delle condizioni cliniche nelle quali si possa ravvisare una forma di sproporzione terapeutica. In questo contesto si fa generalmente riferimento alla gravità della patologia, qualificabile come inguaribile o con scarsa probabilità di guarigione, terminale o potenzialmente terminale, nell'imminenza o non imminenza della morte. Si tratta di condizioni che nell'interpretazione più rigorosa sono tutte sempre necessarie; nell'interpretazione più flessibile non sono sempre contestualmente indispensabili.

Tali qualificazioni consentono di specificare la condizione clinica, in particolare nel contesto di patologie non acute, ma ad evoluzione lenta e progressiva, ma sono riferimenti suscettibili di incertezza prognostica: spesso lo stadio avanzato o terminale di una patologia va rivalutato giorno dopo giorno; l'intervento del medico, pur non guarendo il malato, può rallentare l'evoluzione di una patologia o migliorare la sintomatologia e la qualità di vita; l'avvicinarsi alla morte non è facilmente definibile cronologicamente (imminenza può riguardare la vicinanza di giorni, settimane o mesi rispetto alla morte).

Tali incertezze costituiscono il nodo della problematicità da parte del medico nella valutazione della appropriatezza delle terapie, in quanto efficaci, tollerabili, con miglioramento della qualità di vita e riduzione del dolore o della inappropriatezza delle terapie, che diviene mero prolungamento ostinato e irragionevole del vivere.

L'elemento di maggiore difficoltà bioetica si evidenzia quando la considerazione oggettiva del medico e soggettiva del paziente non coincidono. Quando il medico ravvisa condizioni di proporzione delle terapie alle quali il paziente rinuncia (o chiede il non inizio) e/o rifiuta (ossia ne chiede la sospensione), in quanto le percepisce soggettivamente come accanimento; viceversa, quando il paziente chiede interventi e trattamenti che a parere del medico sono sproporzionati. Ciò può avvenire anche nel contesto dei trattamenti di fine vita, per il desiderio di vivere 'ad ogni costo', anche usufruendo di terapie sperimentali, ad alto rischio ed elevati costi (si parla anche di "accanimento sperimentale").

L'uso delle terapie messe a disposizione della medicina più avanzata anche se allo stadio sperimentale, va valutato caso per caso clinicamente nell'evoluzione della patologia. Sono da considerarsi facoltative (non obbligatorie) – è cioè lecito ricorrervi in assenza di altri rimedi – quando, anche se non sono risolutive, consentono di alleviare le sofferenze e migliorare la qualità della vita seppur temporaneamente, sempre con il consenso del paziente. È anche lecito e doveroso interromperle (limitandosi alle terapie ordinarie), se non danno risultati o i risultati deludono le speranze, presentando alti rischi e alti costi, anche in termini di sofferenza: in questo caso è indispensabile il parere del medico, il consenso del paziente o quantomeno della famiglia. In questi casi il prolungamento forzato delle cure sarebbe precario, ostinato e penoso.

L'accanimento clinico configura condizioni di disumanizzazione e proceduralizzazione della morte: non dovrebbe essere accettato dal medico, anche se chiesto dal paziente o dai familiari. È consentito invece il prolungamento tecnologico del morire solo nell'ipotesi del trapianto, dopo la diagnosi di morte cerebrale totale. La sospensione dell'accanimento clinico è doverosa e non va confusa con l'"abbandono terapeutico": una cosa è sospendere trattamenti vitali sproporzionati nella misura in cui non sono più in grado di arrestare il processo della morte (ma aggiungerebbero solo costi umani e sociali) mantenendo invece le cure proporzionate; altra cosa è sospendere i trattamenti proporzionati con l'intenzione di anticipare il morire (eutanasia). In quest'ultimo caso non è la condizione patologica a far morire, ma l'omissione di sostentamenti ordinari, sempre e comunque dovuti al paziente.

Spesso il medico o i medici di fronte a casi di particolare problematicità etica chiedono la consulenza del Comitato etico per la clinica, a volte presente nelle strutture sanitarie. L'identificazione dell'accanimento è eticamente indispensabile in quanto la sospensione dell'accanimento non configura un'azione eutanasica. Nei casi di accanimento ci si deve limitare a cure ordinarie (idratazione e alimentazione, artificiali o non; aspirazione dei secreti bronchiali e detersione delle ulcere da decubito), con il dovere di applicare le cure palliative per ridurre e sedare il dolore, al fine di accompagnare il malato 'nel' morire con dignità.

In questo senso l'espressione "accanimento terapeutico" andrebbe cambiata, non essendo un'autentica pratica terapeutica, malgrado l'aggettivazione la raffiguri per tale. Per questa ragione si tende ora a usare l'espressione "accanimento clinico", o "accanimento sperimentale" o, ancora, "accanimento tecnologico" o tecnologicizzazione del morire, a seconda dei contesti in cui l'ostinazione irragionevole dell'intervento si manifesta.

2. *Rifiuto e rinuncia alle terapie*

Diritto di morire e dovere di vivere di un soggetto autonomo

Le decisioni di fine vita in riferimento ai possibili trattamenti sanitari coinvolgono il paziente e il medico[3]. Il paziente può essere in condizioni di coscienza o incoscienza (capacità o incapacità di esprimere scelte); in condizione di autonomia, quale possibilità di portare ad esecuzione le proprie volontà da solo (ad esempio un malato di diabete grave che rifiuta l'amputazione di un arto e non si reca in ospedale per l'intervento, pur sapendo che morirà anticipatamente) o in condizione di dipendenza, ossia impossibilità fattuale di realizzare le proprie volontà e desideri (ad esempio un malato nella fase avanzata della sclerosi laterale amiotrofica, malattia neurodegenerativa progressiva che porta alla paralisi). Il paziente può chiedere il non inizio delle cure (rifiuto) o la sospensione delle cure già iniziate (rinuncia) anche se salva-vita, ossia la cui interruzione porta la morte. Il medico può porsi di fronte alle scelte del paziente con un atteggiamento di accettazione acritica, adeguandosi passivamente alla volontà espressa coscientemente oppure con un atteggiamento di responsabilità terapeutica, tenendo conto dei desideri, ma considerando prioritario il dovere deontologico di curare e tutelare la salute.

La scelta del paziente (se accettare o rifiutare le terapie) e la decisione del medico (se curare o non curare) apre numerosi interrogativi alla fine della vita umana. Chi decide? Quali decisioni sono eticamente giustificabili e quali giuridicamente legittime? Il piano della riflessione etica coincide o differisce da quello della legittimazione giuridica?

Se si analizza la questione dal punto di vista del paziente emerge la contrapposizione tra la rivendicazione del "diritto di morire" e la giustificazione del "dovere di curarsi".

Nell'ambito dell'etica soggettivista libertaria[4] è l'individuo che decide autonomamente se attribuire alla vita un valore o un disvalore nelle diverse condizioni di esistenza, di salute o malattia. In questa prospettiva non è eticamente giustificato il dovere di curarsi (se non nei limiti in cui l'individuo percepisce un dovere e conferisce un valore alla propria esistenza) ed è giuridicamente legittimabile un diritto individuale a rifiutare le terapie anche se mettono in

---

[3] Comitato Nazionale per la Bioetica, *Rifiuto e rinuncia consapevole al trattamento sanitario nella relazione paziente-medico*, 2008. Per l'analisi della legge 219/2017 sul consenso informato e le disposizioni anticipate di trattamento cfr. parte III.

[4] M. De Tilla, L. Militerni, U. Veronesi, *La parola al paziente. Il consenso informato e il rifiuto delle cure*, Sperling & Kupfer, TN 2008.

pericolo la sopravvivenza e se anticipano la morte. I presupposti di tale concezione si possono esplicitare nei seguenti elementi: la scelta di libertà soggettiva è la condizione necessaria e sufficiente per fondare un valore e legittimare un diritto; bene è ciò che è scelto in quanto espressione di autodeterminazione, quale che sia la scelta, ossia indifferentemente dal fatto di scegliere se vivere o morire. Il diritto è chiamato a prendere atto delle scelte e a garantire le condizioni di libertà (ossia di attuazione effettiva delle scelte individuali) in modo neutrale considerando qualsiasi scelta equivalente alle altre possibili, a prescindere da una valutazione critica sui contenuti della scelta.

Secondo questa prospettiva non c'è una differenza tra il paziente in condizione di autonomia o di dipendenza: il medico è comunque contrattualmente tenuto ad accettare passivamente la volontà del malato, anche eseguendo le sue richieste se il malato non è nelle condizioni di portare a compimento la sua volontà di morire. In questo senso non è ritenuta legittima l'obiezione di coscienza del medico, che toglierebbe al paziente la garanzia della realizzazione della sua volontà di morire.

La teoria che pone al centro la dignità della vita umana solleva alcune obiezioni a questa posizione[5]. Innanzitutto sottolinea la problematicità dell'accertamento effettivo della reale e lucida consapevolezza della volontà di morire. Emerge il dubbio che il diritto richiesto di rifiutare le cure possa essere un "dovere di rifiutare le cure", che nasce dal sentirsi un peso per la famiglia e la società (si pensi al caso di un malato grave inguaribile, con una malattia degenerativa progressiva a lenta evoluzione) o dall'avvertire un'imposizione esterna dettata dall'appartenenza religiosa senza un'effettiva e autentica adesione interiore o comunque una volontà alternante e non convinta (si pensi al rifiuto di trasfusioni di sangue di un Testimone di Geova).

Nella prospettiva personalista si mette in evidenza come il rifiuto delle terapie non sia un atto meramente individuale, ma un atto che presuppone sempre una relazione con un medico, sia nel caso del paziente in condizione di autonomia che di dipendenza. Nel caso di autonomia, la scelta del rifiuto della terapia salva-vita non può essere contrastata dal medico: il medico deve accettare la sua volontà, non potendo costringerlo e forzarlo a curarsi, ad andare in ospedale ed operarsi. Affermare che l'autonomia del malato va rispettata anche di fronte alla scelta estrema di non curarsi quando c'è in gioco la possibilità della sopravvivenza, non significa affermare il diritto di morire, ma significa riconoscere la non obbligatorietà e la non coercibilità dei trattamenti sanitari. Sul piano etico rimane da parte del medico il dovere di informare adeguatamente il malato dell'assenza di alternative terapeutiche ed accertarsi che ab-

---

[5] L. Palazzani (a cura di), *Doveri e diritti alla fine della vita*, Studium, Roma 2010.

bia effettivamente compreso quali sono le conseguenze della sua scelta, nel contesto di un atteggiamento di comprensione umana, vicinanza psicologica e sforzo di fare comprendere al malato la rilevanza della cura e il valore della vita umana. Se il medico si limita a prendere atto della volontà del paziente prospettando in modo asettico le opzioni alternative considerandole equivalenti (curarsi o non curarsi, continuare le cure iniziate o sospenderle, vivere o morire), verrebbe meno il dovere deontologico del medico e la sua responsabilità morale solidale nei confronti della particolare fragilità del malato.

In queste situazioni il medico non può nemmeno prevaricare la scelta del soggetto, imponendo in modo arbitrario e coercitivo la propria decisione. Il suo compito si delinea in uno spazio intermedio tra neutralità e direttività, nella linea della ricerca della persuasione, del convincimento dell'importanza della cura, della motivazione e sollecitazione all'accettazione, della responsabilità terapeutica che si manifesta nell'umanizzazione dei rapporti. Il medico non può essere complice accondiscendente della rassegnazione del malato, ma è chiamato ad offrire un sostegno oltre che medico anche psicologico e umano.

La teoria che si pone dalla parte della responsabilità medica, non sostiene anche che il medico debba sempre e comunque curare, in modo illimitato ed incondizionato: deve fare il possibile per curare nella misura in cui le cure siano proporzionate, ossia efficaci, non onerose e non gravose per il soggetto. Il medico deve prendersi cura del malato, assistendolo con cure palliative e accompagnandolo nel morire, con vicinanza e sollecitudine, senza ostinarsi a curare ad ogni costo quando le terapie risultano essere inappropriate, ad una valutazione clinica oggettiva e ad una percezione soggettiva del malato. In questo senso il rifiuto consapevole delle terapie si situa in una sorta di 'posizione intermedia' tra gli estremi, dovere di vivere sempre e comunque e diritto di morire, deciso in modo arbitrario.

Il medico ha una responsabilità morale nei confronti del paziente che rifiutasse la terapia, se, in coscienza, è consapevole che con un aiuto opportuno potrebbe evitare la morte, accompagnandolo e assistendolo in modo adeguato. Ma il medico deve accettare, sul piano giuridico, la volontà del soggetto autonomo che rifiuta consapevolmente le cure, avendo il dovere di non 'forzare' un trattamento sanitario. L'accettazione della volontà, nel contesto di una relazione medico-paziente umana e persuasiva, non può considerarsi un atto eutanasico; è semmai un 'lasciar morire', ossia un lasciare che la malattia faccia il suo corso, anche con la conseguenza come effetto indiretto (non intenzionalmente voluto e non attivamente provocato) della morte anticipata.

Paziente in condizione di dipendenza: un caso particolare

Diverso è il caso del medico di fronte al rifiuto del paziente dipendente, ossia non in grado di attuare autonomamente il rifiuto delle cure. Al riconoscimento del diritto del paziente in condizione di dipendenza di rinunciare alle cure (ritenendo tale rinuncia la negazione di una terapia percepita soggettivamente dal paziente come accanimento clinico), dovrebbe essere garantito il diritto del medico ad obiettare in coscienza astenendosi da comportamenti contrari ai suoi valori. Il medico può legittimamente richiamarsi alla deontologica e/o alla sua coscienza morale e astenersi dall'attuare la richiesta del paziente, essendo comunque sempre doverosa l'assistenza palliativa.

La problematicità della valutazione bioetica del rifiuto di cure di sostegno vitale nasce da due dimensioni: da un lato dal riconoscimento della funzione sociale del medico costitutivamente fondata sulla garanzia della tutela della salute del paziente, non potendo operare per la negazione della stessa e dall'altro lato dalla considerazione della vita come un bene non disponibile arbitrariamente dal soggetto. È questa la visione che sottolinea come il medico sia vincolato al dovere deontologico terapeutico e al dovere di cura del malato, in condizione di particolare fragilità, vulnerabilità e debolezza alla fine della vita. È questa la visione che non riconosce un diritto di uccidersi da parte del soggetto in quanto atto individuale privato non inserito in un orizzonte pubblico di valori sociali: il soggetto è chiamato dal diritto a considerare che ogni individuo ha dei doveri nei confronti degli altri (la famiglia e la società). La preoccupazione di fondo è che la legittimazione del rifiuto delle terapie in determinate condizioni esistenziali possa portare al "pendio scivoloso" del considerare non degne tali condizioni in generale, rendendo più difficile per altri che le vivono giustificare il diritto ad essere curati e assistiti e il diritto a vivere.

Caso Piergiorgio Welby (1945-2006)

Il caso di un individuo malato di sclerosi laterale amiotrofica, una patologia neurologica inguaribile, in condizione di intubazione con respiratore artificiale, che chiedeva insistentemente di porre termine alla propria vita, non sopportando quelle condizioni per lui ritenute gravose ed inaccettabili.
Il Consiglio Superiore di Sanità (20 dicembre 2006) afferma che "il trattamento sostitutivo della funzione respiratoria mediante ventilazione meccanica non configura allo stato attuale il profilo dell'accanimento terapeutico", non sussistendo la condizione di pericolo di imminenza della morte. Il Tribunale del giudice prima sezione civile (16 dicembre 2006) respinge la richiesta dei legali di Welby di porre fine all'accanimento terapeutico, dichiarandola "inammissibile", per via del vuoto legislativo su questa materia; ritiene che esista il diritto di chiedere l'interruzione della respirazione assistita, previa somministrazione

della 'sedazione terminale', ma è un "diritto non concretamente tutelato dall'ordinamento giuridico"; riconosce il principio di autodeterminazione terapeutica (consenso informato) ma ne afferma la problematicità nell'applicazione alla fine della vita, considerando al tempo stesso l'imposizione di una terapia come violenza privata; riconosce la rilevanza del tenere conto dei desideri precedentemente espressi e la libertà di scelta (richiamando la Convenzione di Oviedo, 1997) e il codice deontologico; conclude affermando la indeterminatezza della 'dignità della persona' e riconoscendo che tale problematica appartiene "ad un campo non ancora regolato dal diritto e non suscettibile di essere riempito dal giudice, nemmeno utilizzando i criteri interpretativi che consentono il ricorso all'analogia e ai principi generali dell'ordinamento"; "solo la determinazione politica e legislativa" alla luce delle nuove esigenze sociali (sentire sociale, richieste dei pazienti e esigenze degli operatori sanitari) "può colmare il vuoto di disciplina". Il Tribunale di Roma (8 giugno 2007): il giudice per le indagini preliminari impone al p.m. l'imputazione del medico per *omicidio del consenziente*, respingendo la richiesta di archiviazione del caso. Il GUP di Roma (23 luglio 2007) proscioglie definitivamente il medico ordinando il *non luogo a procedere* perché il fatto non costituisce reato (esimente art. 51 c.p.); si riconosce che "non è l'esistenza dell'accanimento terapeutico a connotare di legittimità la condotta del medico che lo faccia cessare, ma la volontà espressa del paziente di voler interrompere la terapia ad escludere la rilevanza penale della condotta del medico che interrompa il trattamento": parlare di eutanasia è "del tutto fuorviante". Il 24 luglio 2007, la pronuncia per il proscioglimento con formula piena di Mario Riccio, il medico che ha staccato il respiratore di Welby, fa riferimento all'articolo 51 del c.p., che prevede la non punibilità per il medico che adempie al dovere di dare seguito alle richieste del malato, compresa quella di rifiutare le terapie sancita dall'articolo 32 della Costituzione.

3. *Eutanasie e suicidio assistito*

Definizioni di eutanasia: cosa non è eutanasia, cosa è eutanasia

La rimozione della malattia e della morte, se è in un certo modo giustificabile sul piano psicologico, essendo comprensibile l'istinto vitale dell'uomo e l'inclinazione a conservare la vita, è comunque anche il prodotto dell'illusione dell'uomo, dominato dall'impulso di onnipotenza, che non vuole riconoscere limiti: l'uomo pretende la riappropriazione soggettiva del morire, vuole gestire la propria morte, non più intesa come fatto da subire passivamente o evento inevitabile della vita, ma come avvenimento da programmare in prima persona [6].

---

[6] Sul tema dell'eutanasia il Comitato Nazionale per la Bioetica si è espresso nei pareri sul fine vita citati; in modo particolare sulla eutanasia pediatrica: *Mozione sull'assistenza a neonati*

In questo senso è possibile comprendere il contrasto tra l'accanimento clinico, il tentativo di posticipare, oltre ogni limite, la morte nell'illusione dell'immortalità e dall'altro lato l'eutanasia, ossia la richiesta di anticipazione della morte naturale, allo scopo di alleviare le sofferenze. Due fenomeni antitetici che hanno una matrice comune nel rifiuto dell'accettazione della vulnerabilità antropologica.

Non è facile dare una definizione esaustiva di eutanasia: l'etimologia del termine "dolce morte" è fuorviante rispetto alla valenza semantica che ha acquisito nel dibattito bioetico. Si potrebbe definire l'eutanasia quella azione (o eutanasia attiva/commissiva, ad esempio l'iniezione letale) che, per sua natura e nelle sue intenzioni, procura anticipatamente la morte dell'essere umano rispetto al decorso naturale della malattia, allo scopo di alleviare le sofferenze. In un certo senso l'eutanasia non è un problema nuovo: anche l'esposizione dei malati deformi a Sparta o la soppressione nazista degli ebrei erano forme di eutanasia (anche se ispirate da motivazioni differenti, comunque di natura sociale selettiva).

Oggi la questione dell'eutanasia si ripropone in una veste di novità rispetto al passato. In parte la novità è connessa ai recenti sviluppi della scienza e della tecnica: non tanto per le particolari abilità professionali o tecnologiche nel praticare un'iniezione letale (del resto, anche l'atto di soppressione per pietà da parte di un familiare o amico è considerato un atto eutanasico, senza che sia necessaria la competenza medica), quanto piuttosto per le conseguenze sul piano antropologico della discussione scientifica sui confini della vita e della morte e per la rapida evoluzione delle tecnologie che possono risultare anche molto invasive rispetto al corpo e di fronte alle quali emerge la rivendicazione di una "dignità di morire" e "diritto di morire con dignità".

Nell'ambito dell'eutanasia è necessario introdurre alcune distinzioni.

Non va confusa l'eutanasia con la sospensione dell'accanimento clinico. Quando il paziente rifiuta una terapia ritenuta accanimento, sul piano clinico oggettivo e del vissuto soggettivo, anche se la conseguenza del non inizio o sospensione delle cure è l'anticipazione del morire, non si configura una eutanasia.

Il trattamento del malato inguaribile e terminale con la medicina palliativa, cioè con interventi che, non potendo più avere come obiettivo la guarigione del paziente, cercano di aiutarlo ad alleviare i dolori connessi alla sua patologia, non è eutanasia. Anche se l'uso di sostanze farmacologiche può produrre

---

e a bambini afflitti da patologie o da handicap ad altissima gravità e sull'eutanasia pediatrica, 2005. Per una ricostruzione del dibattito biogiuridico di fine vita cfr. L. d'Avack, *Consenso informato e scelte di fine vita. Riflessioni etiche e giuridiche*, Giappichelli, Torino 2020. Per l'analisi biogiuridica della sentenza della Corte costituzionale sul suicidio assistito cfr. parte III.

il duplice effetto di sedare i dolori del paziente, ma anche di sconvolgere l'equilibrio dell'organismo e, in taluni casi, accelerarne la morte, quando la finalità del trattamento è palliativa, l'eventuale esito di anticipazione del decesso è un effetto secondario non intenzionale. In questo senso l'atto si colloca al di fuori dell'orizzonte dell'eutanasia.

È indispensabile dire che cosa 'non è' eutanasia, per comprendere che cosa 'è' eutanasia, o meglio quali sono le forme di 'eutanasie'[7].

Vi è condivisione nella bioetica sulla identificazione dell'eutanasia con l'azione intenzionale del medico di agire (es. iniettare un veleno) nei confronti di un paziente che la richiede in modo informato e consapevole, a causa di una condizione di patologia inguaribile e sofferenza insopportabile. È questa l'eutanasia attiva volontaria, che rientra nell' "uccidere" o "provocare la morte".

Controversa è l'identificazione dell'eutanasia come l'omissione, abbandono terapeutico o astensione terapeutica quando la cura avrebbe ancora ragione di essere praticata in quanto appropriata rispetto alle condizioni cliniche del paziente, su richiesta del malato che rifiuta o rinuncia a cure proporzionate. Alcuni definiscono "eutanasia passiva o omissiva", il "lasciare morire", ossia il rifiuto o rinuncia a cure proporzionate che ha come effetto l'anticipazione della morte.

Alcuni ritengono che vi sia una analogia tra eutanasia attiva e passiva, tra "lasciare morire" e "uccidere" perché sia somministrando un veleno, sia sospendendo un trattamento vitale sia non intervenendo per arrestare il processo di morte, ne consegue l'anticipazione del morire. Si tratta di atti o omissioni che hanno una causalità diversa: nella forma attiva la morte è provocata dall'intervento e direttamente dal medico, nella forma passiva è la conseguenza inevitabile della omissione, dunque prodotta indirettamente dal medico e direttamente dalla malattia. Uccidere e lasciare morire sono bioeticamente analoghe se è comune l'intenzione di fare morire il paziente: in questo senso lasciar morire equivale ad uccidere, dal punto di vista della responsabilità dell'atto, quando, esistendo la possibilità concreta di un intervento efficace per evitare la morte del paziente, il medico decide consapevolmente di non farlo.

Altri ritengono che uccidere e lasciare morire siano bioeticamente differenti: se il primo è espressione dell'intenzione di uccidere (dunque rientra nell'eutanasia propriamente detta), il secondo è richiesto dal paziente in un atto di autonomia, esigendo che "la malattia faccia il suo corso" fisiologicamente verso la morte[8].

---

[7] S. Amato, *Eutanasie*, Giappichelli, Torino 2015.

[8] L'equivalenza tra uccidere e lasciare morire è sostenuta anche da J. Rachels (*La fine della vita*, tr. it., Edizioni Sonda, Milano 1989) per dimostrare che così come è legittimo lasciare

Bisogna inoltre distinguere tra eutanasia con e senza consenso.

L'eutanasia con consenso è l'atto eutanasico praticato su soggetto in grado di esprimere la sua volontà di morire. L'eutanasia senza consenso include le pratiche (attive o passive) di accelerazione della morte naturale su soggetti che non esprimono la loro volontà: questa fattispecie si distingue a sua volta in eutanasia "involontaria", nel caso in cui il soggetto su cui viene praticata sia in grado di consentire ma non esprima un consenso o perché non gli viene richiesto o perché, sebbene gli sia richiesto, egli preferisca vivere e in eutanasia "non-volontaria", nel caso in cui il soggetto non sia in grado di manifestare il proprio consenso nel presente e non abbia mai manifestato il suo parere nel passato (è il caso di embrioni, feti, neonati, dementi, cerebrolesi, individui in coma, malati gravi privi di consapevolezza). In entrambi i casi non è il paziente, ma è il medico, con i familiari e la società, che definiscono i confini della vita degna di essere vissuta e della dignità del morire in riferimento a condizioni di malattia grave e invalidante, inguaribile e/o terminale, condizioni ritenute "insopportabili" (per il soggetto stesso, per chi gli sta vicino e per la società), rendendo necessaria l'uccisione pietosa (*mercy killing*).

Suicidio medicalmente assistito

Per quanto riguarda il "suicidio assistito", va distinto dal suicidio per le circostanze e i motivi che spingono alla ricerca della morte. In entrambi i casi è una fuga dal dolore: si preferisce morire piuttosto che vivere soffrendo. Ma nel suicidio genericamente inteso l'individuo vuole sottrarsi da una situazione di disagio sociale o esistenziale (non sempre dovuto a condizioni di malattia), scegliendo da sé i mezzi per darsi la morte e privandosi della vita: il "suicidio assistito" o "suicidio medicalmente assistito" è sempre connesso ad una situazione di non accettazione di una malattia invalidante, terminale o a decorso mortale, che spinge il paziente a chiedere la complicità e l'aiuto di un medico che consiglia i farmaci o le tecniche allo scopo di togliersi la vita nel modo più indolore, veloce ed efficace.

In genere si parla di assistenza al suicidio da parte del medico, ma lo stesso discorso può farsi in riferimento ad amici o parenti che operino per creare le condizioni affinché il soggetto si tolga la vita. L'intervento del medico si limita alla prescrizione di farmaci o nel mettere a disposizione dei pazienti la "*suicide-machine*", un'apparecchiatura che consente al paziente di iniettarsi dell'anestetico e successivamente una sostanza letale. In entrambi i casi, anche se

morire, è altrettanto legittimo uccidere (*ibidem*, p. 120). Per una discussione critica di questa posizione si veda: M. Reichlin, *L'eutanasia nella bioetica di impostazione utilitarista. Analisi critica dei testi di J. Rachels e H. Kuhse*, in "Medicina e Morale", 1993, 2, pp. 331-360.

in misura diversa, l'atto è duale, ossia prevede l'esistenza di un rapporto tra il paziente e il medico: nel primo caso il medico si limita a consigliare il paziente ed assisterlo esternamente, nel secondo caso pratica direttamente la soppressione eutanasica.

Alcuni ritengono eutanasia e suicidio assistito analoghi (precisamente, il suicidio assistito come una forma di eutanasia o "suicidio eutanasico"), sul piano dell'intenzione di chi intende morire e della responsabilità etica di chi procura la morte, sia direttamente che indirettamente. Altri ritengono che si tratti di fattispecie diverse, in quanto l'autonomia dell'atto da parte del paziente diminuisce la responsabilità del medico che assiste il processo del morire.

Teorie e argomenti a confronto

Al centro della bioetica e della biogiuridica vi è la discussione sulla legittimità o illegittimità del "diritto di morire": ci si interroga se il paziente sia legittimato ad avanzare la richiesta di morire al medico e fino a che punto il medico sia giustificato a soddisfare le richieste del paziente (sia mediante consigli, sia mediante la pratica diretta). Alcuni orientamenti di pensiero hanno giustificato una prassi eutanasica nella direzione sia della legittimazione di un "diritto di morire" sia di un "dovere eutanasico" anche nei confronti di chi non lo richiede.

La teoria libertaria è a favore dell'autodeterminazione del morire e della "interruzione volontaria della vita", ritenendo che sia l'individuo autonomo ad attribuire il valore alla propria vita, ossia a decidere quando la sua vita vale la pena di essere vissuta, se la sua vita è degna di essere vissuta, quando la morte è preferibile alla vita[9]. La vita non è ritenuta un valore in sé, ma è un valore relativo, oggetto della disponibilità dell'uomo. È l'individuo autonomo che decide quando e come vivere, dunque anche quando e come morire; è l'uomo giudice ultimo del significato e del valore della propria vita e della propria morte.

In questa prospettiva, ad ogni individuo dovrebbe essere garantito il diritto fondamentale ad "essere lasciato solo"[10] nella decisione sulla vita e sulla morte, su come vivere ma anche su come morire: in questo senso gli deve essere riconosciuto il diritto a decidere quando e quanto combattere per rimandare la morte e quando e quanto invece volerla anticipatamente. La presenza del con-

---

[9] U. Scarpelli, *Bioetica laica*, cit., p. 123 ss.; D. Neri, *Eutanasia. Valori, scelte morali, dignità delle persone*, Laterza, Roma-Bari 1995; R. Dworkin, *Il dominio della vita. Aborto, eutanasia e libertà individuale*, Edizioni Comunità, Milano 1994, p. 247 ss.; H.T. Engelhardt, *Manuale di bioetica*, cit., p. 368 ss.

[10] *Ibidem*, p. 304.

senso legittima, secondo questa prospettiva, la soppressione eutanasica in qualsiasi condizione: sia direttamente che indirettamente mediante il medico, quale che sia la condizione di gravità della patologia, anche in assenza di inguaribilità o di terminalità: "il male morale essenziale dell'omicidio non consiste nel togliere la vita a un individuo, ma nel togliergliela senza il suo permesso" [11], non sussistendo "nessun divieto morale assoluto contro l'uccisione di un individuo su richiesta" [12]. Semmai è da ritenersi illecita l'uccisione delle persone che preferiscono vivere (non si può frustrare un desiderio), purché la loro preferenza non contrasti con quella di altri.

La teoria utilitarista ritiene leciti e doverosi gli interventi soppressivi su esseri umani che vivono (e/o probabilmente vivranno) condizioni esistenziali di massimizzazione della sofferenza e minimizzazione del piacere, rispetto a sé e agli altri: la loro vita non è ritenuta di sufficiente qualità e dunque non vale la pena di essere vissuta.

In questa prospettiva è ammissibile sia l'eutanasia di soggetti consenzienti, che non consenzienti (è il caso di feti o neonati con gravi patologie, di cerebrolesi, dementi e individui in coma) [13]. L'utilitarismo, nella prospettiva teorica "totale" che si riferisce globalmente all'aumento di piacere e alla diminuzione di dolore di esseri senzienti come "ricettacoli" interscambiabili di sensazioni piacevoli o spiacevoli, ritiene lecita anche la pratica eutanasica su esseri umani se la perdita (ossia la loro morte) è controbilanciata dall'esistenza (ossia dalla nascita) di un altro essere con vita piacevole o prevedibilmente piacevole. A seconda che il saldo netto di felicità, o aspettativa di felicità, che attende un soggetto (feto, malato terminale, comatoso), sia positivo o negativo, il medico e la famiglia possono decidere se vale la pena lasciarlo vivere oppure se conviene farlo morire. Su tali basi la bioetica utilitarista legittima l'eutanasia neonatale e l'eutanasia sociale. Viene legittimata ogni forma di eutanasia, sia la "volontaria" che la "non-volontaria". In caso di sofferenza togliere la vita anticipatamente non sarebbero un omicidio, secondo tale prospettiva, ma rientrerebbero in casi di attenuante e giustificazione analoghi alla legittima difesa. La soppressione di una vita umana che soffre, sia che sia richiesta sia che non sia richiesta, non è accusabile di omicidio nel contesto utilitarista: al contrario è difendibile e doverosa.

La prospettiva personalista che difende la dignità intrinseca della vita esprime una serie di obiezioni alla teoria libertaria.

---

[11] *Ibidem*, p. 380.

[12] *Ibidem*, p. 384.

[13] P. Singer, *Ripensare la vita. La vecchia morale non serve più*, cit., p. 117 ss.; H. Kuhse, *Eutanasia volontaria, politica e diritto*, in "Bioetica. Rivista interdisciplinare", 1997, 2, pp. 292-299.

Innanzitutto se si pone al centro del discorso morale l'autodeterminazione si escludono inevitabilmente gli individui non autonomi dalla soggettività morale e giuridica (dunque, la vita prenatale, neonatale e marginale oltre alla vita terminale). In questa prospettiva gli individui non autonomi diverrebbero oggetti del diritto, oggetti della benevolenza e simpatia degli agenti morali, che potrebbero decidere di proteggerli comunque ma potrebbero anche decidere di sacrificarli in vista della realizzazione di altri beni, quali l'avanzamento delle conoscenze tecno-scientifiche biomediche, il calcolo di convenienza economica o altro. Lo statuto di oggetti del diritto renderebbe gli individui non autonomi fortemente "dipendenti" dalle decisioni o dai sentimenti degli individui autonomi: ma decisioni e sentimenti sarebbero occasionali ed eventuali, non garantiti né garantibili necessariamente. In questo senso si verrebbero a negare i diritti umani per contrapporre i diritti prioritari delle persone e i diritti secondari (eventuali) degli esseri umani non persone. L'affermazione dunque che il diritto deve garantire l'autonomia degli individui autonomi porta con sé non solo la richiesta di legittimazione del diritto di morire, ma anche la possibile legittimazione, mediante un pericoloso "piano inclinato" di soppressioni eutanasiche praticate su vite umane prenatali, terminali e marginali: la vita non avrebbe valore e diritti, perderebbe significato, in relazione alla non manifestazione dell'autonomia.

Si apre un'ulteriore problematicità nel rapporto tra diritto ed autonomia: se il diritto garantisce l'autodeterminazione individuale come si risolve il conflitto di autonomie tra individui autonomi? Se il diritto tutela formalmente le condizioni di possibilità dell'estrinsecazione dell'autonomia dei soggetti, nel caso in cui le autonomie siano contestuali e simultanee (ossia, si manifestassero nello stesso tempo e nello stesso luogo), divergenti ed opposte (ossia, se le volontà volessero beni contrastanti ed incompatibili), il diritto non riuscirebbe a gestire in modo neutrale il conflitto, ma finirebbe con il lasciar prevalere la volontà più forte (del soggetto) sulla volontà del più debole (che verrebbe ridotta ad oggetto).

Un esempio della difficile gestibilità del conflitto tra autonomie è proprio la richiesta eutanasica: fino a che punto il paziente ha diritti e fino a che punto il medico ha obblighi corrispettivi? Se il paziente è così lucido e deciso di morire perché chiede l'aiuto al medico? Se non lo fa perché non ha coraggio non significa, forse, che la sua volontà di morire non è così lucida come si potrebbe presumere dalle sue dichiarazioni, che potrebbero al contrario esprimere implicitamente la richiesta di aiuto, attenzione e solidarietà?

S. Cotta ha messo in evidenza una riflessione interessante filosofico-giuridica in questo ambito. Se il mandato eutanasico dell'individuo autonomo al medico è forte, ossia obbligante, vincolante, insindacabile, ossia chiede di essere soddisfatto e garantito in ogni caso, incondizionatamente, allora l'individuo che chiede la morte impone la sua volontà sulla volontà del medico. L'individuo che chiede anticipatamente la morte diviene "signore" (soggetto forte) della coscienza del medico, la cui volontà di indebolisce per asservire ciecamente le disposizioni del richiedente, riducendo il suo compito a quello di mera erogazione di servizi, anche nel caso le richieste andassero contro la propria volontà, cioè, anche se il medico ritenesse, nella sua coscienza deontologico-professionale, che non sussistano le circostanze che giustifichino l'atto e dunque che quelle condizioni di vita siano accettabili e meritino comunque di essere mantenute.

Il discorso potrebbe anche essere capovolto. Se il mandato eutanasico dell'individuo autonomo al medico è debole, ossia se la volontà di morire è sindacabile, discutibile e non garantita in senso forte; se il malato auspica l'eutanasia ma lascia la decisione ultima al medico, allora il medico diverrebbe il "padrone" (soggetto forte) che finirebbe con il prevalere sulla volontà dell'individuo, che sarebbe ridotto a oggetto debole.

Sembrerebbe di non poter uscire dall'alternativa: o l'individuo autonomo che chiede di morire si impone e oggettifica la volontà dell'operatore o l'individuo autonomo che chiede l'eutanasia si subordina alla volontà del medico. O il paziente ha un potere sul medico, quello di costringerlo a dargli la morte, o il medico ha un potere sul paziente, quello di individuare, a sua discrezione ed arbitrio, se procedere o meno all'azione eutanasica. In breve: "o il soggetto è signore della coscienza dell'operatore o l'operatore è signore della vita del soggetto" [14]. In entrambi i casi, la legittimazione eutanasica istituzionalizzerebbe un potere assoluto di una volontà su un'altra volontà: ma ciò rinnegherebbe la logica coesistenziale simmetrica propria del diritto.

Potrebbe darsi il caso di un accordo di fatto tra il paziente che vuole lucidamente la morte e il medico che altrettanto lucidamente acconsente alla richiesta. Ma l'obiezione non è consistente: si tratta, appunto, di una casualità e di un'eventualità, di un accordo occasionale e contingente, che il diritto non potrebbe garantire se non alterando la soggettività di una delle due volontà. La decisione del soggetto non è necessariamente coincidente con quella dell'operatore: se l'eutanasia è rivendicata come un diritto non può essere affidata a circostanze fortuite, ma deve esigere un corrispettivo dovere. In ogni caso, tale diritto stravolgerebbe in modo radicale il dovere deontologico tradizionale ippocratico, il dovere del medico di curare e il divieto di sopprimere il malato; stravolgerebbe il rapporto medico/paziente che da "alleanza terapeutica" e af-

---

[14] S. Cotta, *Aborto ed eutanasia: un confronto*, in *Diritto, persona, mondo umano*, Giappichelli, Torino 1989, pp. 230-237.

fidamento del paziente vulnerabile al medico competente diverrebbe un contratto, burocratizzato, freddo e procedurale.

La competenza professionale del medico non lo pone né in una condizione di superiorità rispetto al paziente, tale da poter decidere per lui (il paternalismo tradizionale), né nella condizione di inferiorità, ossia di asservire le sue richieste e bisogni, quali esse siano (il contrattualismo odierno). Il medico diverrebbe "operatore di morte": ma, allora, perché proprio il medico? Del resto, per dare la morte non è necessaria la competenza scientifica. Il rapporto tra medico e paziente dovrebbe essere un rapporto relazionale di incontro, di scambio, ove la sproporzione tra le competenze del medico e la vulnerabilità del malato, deve essere equilibrata dal riconoscimento della pari dignità, nella consapevolezza che entrambi sono alleati nella lotta contro la morte e nella difesa della vita. Al contrario, l'eutanasia legittimerebbe specularmene al diritto di morire, un diritto/dovere di uccidere, introducendo la deresponsabilizzazione terapeutica del medico e la legalizzazione di una uccisione privata diretta, quella del medico nei confronti del paziente consenziente.

La visione personalista critica anche la teoria utilitarista. Come possiamo quantificare il dolore del soggetto? Se non possiamo sapere se e quanto l'altro soffra, essendo tale esperienza soggettiva, ancor meno possiamo calcolare piacere e dolore attuale o probabile, in riferimento a sé e agli altri. Come è possibile legittimare un intervento soppressivo subordinatamente alla condizione che ciò non procuri dolore? Come può l'eliminazione di una vita non causare dolore? Come è possibile legittimare l'eutanasia sulla base del fatto che l'altro soffre troppo? Un dolore che a noi pare insopportabile per un altro può essere un motivo per vivere. O ancora: come è possibile giustificare l'eutanasia perché le condizioni di vita di un soggetto causano ad altri troppa sofferenza? Come può prevalere l'effetto su terzi, rispetto all'effetto diretto? Inoltre come calcolare, nella logica economica collettivista utilitaristica sul piano sociale, l'affetto, quale dimensione intima interpersonale? Ci possono essere ragioni umanitarie volte all'aiuto e all'assistenza, sul piano oltre che amicale o parentale, anche filantropico sociale, che superano il calcolo della sofferenza. Del resto, come è possibile, nella prospettiva "totale", legittimare l'eutanasia sulla base della sostituibilità di una vita? Come si può sostituire una vita infelice esistente con una vita felice solo possibile? Come classificare e chi stabilisce una gerarchia tra le malattie invalidanti o debilitanti, come socialmente o umanamente non accettabili? Sono interrogativi che rimangono aperti e ai quali la prospettiva utilitarista non riesce ad offrire risposte convincenti. La giustificazione dell'eutanasia come compassione (*mercy killing*) o consenso presunto da parte del paziente alla sua soppressione (come nel caso dell'eutanasia neonatale, pediatrica, geriatrica, eugenetica o sociale) apre al pendio scivoloso, ossia ad una estensione senza più limiti.

La prospettiva personalista parte dall'indisponibilità della vita umana, che ha valore sempre anche quando non è in grado di scegliere e quando soffre [15]. Il riconoscimento dell'autonomia morale costituisce un valore nella misura in cui sia pensato nella sua specificità relazionale, essendo l'esistenza un bene proprio ma al tempo stesso anche un bene altrui, se non altro perché siamo immessi sin dal nostro venire al mondo in una trama di relazioni nella famiglia o nella comunità umana. Rispettare l'autonomia esige e presuppone normativamente il rispetto della relazionalità, della reciprocità universale delle autonomie. Il dovere di rispettare l'altro non si configura come un'interferenza nel suo libero agire, ma semmai come un riconoscimento dell'altrui diritto e dell'altrui dignità. Sono soggetti di diritto (ossia soggetti che il diritto è chiamato per sua funzione costitutiva a proteggere) non solo gli individui che esercitano in atto le funzioni di autocoscienza, razionalità e autodeterminazione, ma anche individui che, in condizioni esistenziali diverse, non sono in grado di esercitare in atto quelle capacità. Anche se sono assenti, temporaneamente o permanentemente, certe proprietà, anche se determinate funzioni o attività cessano di manifestarsi provvisoriamente o definitivamente, c'è "ancora" la soggettività morale e giuridica. L'essere umano non "cessa" di essere persona in forza della perdita dell'esercizio effettivo di certe funzioni. Anche nelle condizioni di "residualità" o di "privazione" si conserva lo statuto ontologico personale che conferisce ad ogni uomo piena dignità, che esige la doverosità morale di cura e di accudimento.

4. *Stato vegetativo persistente*

Nell'ambito delle questioni di fine vita, si discute in bioetica e biogiuridica la condizione dei pazienti in stato vegetativo persistente [16]. Si tratta di una condizione di grave compromissione neurologica corticale che si manifesta con uno stato di apparente vigilanza e coscienza, con occhi aperti, riflessi, sor-

---

[15] A. Pessina, *Eutanasia. Della morte e di altre cose*, Cantagalli, Siena 2007; M. Gensabella Furnari (a cura di), *Alle frontiere della vita. Eutanasia ed etica del morire*, Rubbettino, Soveria Mannelli (Me) 2001.

[16] Per una ricostruzione critica cfr. L. d'Avack, *Il consenso informato e le ideologie del giudice nel rapporto medico-paziente*, L. Palazzani (a cura di), *Doveri e diritti alla fine della vita*, cit.; M. Reichlin, *Etica e neuroscienze. Stati vegetativi, coscienza di sé e identità personale*, Mondadori, Milano 2012.

riso, alternanza stato di sonno e di veglia. È una condizione di vita, non di morte, essendo la morte definita con il criterio di morte cerebrale totale, e non limitatamente alla lesione corticale; è uno stato non equiparabile ai malati terminali, essendo una condizione che può protrarsi per lungo tempo; è una condizione che non può dirsi di principio inguaribile, in quanto non esistono criteri scientifici che determinino l'irreversibilità della coscienza. La diagnosi non è semplice, nonostante l'avanzamento delle tecnologie neurologiche, essendo uno stato che presenta una variabilità di manifestazioni e di gradazione della coscienza (difficile l'identificazione del limite tra stato vegetativo e stato di minima coscienza).

Il problema bioetico consiste nel tentativo di rispondere alla domanda: idratazione e alimentazione, spesso praticate con sondino naso-gastrico, sono da considerarsi cure ordinarie di base dovute eticamente oppure possibili forme di accanimento clinico, in quanto trattamenti sanitari considerabili anche come straordinari?[17]

La posizione di chi ritiene che sia doverosa la sospensione di idratazione e alimentazione in pazienti in stato vegetativo si richiama all'assenza di coscienza, alla futilità di tale condizione di vita di disabilità estrema e di bassa qualità di vita, ai costi economici ed umani dell'assistenza. In particolare, l'assunzione di cibo ed acqua mediante sondino naso-gastrico è ritenuta prova dell'artificialità dell'atto che si può configurare come una forma di accanimento.

È questa la posizione della bioetica libertaria ed utilitarista che ritiene che questa condizione di esistenza sia "marginale", non valga la pena di essere vissuta e mantenuta, anche per i costi familiari e sociali. In questo senso dovrebbe essere oggetto del testamento biologico o delle disposizioni anticipate di trattamento la possibilità di chiedere, anticipatamente alla perdita di coscienza, la sospensione di trattamenti in caso di stato vegetativo, se non anche l'iniezione letale che consente di raggiungere più rapidamente l'obiettivo della anticipazione della morte. Molti autori ritengono che tale condizione non sia propriamente una condizione di vita, ma debba essere definita "morte" in quanto lesione totale e parziale della zona corticale.

Diversa la posizione di chi, in nome della dignità della persona umana, ritiene doverose tali cure. In questa prospettiva si ritiene che, a prescindere dalla possibilità di reversibilità o irreversibilità della coscienza, questi pazienti non sono morti, ma vivi: hanno un livello estremo di disabilità che li rende particolarmente vulnerabili, per questa ragione necessitano in modo specifico di cure

---

[17] Comitato Nazionale per la Bioetica, *L'alimentazione e l'idratazione dei pazienti in stato vegetativo persistente*, 2005.

e assistenza. Il più delle volte è sufficiente accudirli con tecniche strettamente infermieristiche a "basso contenuto tecnologico", che si riducono a idratazione e nutrizione anche domiciliare: in questo senso si tratta di cure ordinarie, di assistenza, ma non di accanimento clinico in senso proprio. Può certamente accadere che idratazione e nutrizione, unite a ventilazione forzata o dialisi permanente o altre forme di trattamento, possano configurare forme di accanimento clinico che necessitano di essere sospese (ad es. quando nutrizione e idratazione non sono più assimilabili dall'organismo).

La modalità di assunzione di cibo e acqua, anche se mediante sondino naso-gastrico, non li rende un 'preparato artificiale', come la deambulazione non diviene artificiale se l'individuo usa una protesi. La loro obbligatorietà si giustifica per la valenza umana e simbolica della cura di persone in condizione di estrema vulnerabilità. È molto difficile trovare una giustificazione pubblica alla soppressione di questi malati, che non sia quella dell'interesse sociale a risparmiare le spese che sono necessarie per accudirli.

Caso Eluana Englaro (1970-2009)

Il caso di una donna in coma vegetativo persistente per diciassette anni. Eluana aveva una lesione nella zona superiore del cervello, che le impediva di essere cosciente, di pensare, di relazionarsi agli altri; è stata assistita in una casa di cura. Il padre, suo tutore, ha portato avanti la richiesta di 'lasciarla morire'. Dal 1999 chiedeva la sospensione di idratazione e alimentazione, ritenendoli trattamenti invasivi rispetto alla dignità della persona e richiamando testimonianze che ricostruiscono la sua volontà di morire in quelle condizioni. I Tribunali (Trib. Lecco, decreto 20 luglio 2002; Corte di Appello di Milano, decreto 17 ottobre 2003) respingono la richiesta del padre, che configura una eutanasia indiretta omissiva, nell'incertezza oltretutto della volontà. Il Tribunale di Lecco (2 febbraio 2006) respinge il ricorso in quanto il curatore non ha rappresentanza di diritti personalissimi, ritenendo il trattamento invasivo salva-vita, anche senza consenso, dovuto. Il giudice si richiama alla "espressione del dovere di solidarietà posto a carico dei consociati", affermando che nel caso di conflitto tra diritto alla libertà e diritto alla vita, non sussistendo la libertà, la vita debba prevalere. La Corte di appello di Milano (16 dicembre 2006) si pronuncia: il giudice afferma che il curatore non può decidere la sospensione del trattamento, ma la deve chiedere al giudice; le dichiarazione di amici sono "generiche", espresse in condizioni emotive particolari, di salute e giovane età; il giudice afferma che la sospensione equivarrebbe a "eutanasia indiretta omissiva", ritenendo che non sussista una distinzione tra vite degne e non degne e che bisogna fare riferimento al "bene vita costituzionalmente garantito indipendentemente dalla qualità della vita stessa e dalle percezioni soggettive", non essendo configurabile un diritto a morire. Il ricorso del tutore si appella alla richiesta di divieto di accanimento clinico e di prolungamento artificiale, ostinato e lesivo della dignità, ritenendo che il diritto alla vita spetta al titolare e "non possa essere trasferito ad altri, che lo costringano a vivere come essi vorrebbero" imponendo il mantenimento di funzioni vitali altrimenti perdute. La Corte di appello di Milano (16 ottobre 2007) si esprime riconoscendo che un individuo in stato vegetativo persistente è persona in senso pieno e che devono essere riconosciuti i diritti fondamentali alla vita, alla cura e all'assistenza per condizioni di fragilità. Il giudice riconosce che se un individuo o un suo legale rappresentante manifesta la volontà di non vivere, è possibile la sospensione delle cure e delinea i presupposti necessari per poter autorizzare l'interruzione dell'alimentazione artificiale in casi estremi: "la condizione di stato vegetativo sia, in base ad un rigoroso apprezzamento clinico, irreversibile e non vi sia alcun fondamento medico, secondo gli standard scientifici riconosciuti a livello internazionale, che lasci supporre la benché minima possibilità di un qualche, sia pure flebile, recupero della coscienza e di ritorno ad una percezione del mondo esterno"; "che tale istanza sia realmente espressiva, in base ad elementi di prova chiari, univoci e convincenti, della voce del paziente medesimo, tratta dalle sue precedenti dichiarazioni ovvero dalla sua personalità, dal suo stile di vita e dai suoi convincimenti, corrispondendo al suo modo di concepire, prima di cadere in stato di incoscienza, l'idea stessa di dignità della persona". Si ammette la ricerca della presunta volontà non solo alla luce di "precedenti desideri e dichiarazioni" ma anche sulla "base dello stile e del carattere della sua vita, del suo senso dell'integrità e dei suoi interessi critici e di esperienza". La Corte di appello civile di Milano (9 luglio 2008) riconosce che idratazione e alimentazione sono trattamenti medici e autorizza il padre di Eluana ad interrompere il trattamento di idratazione e alimentazione forzata che manteneva in vita la figlia.

5. *Testamento biologico e DAT*

Testamento biologico

Il *testamento biologico* o *testamento di vita*, traduce l'espressione anglosassone *living will*: si tratta di un documento, redatto analogamente ai testamenti che dispongono delle proprietà e dei beni patrimoniali per gli eredi, con il quale il sottoscrittore esprime le sue volontà in merito ai trattamenti sanitari che accetta o rifiuta, nel caso in cui in futuro possa perdere la capacità di consapevolezza e autodeterminazione, a causa di una malattia acuta o degenerativa assolutamente ed irreversibilmente invalidante o di un incidente grave che portano alla perdita della coscienza (ne è un esempio lo stato vegetativo persistente).

L'espressione "testamento biologico" presuppone un modo particolare di intendere tale documento, in una prospettiva bioetica libertaria e utilitarista. Spesso, nell'ambito del dibattito pubblico, la legittimazione del testamento biologico assume il significato di legalizzazione dell'eutanasia, nella fattispecie volontaria anticipata. In questo contesto il documento può avere qualsiasi oggetto: il soggetto può anche richiedere l'eutanasia ma anche l'accanimento clinico, secondo il principio di autodeterminazione, che si configura come il diritto di morire, ossia decidere come e quando chiedere di anticipare o posticipare la morte. È il soggetto, secondo la visione libertaria e utilitarista, che sulla base della autodeterminazione e della percezione della qualità della vita, decide se la vita vale o non vale la pena di essere vissuta, nel presente e nel futuro. Il testamento biologico ha il carattere di vincolatività forte: il medico che lo riceve lo deve applicare, perché prevale il diritto della volontà del richiedente.

Dichiarazioni e disposizioni anticipate di trattamento

Accanto alla dizione "testamento biologico", si utilizza anche l'espressione "dichiarazioni anticipate di trattamento" o "disposizioni anticipate di trattamento" (indicate con l'acronimo DAT). Si tratta di un documento in cui il sottoscrittore esprime i suoi desideri e le sue preferenze, con la delimitazione dell'oggetto sottoscrivibile (non dunque qualsiasi richiesta). Il soggetto non può chiedere quello che vuole, ma le sue richieste sono accoglibili nella misura in cui rispondono ad alcune condizioni predeterminate [18].

Il documento, in questa prospettiva, non può contenere richieste eutanasiche (ossia l'iniezione letale) e non può chiedere l'accanimento clinico (ossia il prolungamento tecnologico del vivere). In questo senso le dichiarazioni dovrebbero limitarsi a contenere indicazioni con un limite della vincolatività rispetto al testamento. Le disposizioni hanno invece una maggiore vincolatività, seppur entro i limiti definiti.

Le dichiarazioni anticipate di trattamento potrebbe limitarsi ad esplicitare il rifiuto dell'accanimento clinico, soggettivamente inteso dal soggetto firmatario, a delineare l'opportunità per il paziente di esplicitare i desideri e le preferenze di fronte ad eventuali alternative terapeutiche, ad esplicitare il proprio vissuto rispetto al dolore fisico, la ripugnanza rispetto all'uso da parte del medico di eventuali mezzi invasivi, la non accettazione degli alti rischi o costi di taluni interventi. Il documento avrebbe il valore di specificare fattori soggettivi di percezione dell'accanimento clinico, lasciando comunque al medico, obbligato semmai a "tenerne conto", la valutazione oggettiva deontologica delle complesse decisioni in situazioni critiche alla fine della vita. "Tenere conto"

[18] Comitato Nazionale per la Bioetica, *Dichiarazioni anticipate di trattamento*, 2003.

significa che il medico le deve leggere con attenzione e interpretare, potendo applicarle o disapplicarle esplicitando le ragioni (opportunamente conservate nella cartella clinica).

Le disposizioni, come evidenzia lo stesso termine, hanno una maggiore vincolatività rispetto al medico che le applica. Le disposizioni possono contenere anche espressioni di volontà di rifiuto o rinuncia a trattamenti sanitari di sostegno vitale (es. idratazione e nutrizione artificiali, respirazione artificiale), anche se ritenuti dal medico proporzionati. Si tratta di una fattispecie intermedia, tra vincolatività forte e debole, nella ricerca di una mediazione tra la possibilità di espressione della volontà del malato e la libertà/responsabilità del medico.

Sono state sollevate alcune problematicità bioetiche di questo documento da parte della prospettiva personalista.

Innanzitutto la difficoltà dell'informazione da parte del medico e della comprensione da parte del paziente sulle possibili condizioni di malattia che potrebbero provocare la cessazione della coscienza e sulle possibilità terapeutiche alternative nelle diverse condizioni possibili di assenza di coscienza (precisando se transitoria o permanente), sui limiti e sui rischi delle terapie oltre che sulle conseguenze delle possibili decisioni del paziente. Anche in questi casi, il documento rischierebbe di divenire uno dei tanti moduli da compilare burocraticamente nella solitudine, in una società in cui il rapporto tra il medico e il paziente tende a divenire sempre più frettoloso ed impersonale.

Inoltre rimarrebbe estremamente problematica la distanza temporale e psicologica tra il momento della manifestazione del desiderio (per quanto revocabile) e il momento dell'applicazione effettiva, che coincide con il momento in cui il desiderio non è in grado di esprimersi. La volontà o la preferenza di chi firma il documento è espressa a "mente fredda", astratta dalla situazione e distante cronologicamente ed esperienzialmente: è indubbio che per quanto il decorso di una malattia sia conosciuto dai medici e per quanto il firmatario della carta ritenga di poter proiettare le proprie reazioni psichiche rispetto ad un'eventuale malattia futura in contesti mai precedentemente vissuti, molti sono i fattori di imprevedibilità, data la mutevolezza del reale sia a livello tecnico medico-sanitario, sia a livello soggettivo, psichico-emotivo. Tale imprevedibilità porta inevitabilmente a non poter calibrare in modo preciso le dichiarazioni o disposizioni previe rispetto all'ipotetica situazione futura.

Come non escludere che la preferenza soggettiva non possa mutare nel tempo, essendo cambiate in modo rilevante le condizioni di vita? E nel caso fosse cambiata, anche solo per qualche istante di consapevolezza e l'individuo che l'ha manifestata nel passato non fosse più nelle condizioni di esprimere la sua volontà o preferenza, né per confermarla, né per ritrarla? Le uniche vie d'uscita potrebbero essere: il riconoscimento della revocabilità e modificabilità dei desideri espressi in relazione al mutamento esistenziale di chi redige il documento e l'assunzione da parte del firmatario del "rischio etico" che si assume, ossia l'acquisizione della consapevolezza della possibilità che i suoi desideri possano mutare e non sia possibile esprimersi, data l'astrattezza e la lontananza della decisione.

Assume una centralità l'obbligo del medico di rendere effettivi i desideri che ritiene legittimi e attuali, alla luce delle nuove scoperte scientifiche e applicazioni tecnologiche, con l'obbligo di giustificare in modo adeguato e dettagliato le ragioni per le quali ritenga doveroso discostarsi dai desideri del paziente e l'obbligo di valutare l'attualità dei desideri del paziente in rapporto alla situazione clinica concreta e specifica. Rimarrebbe sempre il dovere di escludere dall'applicazione indicazioni ambigue o inattendibili, rilasciate in condizioni psichiche e mentali tali da far ritenere plausibile un'incapacità di intendere e di volere.

Si discute sulla figura del fiduciario, persona di fiducia nominata dal firmatario del documento, il cui ruolo dovrebbe essere consapevolmente e responsabilmente assunto (o altrettanto responsabilmente potrebbe essere rifiutato) dalla persona indicata e delegata dal sottoscrittore del documento, in funzione dell'esecuzione delle volontà/desideri. Il suo ruolo non potrebbe ridursi né ad interpretazione letterale delle richieste espresse anticipatamente (altrimenti sarebbe inutile), né ad interpretazione discrezionale delle volontà non espresse (altrimenti sarebbe pericolosamente arbitrario); il ruolo si dovrebbe configurare nella identificazione del "migliore interesse dell'incapace". Il fiduciario dovrebbe controllare la corretta applicazione formale e sostanziale delle preferenze, tutelare ed interpretare i desideri del sottoscrittore del documento in collaborazione con il medico, impegnandosi sempre a considerare il prioritario interesse del paziente.

L'auspicio è una "personalizzazione" delle dichiarazioni o disposizioni (evitando moduli prestampati) che consenta di costruire un rapporto di fiducia tra medico e paziente proiettato nel tempo, evitando la fredda burocratizzazione o proceduralizzazione del morire. Un documento che favorisca la continuazione di un dialogo ideale tra medico e paziente, anche quando il paziente sarà privo di coscienza ed incapace di esprimersi.

Pianificazione condivisa delle cure

Un documento di particolare interesse è la "pianificazione condivisa delle cure" per i malati di patologie degenerative inguaribili, che possano essere invitati dai medici ad indicare le preferenze, attraverso un dialogo che consenta al medico di prospettare le possibilità e di definire insieme al paziente i percorsi terapeutici. Si tratta, in questo caso, di documenti che avrebbero la garanzia di minore astrattezza e maggiore adesione alle effettive preferenze, in quanto redatti in condizioni di patologia vissuta, nella consapevolezza dell'inesorabilità della malattia. In questo ambito la vincolatività assume un rilievo di accettabilità bioetica, nella misura in cui il paziente si trova in una condizione caratterizzata da inarrestabile evoluzione con prognosi infausta condizione di patologia cronica e invalidante.

La pianificazione condivisa nasce costitutivamente da un dialogo tra paziente e medico che si sviluppa ed evolve nel tempo, scandito dai tempi della malattia; che si modifica con la modificazione del vissuto del paziente nel costante aggiornamento sulla base della richiesta del paziente e suggerimento del medico, ove il destinatario della pianificazione (ossia colui che davvero la applicherà) è lo stesso medico che è stato vicino al paziente nel momento della elaborazione 'dinamica' della pianificazione (a differenza della DAT, ove il medico che informa il malato al momento in cui redige le DAT non è con ogni probabilità colui che applicherà le DAT).

Va sempre comunque favorita un'adeguata informazione alla società e diffusione di questi strumenti per favorire la loro corretta formulazione ed applicazione solo per chi intenda utilizzarle, nel rispetto di chi non intenda sottoscriverle. La divulgazione sociale delle informazioni dovrebbe essere accompagnata da una formazione e sensibilizzazione culturale rivolta ai medici, agli operatori sanitari, ai cittadini, all'opinione pubblica che evidenzi la rilevanza bioetica dell'umanizzazione del morire e dell'accompagnamento nel morire.

6. *Cure palliative e terapia del dolore*

Inguaribilità non significa incurabilità: il dovere della 'care'

L'esigenza di dare una morte eutanasica anticipata a malati incurabili, con scarsa qualità di vita ed elevata sofferenza, è svuotata dalla medicina palliativa [19]. In questo senso, alcuni ritengono che l'eutanasia e il testamento biologico eutanasico siano "sorpassati".

Le cure palliative non possono 'guarire' il malato dalla malattia, ma 'si prendono cura' della sua sofferenza, dei suoi bisogni (curare non come *cure* ma come *care*). L'aggettivo 'palliativo' non rende pienamente ragione del loro importante significato e funzione: palliativo non significa non risolutivo, o

---

[19] In Italia tale ambito è regolato dalle *Disposizioni per garantire l'accesso alle cure palliative e alla terapia del dolore*, legge 15 marzo 2010 n. 38.

peggio ancora, inutile o rimedio in assenza di alternative reali. Le cure palliative indicano l'approccio di '*care*' che ha per obiettivo il controllo del dolore e della sofferenza, il miglioramento della qualità di vita e del benessere del paziente in senso complessivo, nel contesto della solidarietà nei confronti della malattia, dell'attenzione nei confronti della particolare fragilità e della vulnerabilità alla fine della vita, una fragilità che aumenta quanto più malato è in una condizione di dipendenza, decadimento, emarginazione, isolamento, ospedalizzazione.

Bisogna considerare che sta cambiando lo scenario epidemiologico della popolazione nei Paesi sviluppati: la crescita dell'aspettativa di vita ogni anno e l'aumento dei malati con patologie cronico-degenerative, fanno emergere in modo sempre più evidente la rilevanza delle cure palliative come supporto al malato e alla sua famiglia. C'è, dunque, una consapevolezza diffusa che con queste cure siano indispensabili per dare risposte efficaci a bisogni reali.

In questo contesto il dovere del medico non è quello di curare ad ogni costo, ma è quello di comprendere i limiti del proprio sapere, di 'prendersi cura' del malato, di essere vicino alle sue esigenze. Nella consapevolezza che la vera paura del malato non è quella di morire, ma di soffrire e di essere lasciato solo. In questo senso le cure palliative offrono un supporto insostituibile per un'adeguata 'umanizzazione' delle cure. Le cure palliative costituiscono un'appropriata risposta alla richiesta dei malati di non soffrire: quella di eliminare il dolore, ma non la vita, accompagnando il malato non 'a' morire, ma 'nel' morire. Un accompagnamento non sperimentale e tecnologico, ma propriamente umano.

In questo senso anche se l'uso di cure palliative con l'intenzione di migliorare la condizione complessiva del paziente ha come effetto secondario l'anticipazione (di ore o di giorni) della morte, non si configura "eutanasia lenitiva", come viene impropriamente chiamata. A ben vedere, modalità appropriate di somministrazione della morfina (es. per difficoltà di respirare) non abbreviano la vita, anzi garantiscono il miglioramento del benessere e possono anche allungarla.

Cura del dolore e accompagnamento nel morire

I movimenti pro-eutanasici si battono per liberare i pazienti terminali da "sofferenze intollerabili", ma non si riferiscono alla implementazione e diffusione delle cure palliative. La rivendicazione eutanasica ritiene superflua la palliazione essendo il percorso lungo, oltre che oneroso e costoso in termini economici e di investimento di energie di vicinanza, della cura; essi preferiscono il percorso più rapido della soppressione del malato, il modo più radicale della eliminazione del dolore e della sofferenza[20].

---

[20] R. Manconi, L. Dameno (a cura di), *Dignità nel morire: il diritto ad una morte dignitosa, terapie contro il dolore, testamento biologico, eutanasia*, Guerini, Milano 2003.

Nel dibattito sulla rilevanza bioetica delle cure palliative emerge l'importanza di una ritematizzazione epistemologica della stessa medicina e della sua specificità terapeutica. L'umanizzazione del morire può avvenire attraverso l'impegno del medico nel controllo del dolore e della sofferenza, il miglioramento della qualità di vita e del benessere del paziente in senso complessivo, nel contesto della solidarietà; la palliazione dovrebbe essere un diritto del malato. La palliazione è dovuta anche nel contesto dell'eventuale richiesta di sospensione dell'accanimento clinico: sospendere l'accanimento non significa abbandono terapeutico, ma attivazione di cure palliative di accompagnamento. Si sospendono (o si possono sospendere) le cure straordinarie, ma mai quelle ordinarie (se non richieste esplicitamente). Il richiamo bioetico al valore delle cure palliative sottolinea il dovere solidaristico e relazionale dell'aiuto.

Uno dei compiti fondamentali della bioetica è, o dovrebbe, essere, quello di fornire un messaggio positivo sulla relazione terapeutica medico-paziente di fine vita. Il medico è chiamato deontologicamente a combattere la malattia e la morte, difendere la salute e la vita del paziente nella convinzione che tutti i malati, anche quelli inguaribili, sono curabili, nel senso di essere soggetti di accudimento[21]. La palliazione è un'autentica *cura* da praticarsi in situazioni estreme, con grande saggezza e nella piena assunzione della responsabilità professionale che qualifica la pratica della medicina. In questa direzione andrebbero promossi e implementati gli *hospice* con una adeguata formazione dei medici e degli operatori sanitari sulle problematiche di fine vita, oltre che un'adeguata informazione ai cittadini.

7. *Sedazione profonda continua*

Sedazione profonda: caratteri principali

Nel contesto delle cure palliative emergono problemi bioetici e biogiuridici specifici in relazione alla sedazione palliativa detta "profonda" (distinta dalla moderata o superficiale)[22] con l'intenzionale riduzione della coscienza del paziente fino all'annullamento, in modo "continuo" ossia irreversibile (distinto dalla sedazione temporanea o intermittente, che ammette il ritorno della co-

---

[21] L. Alici, F. D'Agostino, E. Santeusanio, *La dignità degli ultimi giorni*, San Paolo, Cinisello Balsamo (Mi) 1998; J. De Dios Correa, E. Sgreccia, *The Dignity of the Dying Person*, Libreria Editrice Vaticana, Città del Vaticano 2000.

[22] Comitato Nazionale per la Bioetica, *Sedazione palliativa profonda continua nell'imminenza della morte*, 2016.

scienza): si tratta di una palliazione che si effettua in un paziente che si trova nella condizione di malattia inguaribile, in stato avanzato e terminale, nell'imminenza della morte. L'imminenza della morte è un'espressione cronologicamente imprecisa, che fa riferimento alla condizione del paziente vicina alla morte, diagnosticata e prognosticata entro poche ore o giorni o settimane. Clinicamente non è facile una prognosi precisa, in particolare nel contesto di patologie non acute, ma ad evoluzione lenta e progressiva: spesso lo stadio avanzato o terminale di una patologia va rivalutato giorno dopo giorno.

Va precisato che la sedazione profonda continua indica l'uso di farmaci, misurati nella dose necessaria per ridurre la coscienza fino all'annullamento irreversibile, con l'obiettivo di alleviare un dolore e una sofferenza non controllabile in altro modo, dunque un dolore e una sofferenza dette "refrattarie", in senso fisico e/o psichico, che risultano intollerabili e insopportabili per il paziente.

Nella letteratura si usa spesso l'espressione "sedazione terminale". Si tratta di un'espressione ambigua che può indicare la fase finale della vita vicina alla morte, ma anche il porre fine alla vita ("terminare" la vita) del paziente nell'irreversibilità dell'intervento sedativo. Per questa ragione è preferibile l'espressione "sedazione profonda".

Sedazione profonda ed eutanasia: un confronto

È oggetto di discussione bioetica l'analogia e la differenza tra sedazione profonda e eutanasia.

Nella prospettiva della bioetica libertaria e utilitarista, favorevole all'eutanasia attiva volontaria, tale procedimento è considerato un "*escamotage*" meramente pragmatico per evitare sanzioni penali in Paesi ove l'eutanasia è proibita. Si tratterebbe di una "eutanasia nascosta" o "pseudo-eutanasia". Sarebbe più opportuno, in quest'ottica, ammettere esplicitamente l'eutanasia per rispondere in modo diretto e immediato alle sofferenze dei malati, che non accettano la loro patologia, anche a prescindere da condizioni di malattia terminale, inguaribile e nell'imminenza della morte, spesso difficilmente prognosticabile. È in ultima analisi il soggetto che deve decidere quando si verificano le condizioni per terminare la propria esistenza e il medico può esaudire il suo desiderio con un'iniezione letale, senza le lunghe procedure della sedazione profonda. Inoltre la possibilità che la sedazione profonda abbrevi la vita (poiché tutti i farmaci interferiscono con la vita e producono conseguenze collaterali) porterebbe a legalizzare, implicitamente, una forma di eutanasia lenitiva o palliativa. La sedazione profonda è considerato, dai libertari, un atto eutanasico e dovrebbe essere un'opzione disponibile al paziente alla fine della vita, accanto ad altre, non l'unica.

Nella prospettiva della bioetica che difende la dignità umana intrinseca fino alla morte, emerge una distinzione tra sedazione palliativa ed eutanasia, ritenendo la prima lecita a determinate condizioni e la seconda illecita. Le condizioni che sono considerate necessarie contestualmente per giustificare l'appropriatezza clinica e la legittimità etica della sedazione palliativa sono: la condizione del malato di patologia inguaribile in uno stadio avanzato e terminale con prossimità della morte; l'accertamento della refrattarietà del sintomo e il consenso del paziente. Per sintomo refrattario si intende una percezione del dolore e della sofferenza che, nonostante l'attuazione di diversi trattamenti farmacologici e non farmacologici (riportati in cartella clinica), non sia possibile monitorarlo e controllarlo in modo efficace, che risulti tollerabile per il paziente. Tra i sintomi refrattari più frequenti: la dispnea, il dolore intrattabile, la nausea e il vomito incoercibili, l'irrequietezza psico-motoria, la sofferenza psicologica o esistenziale.

Un problema bioetico riguarda il rapporto tra attivazione della sedazione profonda e sospensione delle cure di assistenza al malato terminale (es. ossigenoterapia, idratazione, alimentazione artificiali). Non è possibile determinare a priori la doverosità di prosecuzione o di sospensione di tali trattamenti, essendo necessario valutare caso per caso, ponendo sempre al centro il benessere del paziente. È ritenuto doveroso sospenderli se si configura una condizione di accanimento clinico, con interventi sproporzionati e futili; è invece doveroso continuarli se alleviano il dolore e la sofferenza e migliorano, anche se in misura limitata, la qualità della vita. Anche il paziente che rifiuta o rinuncia ai trattamenti e a tecniche strumentali di sostegno delle funzioni vitali ha diritto di beneficiare della terapia del dolore e in caso di sofferenze refrattarie della sedazione profonda e continua.

In questa prospettiva si distingue la sedazione palliativa dall'eutanasia, suicidio assistito o omicidio del consenziente nell'ambito delle finalità, delle procedure e degli esiti. La sedazione profonda continua è un atto terapeutico che ha come finalità per il paziente nelle condizioni terminali e inguaribili di alleviare o eliminare la sofferenza riducendo fino ad annullare la vigilanza, mentre l'eutanasia consiste nella somministrazione di farmaci con lo scopo di provocare la morte anticipatamente rispetto al decorso naturale e fisiologico. La sedazione profonda, quindi, non è indicata come un trattamento che abbrevi la vita, se applicata in modo appropriato, può anche allungarla.

Il consenso informato assume un rilievo particolare in questo contesto. Il consenso deve emergere nella graduale presa di coscienza del malato della propria diagnosi e prognosi, nella possibilità di esprimere pienamente le sue preferenze nell'ambito della relazione con il medico. Il processo decisionale avviene nell'ambito della relazione terapeutica tra paziente/famiglia e medico/personale sanitario, al fine di concordare in modo condiviso le modalità di intervento. La decisione d'iniziare la sedazione profonda e continua va presa con prudenza, in modo partecipato, possibilmente anche con la famiglia, nel contesto di una riflessione clinica ed etica. In questo senso il consenso deve preferibilmente essere personalizzato, specifico in base al contesto e dinamicamente modificato in base all'evolversi della patologia e delle condizioni del malato.

Va rispettata anche la volontà del malato di rifiutare la sedazione profonda continua. Esiste una variabilità nelle reazioni dei malati alla malattia, alla sofferenza e all'avvicinarsi della morte, che va sempre rispettata. In questo senso possono essere utili le dichiarazioni o disposizioni anticipate del paziente o la pianificazione condivisa delle cure, prima che la sedazione possa portare a fasi di obnubilamento della coscienza.

Una particolare considerazione va posta nei confronti dei pazienti minori. Nei bambini, le malattie inguaribili sono diverse da quelle dell'adulto e spesso hanno un andamento difficilmente prevedibile, con la difficoltà di prognosticare con certezza la condizione di terminalità, oltre che la difficoltà a verificare la refrattarietà del sintomo di dolore e sofferenza. In questo senso il percorso di malattia, dolore e morte di un minore, è diverso rispetto a quello dell'adulto. Va anche considerato che in età pediatrica è inferiore la disponibilità di farmaci antidolorifici rispetto agli adulti e spesso bisogna ricorrere a terapie "*off label*", ossia terapie validate sugli adulti e applicate in condizioni di sperimentalità (per quanto riguarda sicurezza ed efficacia) sui bambini. Va posta una particolare attenzione nella pianificazione dei trattamenti sedativi nella misurazione del dolore con l'acquisizione, ove possibile, dell'assenso informato. In questo ambito diviene di particolare rilevanza bioetica il rapporto dei medici con i genitori. In casi di disaccordo tra clinici e genitori si dovrebbe consultare il Comitato etico pediatrico.

Parte III

LEGGI E SENTENZE: ELEMENTI DI ANALISI CRITICA

LEGGE N. 40/2004 – NORME IN MATERIA DI PROCREAZIONE MEDICALMENTE ASSISTITA

Analisi biogiuridica

In Italia le tecnologie riproduttive sono regolamentate dalla legge 40/2004 "Norme in materia di procreazione medicalmente assistita". La legge va letta in modo integrato con le sentenze della Corte costituzionale (n. 151/2009; n. 162/2014; n. 96/2015; n. 229/2015; n. 84/2016), che hanno nel tempo modificato alcuni articoli o parti di articoli della legge. Vanno anche considerate le linee guida del Ministero della salute per l'applicazione della legge (2004, 2008 e 2015): le linee guida, pur essendo una normativa secondaria, hanno per certi aspetti introdotto alcune innovazioni rispetto al testo originario, oltre a specificare determinate modalità applicative della norma.

La legge 40/2004 riconosce esplicitamente la soggettività al concepito: il diritto della coppia ad avere un figlio è riconosciuto ma non in senso forte, ossia sulla base della mera rivendicazione soggettiva della libertà riproduttiva positiva, bensì in modo giusto e responsabile, ossia rapportandolo agli interessi del concepito.

La legge riconosce la finalità c.d. terapeutica della procreazione medicalmente assistita, con accesso da parte di coloro che sono in condizioni certificate di sterilità e infertilità. Non è possibile utilizzare le tecnologie riproduttive se non vi sono esigenze verificate sul piano medico. Con l'unica eccezione, ammessa dalla Corte costituzionale con sentenza n. 96 del 2015, di coloro che sono a rischio di trasmissione di patologie genetiche gravi. La sentenza dichiara l'illegittimità costituzionale dell'esclusione dalla possibilità di ricorrere alla procreazione assistita alle coppie fertili portatrici di malattie genetiche trasmissibili rispondenti ai criteri di gravità che consentono l'accesso al c.d. aborto terapeutico, sulla base dell'art. 2 (diritto inviolabile della coppia ad avere un figlio sano; diritto ad autodeterminarsi nella scelta procreativa), art. 3 (diritto alla salute fisica e psichica della donna e problema di 'ragionevolezza' nel confronto tra legge 40/2004 e legge 194/1978 sulla interruzione volontaria della gravidanza, che legittima l'aborto per malformazioni e anomalie del feto e gravi condizioni della salute psico-fisica della donna), art. 32 (diritto alla salute fisica e psichica della donna) e art. 117 (richiamo agli artt. 8, rispetto della vita familiare, e 14, divieto di discriminazione, della CEDU).

La legge favorisce la promozione di interventi contro la sterilità e l'infertilità, al fine di ridurre le richieste di fecondazione assistita: la ricerca delle cause fisiche, psichiche, ambientali e sociali e la predisposizione di interventi per rimuoverle, ridurle o prevenirle. La legge inoltre pone una specifica attenzione all'informazione alla coppia da parte del medico considerando necessario il consenso informato relativamente alle procedure delle tecnologie (probabilità di successo, rischi, grado di invasività, conseguenze giuridiche, costi economici) e sulle modalità di adozione ed affidamento come alternative alla procreazione medicalmente assistita. Non si tratta certamente di alternative equivalenti, in quanto le tecnologie riproduttive consentono anche un legame genetico (di entrambi i genitori o di un genitore nel caso di eterologa) mentre l'adozione presuppone la totale estraneità genetica, ma alternative nel senso che consentono alla coppia di avere dei figli. Per quanto rimanda una sostanziale differenza tra l'adozione, o dare ai bambini una famiglia, rispetto alla procreazione assistita, o dare ai potenziali genitori la possibilità di avere figli.

La legge originariamente, nel testo del 2004, legittimava solo la procreazione assistita omologa. La procreazione assistita eterologa è stata ammessa successivamente con sentenza della Corte costituzionale n. 162 del 2014 che fa cadere il divieto, con un richiamo alla consuetudine prima della legge (la giurisprudenza sul disconoscimento di paternità e le circolari e ordinanze ministeriali) e al "diritto di autodeterminazione" riproduttiva. La Corte non ritiene necessaria una regolamentazione dell'eterologa. In un primo passaggio della sentenza la Corte ipotizza 'l'anonimato del donatore', richiamandosi al decreto legislativo n. 191/2007 (Attuazione della direttiva 2004/23/CE sulla definizione delle norme di qualità e di sicurezza per la donazione, l'approvvigionamento, il controllo, la lavorazione, la conservazione, lo stoccaggio e la distribuzione di tessuti e cellule umani), ma successivamente si riferisce al diritto del nato all'identità genetica attraverso l'analogia con l'istituto dell'adozione. La Corte cita la sentenza n. 278/2013 in materia di adozione, che invita il legislatore a rimuovere il divieto all'accesso delle informazioni nei confronti della madre che abbia dichiarato alla nascita di non voler essere nominata e "ad introdurre apposite disposizioni volte a consentire la verifica della perdurante attualità della scelta compiuta dalla madre naturale e al contempo a cautelare in termini rigorosi il suo diritto all'anonimato". Ne consegue che non si esclude l'anonimato del donatore, né si afferma il diritto del nato alla piena verità. Al momento, la donazione deve essere anonima. I dati clinici del donatore/donatrice potranno essere resi noti al personale sanitario solo in casi straordinari, dietro specifica richiesta e con procedure istituzionalizzate. L'accessibilità all'informazione è gestita informaticamente con il controllo di tracciabilità. I donatori/donatrici non hanno diritto di conoscere l'identità del soggetto nato per mezzo di queste tecniche e il nato non potrà conoscere l'identità del donatore/donatrice.

Peraltro la legge 40/2004, pur originariamente proibendo la procreazione con donazione di gamete esterno alla coppia, la regolava all'art. 9, esigendo, nel caso fosse praticata l'eterologa, la proibizione dell'anonimato della madre o la proibizione del disconoscimento di paternità, oltre alla negazione di diritti ed obblighi a carico del donatore nei confronti del nato. La legge dunque consente una qualche regolazione della eterologa, definendo il diritto del nato ad avere due genitori e negando ai donatori un rapporto di parentela con il nato, ma rimane non esplicitamente regolato il diritto a conoscere le origini, che rimane oggetto di discussione.

Le Linee guida del 2015 sono un utile strumento per meglio comprendere la disciplina della procreazione assistita eterologa. Le Linee guida precisano che "al fine di evitare illegittime selezioni eugenetiche, non è possibile per le coppie scegliere particolari caratteristiche fenotipiche del donatore"; è possibile una eventuale individuazione degli ovociti da donare (*egg-sharing*) da parte della donna che si sottopone alla stimolazione ormonale; nella regolazione della fecondazione eterologa si rimanda al recepimento della Dir. 2006/17 del Parlamento e Consiglio d'Europa per quanto riguarda determinate prescrizioni tecniche per la donazione, approvvigionamento e controllo dei tessuti e cellule umani. Nell'allegato III si precisa a proposito delle donazioni da persone diverse dal partner, l'esigenza di monitoraggio dei rischi della salute per gli altri (infezioni sessuali) e per il donatore (superovulazione, anestesia, problemi psicologici), lo screening genetico (per evitare la trasmissione di patologie genetiche). Si sottolinea che ogni centro di procreazione dovrà prevedere consulenza e supporto psicologico alla coppia.

Attualmente va considerato che è stato approvato il Regolamento di attuazione della direttiva 2012/39/UE della Commissione, del 26 novembre 2012, che modifica la direttiva 2006/17/CE per quanto riguarda determinate prescrizioni tecniche relative agli esami effettuati su tessuti e cellule umani. Tale regolamento definisce alcuni limiti alla donazione: età dei donatori (tra i 18 e i 40 per gli uomini; tra i 20 e i 25 per le donne), il numero limite di donazioni per donatori (nella misura di 10 bambini nati), analisi per evitare rischi sanitari per il donatore (in particolare la donatrice, sottoposta a stimolazioni ormonali) e il donatore, l'adeguata informazione alla coppia che accede alla procreazione eterologa rispetto alle analisi a cui si sono sottoposti i donatori e ai rischi possibili per il nato. In linea generale rimane aperto un problema: il donatore deve essere consapevole della sua responsabilità nei confronti del nato (da chiarire nel colloquio psicologico e nel consenso informato) e della comunicazione di eventuali patologie che emergano e la cui conoscenza possa essere utile per il nato. Per evitare che donatore doni ulteriormente e per informare le coppie che hanno ricevuto la donazione dallo stesso donatore.

Vale anche la reciproca: anche i genitori del nato dovrebbero comunicare alla struttura (biobanca) eventuali patologie che insorgessero nel nato, che dovrebbero informare il donatore.

La legge originariamente consentiva la produzione solo di un numero limitato di embrioni, tutti da impiantare simultaneamente e contestualmente. La Corte costituzionale è intervenuta con la sentenza n. 151 dell'8 maggio 2009, ove viene dichiarata l'illegittimità costituzionale dell'art. 14, commi 2 e 3 e viene cancellato il limite dei tre embrioni producibili e l'obbligo di contemporaneo impianto di tutti gli embrioni prodotti, derogando al divieto di crioconservazione, con riferimento alla tutela della salute della donna e degli embrioni stessi. La Corte riconosce la "discrezionalità" del medico "depositario del sapere tecnico del caso concreto" nella determinazione del numero di embrioni da produrre bilanciando le esigenze della salute della donna e dello stesso concepito.

Un ulteriore elemento che è stato progressivamente modificato riguarda la legittimità o illegittimità di diagnosi pre-impianto. La legge originariamente non esplicitava nulla al riguardo, essendo peraltro un tema molto controverso sia bioeticamente che giurisprudenzialmente, limitandosi ad affermare la proibizione della selezione eugenetica. Le linee guida del 2004 si sono pronunciate sul tema, esplicitando la proibizione di ogni diagnosi pre-impianto a finalità eugenetica e affermando che ogni indagine relativa allo stato di salute degli embrioni creati in vitro deve essere di tipo osservazionale. Si afferma inoltre che qualora dall'indagine vengano evidenziate "gravi anomalie irreversibili dello sviluppo di un embrione", il medico ne informa la coppia e il trasferimento dell'embrione non è coercibile e va mantenuto in vitro fino al suo estinguersi. Le linee guida del 2008 tolgono il riferimento all'indagine osservazionale, e ampliano l'accesso alla procreazione assistita a coppie che, benché non sterili, sono portatrici di malattie sessualmente trasmissibili. Tale considerazione, ripresa successivamente dalla Corte costituzionale nel 2015 in analogia con le coppie a rischio di trasmissione di gravi patologie genetiche, apre di fatto alla possibilità della diagnosi genetica pre-impianto, seppur limitatamente alla fattispecie.

Tale posizione è ulteriormente confermata dalla sentenza della Corte costituzionale n. 229 del 2015, che dichiara l'illegittimità costituzionale dell'art. 13, commi 3, lettera *b*), e 4, nella parte in cui contempla come ipotesi di reato la condotta di selezione degli embrioni anche nei casi in cui questa sia esclusivamente finalizzata ad evitare l'impianto nell'utero della donna di embrioni affetti da malattie genetiche trasmissibili rispondenti ai criteri di gravità di cui all'art. 6, comma 1, lettera *b*), della legge 194/1978 e accertate da apposite strutture pubbliche; si fa riferimento alla tutela dell'embrione nella condizione di crioconservazione "l'embrione quale che ne sia il, più o meno ampio, riconoscibile grado di soggettività correlato alla genesi della vita, non è certamente riducibile a mero materiale biologico"; richiama la sentenza n. 151/2009, affermando che il riconoscimento della dignità dell'embrione è suscettibile di "affievolimento" in caso di pericolo salute della donna, in questa circostanza la soppressione dell'embrione non risulta giustificata "in termini di contrappeso, nella tutela di altro interesse antagonista".

La legge 40/2004 proibisce la fecondazione della donna vedova, della donna sola e di coppie omosessuali, ammettendo solo donne "in età potenzialmente fertile" (vietando l'accesso a donne in età avanzata). Il legislatore opta per la garanzia di un diritto del nato a due genitori di sesso diverso senza una eccessiva distanza temporale con la madre.

La legge vieta inoltre la maternità surrogata, il commercio di gameti e embrioni, la clonazione, l'ectogenesi, l'ibridazione. È proibita la produzione di embrioni a soli fini sperimentali, la sperimentazione non terapeutica (è ammessa solo la sperimentazione a scopo diagnostico e terapeutico), la sovrapproduzione con congelamento di embrioni; è vietata la riduzione e la selezione eugenetica (con l'unica eccezione della selezione di embrioni di coppie a rischio di trasmissione di gravi patologie genetiche, come detto).

La legge prevede la possibilità dell'obiezione di coscienza del personale sanitario: in effetti, se da un lato il diritto non si identifica con la morale, non avendo il compito di entrare nella valutazione dell'interiorità della coscienza, dall'altro lato deve offrire la possibilità per il soggetto di seguire fino in fondo i propri convincimenti interiori (in questo caso, offrendo al medico e al personale sanitario la possibilità di non partecipare all'uso di determinate tecniche nella misura in cui contrastino con il dettato della loro coscienza, per ragioni etiche o religiose). L'obiezione di coscienza può riguardare il problema religioso ed etico della fecondazione in vitro a causa della scissione tra atto unitivo della coppia e procreazione, la possibile manipolazione di embrioni umani in talune modalità tecniche, la donazione di gameti esterni con le problematiche etiche che ne conseguono.

La legge disciplina anche un rigoroso controllo dei centri e delle strutture che praticano la fecondazione assistita, promovendo una serie di iniziative miranti a monitorare con attenzione costante e permanente la trasparenza e prevedendo la possibilità di aggiornamento dei criteri di valutazione in relazione alle continue e veloci modificazioni delle tecnologie riproduttive.

La legge non definisce le modalità di conservazione degli embrioni congelati prima della legge, gli embrioni soprannumerari, avanzati, residuali. Va ricordata la sentenza della Corte costituzionale n. 84 del 2016. La Corte esaminando il conflitto tra il diritto della scienza e i diritti degli embrioni, riconosce la dignità dell'embrione come un valore di rilievo costituzionale, affermando che la sua tutela non è suscettibile di affievolimento per la sola circostanza di risultare affetto da malformazioni genetiche. Poiché il bilanciamento non riguarda le esigenze della procreazione e di quelle della salute della donna, la Corte riconosce che la scelta tra il rispetto del principio della vita e le esigenze della ricerca scientifica ha contenuti di "elevata discrezionalità", area d'intervento che compete al legislatore competono, con il riferimento alla coscienza sociale (valutazione di opportunità di uso di embrioni per la ricerca; selezione degli obiettivi e delle specifiche finalità della ricerca suscettibili di giustificare il "sacrificio" dell'embrione; eventualità e determinazione della durata, di un previo periodo di crioconservazione; consenso dei genitori; cautele per evitare la "commercializzazione" degli embrioni residui). Al momento, vi sono progetti di legge sulla adozione prenatale e sulla donazione degli embrioni alla ricerca.

CAPO I – PRINCÌPI GENERALI [1]

Art. 1 (*Finalità*)

1. Al fine di favorire la soluzione dei problemi riproduttivi **derivanti dalla sterilità o dalla infertilità umana** è consentito il ricorso alla procreazione medicalmente assistita, alle condizioni e secondo le modalità previste dalla presente legge, che assicura i diritti di tutti i soggetti coinvolti, compreso il concepito.

2. Il ricorso alla procreazione medicalmente assistita è consentito qualora non vi siano altri metodi terapeutici efficaci per rimuovere le cause di sterilità o infertilità.

---

[1] In grassetto sono evidenziate le parti aggiunte o in grassetto cancellato sono indicate le parti tolte della normativa originaria a seguito degli interventi della Corte costituzionale (riportati sotto l'articolo della legge con numero della sentenza).

– Corte costituzionale, con sentenza n. 96/2015, dichiara l'illegittimità costituzionale dell'esclusione dalla possibilità di ricorrere alle tecniche di procreazione medicalmente assistita alle coppie fertili portatrici di malattie genetiche trasmissibili, rispondenti ai criteri di gravità che consentono l'accesso all'aborto c.d. terapeutico.

Art. 2 (*Interventi contro la sterilità e la infertilità*)

1. Il Ministro della salute, sentito il Ministro dell'istruzione, dell'università e della ricerca, può promuovere ricerche sulle cause patologiche, psicologiche, ambientali e sociali dei fenomeni della sterilità e della infertilità e favorire gli interventi necessari per rimuoverle nonché per ridurne l'incidenza, può incentivare gli studi e le ricerche sulle tecniche di crioconservazione dei gameti e può altresì promuovere campagne di informazione e di prevenzione dei fenomeni della sterilità e della infertilità.

(omissis)

Art. 3 (*Modifica alla legge 29 luglio 1975, n. 405*)

1. Al primo comma dell'articolo 1 della legge 29 luglio 1975, n. 405, sono aggiunte, in fine, le seguenti lettere: "*d-bis)* l'informazione e l'assistenza riguardo ai problemi della sterilità e della infertilità umana, nonché alle tecniche di procreazione medicalmente assistita; *d-ter)* l'informazione sulle procedure per l'adozione e l'affidamento familiare".

(omissis)

CAPO II – ACCESSO ALLE TECNICHE

Art. 4 (*Accesso alle tecniche*)

1. Il ricorso alle tecniche di procreazione medicalmente assistita è consentito solo quando sia accertata l'impossibilità di rimuovere altrimenti le cause impeditive della procreazione ed è comunque circoscritto ai casi di sterilità o di infertilità inspiegate documentate da atto medico nonché ai casi di sterilità o di infertilità da causa accertata e certificata da atto medico.

– Corte costituzionale, con sentenza n. 96/2015, dichiara l'illegittimità costituzionale dell'esclusione dalla possibilità di ricorrere alle tecniche di procreazione medicalmente assistita alle coppie fertili portatrici di malattie genetiche trasmissibili, rispondenti ai criteri di gravità che consentono l'accesso all'aborto c.d. terapeutico.

2. Le tecniche di procreazione medicalmente assistita sono applicate in base ai seguenti princípi: *a)* gradualità, al fine di evitare il ricorso ad interventi aventi un

grado di invasività tecnico e psicologico più gravoso per i destinatari, ispirandosi al principio della minore invasività; *b)* consenso informato, da realizzare ai sensi dell'articolo 6.

~~**3. È vietato il ricorso a tecniche di procreazione medicalmente assistita di tipo eterologo.**~~[2]

– Corte costituzionale, con sentenza n. 162/2014, dichiara l'illegittimità costituzionale del divieto di fecondazione eterologa medicalmente assistita.

Art. 5 (*Requisiti soggettivi*)

1. Fermo restando quanto stabilito dall'articolo 4, comma 1, possono accedere alle tecniche di procreazione medicalmente assistita coppie di maggiorenni di sesso diverso, coniugate o conviventi, in età potenzialmente fertile, entrambi viventi.

Art. 6 (*Consenso informato*)

1. Per le finalità indicate dal comma 3, prima del ricorso ed in ogni fase di applicazione delle tecniche di procreazione medicalmente assistita il medico informa in maniera dettagliata i soggetti di cui all'articolo 5 sui metodi, sui problemi bioetici e sui possibili effetti collaterali sanitari e psicologici conseguenti all'applicazione delle tecniche stesse, sulle probabilità di successo e sui rischi dalle stesse derivanti, nonché sulle relative conseguenze giuridiche per la donna, per l'uomo e per il nascituro. Alla coppia deve essere prospettata la possibilità di ricorrere a procedure di adozione o di affidamento ai sensi della legge 4 maggio 1983, n. 184, e successive modificazioni, come alternativa alla procreazione medicalmente assistita. Le informazioni di cui al presente comma e quelle concernenti il grado di invasività delle tecniche nei confronti della donna e dell'uomo devono essere fornite per ciascuna delle tecniche applicate e in modo tale da garantire il formarsi di una volontà consapevole e consapevolmente espressa.

2. Alla coppia devono essere prospettati con chiarezza i costi economici dell'intera procedura qualora si tratti di strutture private autorizzate.

3. La volontà di entrambi i soggetti di accedere alle tecniche di procreazione medicalmente assistita è espressa per iscritto congiuntamente al medico responsabile della struttura, secondo modalità definite con decreto dei Ministri della giustizia e della salute, adottato ai sensi dell'articolo 17, comma 3, della legge 23 agosto 1988, n. 400, entro tre mesi dalla data di entrata in vigore della presente legge. Tra la manifestazione della volontà e l'applicazione della tecnica deve intercorrere un termine non inferiore a sette giorni. La volontà può essere revocata da ciascuno dei soggetti indicati dal presente comma fino al momento della fecondazione dell'ovulo.

---

[2] Questa parte evidenziata è stata eliminata dalla Corte costituzionale, con sentenza 162/2014.

4. Fatti salvi i requisiti previsti dalla presente legge, il medico responsabile della struttura può decidere di non procedere alla procreazione medicalmente assistita, esclusivamente per motivi di ordine medico-sanitario. In tale caso deve fornire alla coppia motivazione scritta di tale decisione.

5. Ai richiedenti, al momento di accedere alle tecniche di procreazione medicalmente assistita, devono essere esplicitate con chiarezza e mediante sottoscrizione le conseguenze giuridiche di cui all'articolo 8 e all'articolo 9 della presente legge.

Art. 7 (*Linee guida*)

1. Il Ministro della salute, avvalendosi dell'Istituto Superiore di Sanità, e previo parere del Consiglio Superiore di Sanità, definisce, con proprio decreto, da emanare entro tre mesi dalla data di entrata in vigore della presente legge, linee guida contenenti l'indicazione delle procedure e delle tecniche di procreazione medicalmente assistita.

2. Le linee guida di cui al comma 1 sono vincolanti per tutte le strutture autorizzate.

3. Le linee guida sono aggiornate periodicamente, almeno ogni tre anni, in rapporto all'evoluzione tecnico-scientifica, con le medesime procedure di cui al comma 1.

CAPO III – DISPOSIZIONI CONCERNENTI LA TUTELA DEL NASCITURO

Art. 8 (*Stato giuridico del nato*)

1. I nati a seguito dell'applicazione delle tecniche di procreazione medicalmente assistita hanno lo stato di figli legittimi o di figli riconosciuti della coppia che ha espresso la volontà di ricorrere alle tecniche medesime ai sensi dell'articolo 6.

Art. 9 (*Divieto del disconoscimento della paternità e dell'anonimato della madre*)

1. Qualora si ricorra a tecniche di procreazione medicalmente assistita di tipo eterologo ~~**in violazione del divieto di cui all'articolo 4, comma 3,**~~ il coniuge o il convivente il cui consenso è ricavabile da atti concludenti non può esercitare l'azione di disconoscimento della paternità nei casi previsti dall'articolo 235, primo comma, numeri 1) e 2), del codice civile, né l'impugnazione di cui all'articolo 263 dello stesso codice.

– Corte costituzionale, con sentenza n. 162/2014, dichiara l'illegittimità costituzionale del divieto di fecondazione eterologa medicalmente assistita.

---

2. La madre del nato a seguito dell'applicazione di tecniche di procreazione medicalmente assistita non può dichiarare la volontà di non essere nominata, ai sensi dell'articolo 30, comma 1, del regolamento di cui al decreto del Presidente della Repubblica 3 novembre 2000, n. 396.

3. In caso di applicazione di tecniche di tipo eterologo in violazione del divieto ~~di cui all'articolo 4, comma 3,~~ il donatore di gameti non acquisisce alcuna relazione giuridica parentale con il nato e non può far valere nei suoi confronti alcun diritto né essere titolare di obblighi.

– Corte costituzionale, con sentenza n. 162/2014, dichiarata l'illegittimità costituzionale del divieto di fecondazione eterologa medicalmente assistita.

CAPO IV – REGOLAMENTAZIONE DELLE STRUTTURE AUTORIZZATE ALL'APPLICAZIONE DELLE TECNICHE DI PROCREAZIONE MEDICALMENTE ASSISTITA

Art. 10 (*Strutture autorizzate*)

1. Gli interventi di procreazione medicalmente assistita sono realizzati nelle strutture pubbliche e private autorizzate dalle regioni e iscritte al registro di cui all'articolo 11.

2. Le regioni e le province autonome di Trento e di Bolzano definiscono con proprio atto, entro tre mesi dalla data di entrata in vigore della presente legge: *a)* i requisiti tecnico-scientifici e organizzativi delle strutture; *b)* le caratteristiche del personale delle strutture; *c)* i criteri per la determinazione della durata delle autorizzazioni e dei casi di revoca delle stesse; *d)* i criteri per lo svolgimento dei controlli sul rispetto delle disposizioni della presente legge e sul permanere dei requisiti tecnico-scientifici e organizzativi delle strutture.

Art. 11 (*Registro*)

1. È istituito, con decreto del Ministro della salute, presso l'Istituto Superiore di Sanità, il registro nazionale delle strutture autorizzate all'applicazione delle tecniche di procreazione medicalmente assistita, degli embrioni formati e dei nati a seguito dell'applicazione delle tecniche medesime.

2. L'iscrizione al registro di cui al comma 1 è obbligatoria.

3. L'Istituto Superiore di Sanità raccoglie e diffonde, in collaborazione con gli osservatori epidemiologici regionali, le informazioni necessarie al fine di consentire la trasparenza e la pubblicità delle tecniche di procreazione medicalmente assistita adottate e dei risultati conseguiti.

4. L'Istituto Superiore di Sanità raccoglie le istanze, le informazioni, i suggerimenti, le proposte delle società scientifiche e degli utenti riguardanti la procreazione medicalmente assistita.

5. Le strutture di cui al presente articolo sono tenute a fornire agli osservatori epidemiologici regionali e all'Istituto Superiore di Sanità i dati necessari per le

finalità indicate dall'articolo 15 nonché ogni altra informazione necessaria allo svolgimento delle funzioni di controllo e di ispezione da parte delle autorità competenti.

(omissis)

CAPO V – DIVIETI E SANZIONI

Art. 12 (*Divieti generali e sanzioni*)

~~**1. Chiunque a qualsiasi titolo utilizza a fini procreativi gameti di soggetti estranei alla coppia richiedente, in violazione di quanto previsto dall'articolo 4, comma 3, è punito con la sanzione amministrativa pecuniaria da 300.000 a 600.000 euro.**~~

– Corte costituzionale, con sentenza n. 162/2014, dichiara l'illegittimità costituzionale del divieto di fecondazione eterologa medicalmente assistita.

---

2. Chiunque a qualsiasi titolo, in violazione dell'articolo 5, applica tecniche di procreazione medicalmente assistita a coppie i cui componenti non siano entrambi viventi o uno dei cui componenti sia minorenne ovvero che siano composte da soggetti dello stesso sesso o non coniugati o non conviventi è punito con la sanzione amministrativa pecuniaria da 200.000 a 400.000 euro.

3. Per l'accertamento dei requisiti di cui al comma 2 il medico si avvale di una dichiarazione sottoscritta dai soggetti richiedenti. In caso di dichiarazioni mendaci si applica l'articolo 76, commi 1 e 2, del testo unico delle disposizioni legislative e regolamentari in materia di documentazione amministrativa, di cui al decreto del Presidente della Repubblica 28 dicembre 2000, n. 445.

4. Chiunque applica tecniche di procreazione medicalmente assistita senza avere raccolto il consenso secondo le modalità di cui all'articolo 6 è punito con la sanzione amministrativa pecuniaria da 5.000 a 50.000 euro.

5. Chiunque a qualsiasi titolo applica tecniche di procreazione medicalmente assistita in strutture diverse da quelle di cui all'articolo 10 è punito con la sanzione amministrativa pecuniaria da 100.000 a 300.000 euro.

6. Chiunque, in qualsiasi forma, realizza, organizza o pubblicizza la commercializzazione di gameti o di embrioni o la surrogazione di maternità è punito con la reclusione da tre mesi a due anni e con la multa da 600.000 a un milione di euro.

7. Chiunque realizza un processo volto ad ottenere un essere umano discendente da un'unica cellula di partenza, eventualmente identico, quanto al patrimonio genetico nucleare, ad un altro essere umano in vita o morto, è punito con la reclusione da dieci a venti anni e con la multa da 600.000 a un milione di euro. Il medico è punito, altresì, con l'interdizione perpetua dall'esercizio della professione.

8. Non sono punibili l'uomo o la donna ai quali sono applicate le tecniche nei casi di cui ai commi 1, 2, 4 e 5.

9. È disposta la sospensione da uno a tre anni dall'esercizio professionale nei confronti dell'esercente una professione sanitaria condannato per uno degli illeciti di cui al presente articolo, salvo quanto previsto dal comma 7.

10. L'autorizzazione concessa ai sensi dell'articolo 10 alla struttura al cui interno è eseguita una delle pratiche vietate ai sensi del presente articolo è sospesa per un anno. Nell'ipotesi di più violazioni dei divieti di cui al presente articolo o di recidiva l'autorizzazione può essere revocata.

CAPO VI – MISURE DI TUTELA DELL'EMBRIONE

Art. 13 (*Sperimentazione sugli embrioni umani*)

1. È vietata qualsiasi sperimentazione su ciascun embrione umano.

2. La ricerca clinica e sperimentale su ciascun embrione umano è consentita a condizione che si perseguano finalità esclusivamente terapeutiche e diagnostiche ad essa collegate volte alla tutela della salute e allo sviluppo dell'embrione stesso, e qualora non siano disponibili metodologie alternative.

3. Sono, comunque, vietati:

a) la produzione di embrioni umani a fini di ricerca o di sperimentazione o comunque a fini diversi da quello previsto dalla presente legge;

b) **ogni forma di selezione a scopo eugenetico** degli embrioni e dei gameti ovvero interventi che, attraverso tecniche di selezione, di manipolazione o comunque tramite procedimenti artificiali, siano diretti ad alterare il patrimonio genetico dell'embrione o del gamete ovvero a predeterminarne caratteristiche genetiche, ad eccezione degli interventi aventi finalità diagnostiche e terapeutiche, di cui al comma 2 del presente articolo;

c) interventi di clonazione mediante trasferimento di nucleo o di scissione precoce dell'embrione o di ectogenesi sia a fini procreativi sia di ricerca;

d) la fecondazione di un gamete umano con un gamete di specie diversa e la produzione di ibridi o di chimere.

4. La violazione dei divieti di cui al comma 1 è punita con la reclusione da due a sei anni e con la multa da 50.000 a 150.000 euro. In caso di violazione di uno dei divieti di cui al comma 3 la pena è aumentata. Le circostanze attenuanti concorrenti con le circostanze aggravanti previste dal comma 3 non possono essere ritenute equivalenti o prevalenti rispetto a queste.

5. È disposta la sospensione da uno a tre anni dall'esercizio professionale nei confronti dell'esercente una professione sanitaria condannato per uno degli illeciti di cui al presente articolo.

– Corte costituzionale, con sentenza n. 229/2015, dichiara l'illegittimità costituzionale dell'art. 13, commi 3, lettera *b*), e 4, nella parte in cui contempla come ipotesi di reato la condotta di selezione degli embrioni anche nei casi in cui questa sia esclusivamente finalizzata ad evitare l'impianto nell'utero della donna di embrioni affetti da malattie genetiche trasmissibili rispondenti ai criteri di gravità di cui all'art. 6, comma 1, lettera *b*), della legge n. 194/1978 e accertate da apposite strutture pubbliche.

Art. 14 (*Limiti all'applicazione delle tecniche sugli embrioni*)

1. È vietata **la crioconservazione** e la soppressione di embrioni, fermo restando quanto previsto dalla legge 22 maggio 1978, n. 194.

– Corte costituzionale, con sentenza n. 151/2009, anche se non esplicitamente, deroga al principio generale di divieto di crioncoservazione. La crioconservazione sarebbe infatti necessaria in tutti i casi in cui il medico ritenga che l'impianto possa non essere compatibile con la salute della donna.

---

2. Le tecniche di produzione degli embrioni, tenuto conto dell'evoluzione tecnico-scientifica e di quanto previsto dall'articolo 7, comma 3, non devono creare un numero di embrioni superiore a quello strettamente necessario ~~**ad un unico e contemporaneo impianto, comunque non superiore a tre.**~~

– Corte costituzionale, con sentenza n. 151/2009, dichiara l'illegittimità costituzionale del co. 2 dell'art. 14, limitatamente alle parole "ad un unico e contemporaneo impianto, comunque non superiore a tre"

---

3. Qualora il trasferimento nell'utero degli embrioni non risulti possibile per grave e documentata causa di forza maggiore relativa allo stato di salute della donna non prevedibile al momento della fecondazione è consentita la crioconservazione degli embrioni stessi fino alla data del trasferimento.

– Corte costituzionale, con sentenza n. 151/2009, dichiara l'illegittimità costituzionale del co. 3 dell'art. 14 nella parte in cui non prevede che il trasferimento degli embrioni, da realizzare non appena possibile, debba essere effettuato senza pregiudizio per la salute della donna.

---

4. Ai fini della presente legge sulla procreazione medicalmente assistita è vietata la riduzione embrionaria di gravidanze plurime, salvo nei casi previsti dalla legge 22 maggio 1978, n. 194.

5. I soggetti di cui all'articolo 5 sono informati sul numero e, su loro richiesta, sullo stato di salute degli embrioni prodotti e da trasferire nell'utero.

6. La violazione di uno dei divieti e degli obblighi di cui ai commi precedenti è punita con la reclusione fino a tre anni e con la multa da 50.000 a 150.000 euro.

7. È disposta la sospensione fino ad un anno dall'esercizio professionale nei confronti dell'esercente una professione sanitaria condannato per uno dei reati di cui al presente articolo.

8. È consentita la crioconservazione dei gameti maschile e femminile, previo consenso informato e scritto.

9. La violazione delle disposizioni di cui al comma 8 è punita con la sanzione amministrativa pecuniaria da 5.000 a 50.000 euro.

CAPO VII –DISPOSIZIONI FINALI E TRANSITORIE

Art. 15 (*Relazione al Parlamento*)

1. L'Istituto Superiore di Sanità predispone, entro il 28 febbraio di ciascun anno, una relazione annuale per il Ministro della salute in base ai dati raccolti ai sensi dell'articolo 11, comma 5, sull'attività delle strutture autorizzate, con particolare riferimento alla valutazione epidemiologica delle tecniche e degli interventi effettuati.

2. Il Ministro della salute, sulla base dei dati indicati al comma 1, presenta entro il 30 giugno di ogni anno una relazione al Parlamento sull'attuazione della presente legge.

Art. 16 (*Obiezione di coscienza*)

1. Il personale sanitario ed esercente le attività sanitarie ausiliarie non è tenuto a prendere parte alle procedure per l'applicazione delle tecniche di procreazione medicalmente assistita disciplinate dalla presente legge quando sollevi obiezione di coscienza con preventiva dichiarazione. La dichiarazione dell'obiettore deve essere comunicata entro tre mesi dalla data di entrata in vigore della presente legge al direttore dell'azienda unità sanitaria locale o dell'azienda ospedaliera, nel caso di personale dipendente, al direttore sanitario, nel caso di personale dipendente da strutture private autorizzate o accreditate.

2. L'obiezione può essere sempre revocata o venire proposta anche al di fuori dei termini di cui al comma 1, ma in tale caso la dichiarazione produce effetto dopo un mese dalla sua presentazione agli organismi di cui al comma 1.

3. L'obiezione di coscienza esonera il personale sanitario ed esercente le attività sanitarie ausiliarie dal compimento delle procedure e delle attività specificatamente e necessariamente dirette a determinare l'intervento di procreazione medicalmente assistita e non dall'assistenza antecedente e conseguente l'intervento.

Art. 17 (*Disposizioni transitorie*)

1. Le strutture e i centri iscritti nell'elenco predisposto presso l'Istituto Superiore di Sanità ai sensi dell'ordinanza del Ministro della sanità del 5 marzo 1997, pubblicata nella *Gazzetta Ufficiale* n. 55 del 7 marzo 1997, sono autorizzati ad applicare le tecniche di procreazione medicalmente assistita, nel rispetto delle disposizioni della

presente legge, fino al nono mese successivo alla data di entrata in vigore della presente legge.

2. Entro trenta giorni dalla data di entrata in vigore della presente legge, le strutture e i centri di cui al comma 1 trasmettono al Ministero della salute un elenco contenente l'indicazione numerica degli embrioni prodotti a seguito dell'applicazione di tecniche di procreazione medicalmente assistita nel periodo precedente la data di entrata in vigore della presente legge, nonché, nel rispetto delle vigenti disposizioni sulla tutela della riservatezza dei dati personali, l'indicazione nominativa di coloro che hanno fatto ricorso alle tecniche medesime a seguito delle quali sono stati formati gli embrioni. La violazione della disposizione del presente comma è punita con la sanzione amministrativa pecuniaria da 25.000 a 50.000 euro.

3. Entro tre mesi dalla data di entrata in vigore della presente legge il Ministro della salute, avvalendosi dell'Istituto Superiore di Sanità, definisce, con proprio decreto, le modalità e i termini di conservazione degli embrioni di cui al comma 2.

Art. 18 (*Fondo per le tecniche di procreazione medicalmente assistita*)

1. Al fine di favorire l'accesso alle tecniche di procreazione medicalmente assistita da parte dei soggetti di cui all'articolo 5, presso il Ministero della salute è istituito il Fondo per le tecniche di procreazione medicalmente assistita. Il Fondo è ripartito tra le regioni e le province autonome di Trento e di Bolzano sulla base di criteri determinati con decreto del Ministro della salute, da emanare entro sessanta giorni dalla data di entrata in vigore della presente legge, sentita la Conferenza permanente per i rapporti tra lo Stato, le regioni e le province autonome di Trento e di Bolzano.

LEGGE N. 219/2017 – NORME IN MATERIA DI CONSENSO INFORMATO E DI DISPOSIZIONI ANTICIPATE DI TRATTAMENTO

Analisi biogiuridica

Attualmente nell'ordinamento giuridico italiano non vi è alcuna norma che esplicitamente regolamenta le questioni bioetiche di fine vita, che risultano implicitamente disciplinate dall'art. 4 del codice civile che vieta atti di disposizione del corpo e dagli articoli 575, 579, 580, 593 del codice penale che rispettivamente vietano l'omicidio, l'omicidio del consenziente, l'istigazione o aiuto al suicidio, l'omissione di soccorso. Si può dunque dire che l'eutanasia risulta essere implicitamente proibita, risultando doveroso da parte del medico curare il malato (agire per togliere la vita al paziente direttamente o indirettamente risulta sanzionato) ed essendo riconosciuto il diritto del paziente ad essere curato e assistito.

È generalmente richiamato l'art. 32 della Costituzione, con diverse interpretazioni: alcuni lo richiamano come fondamento del principio di autodeterminazione di morire; altri lo richiamano riconoscendo la non coercitività di trattamenti sanitari obbligatori (se non in caso di pericoli per la salute pubblica), riconoscendo dunque la legittimità del rifiuto delle terapie di un soggetto autonomo.

La legge 219/2017 introduce una disciplina che regola il rapporto paziente e medico nell'ambito di alcune fattispecie del fine vita, con riferimento al 'lasciare morire'.

L'art. 1 regola il consenso informato come presupposto di ogni trattamento sanitario, esplicitandone i requisiti, ossia il dovere da parte del medico di offrire una adeguata, completa e aggiornata informazione al paziente, e il diritto del paziente di essere informato rispetto ai trattamenti sanitari, rischi, benefici, alternative e conseguenze della accettazione e della non accettazione dei trattamenti.

Il cuore della legge riguarda il dissenso informato, come possibilità per il paziente di rifiutare e rinunciare a trattamenti sanitari, anche a giudizio del medico ritenuti proporzionati in relazione all'efficacia e al bilanciamento rischi/benefici. In altri termini, il paziente può rinunciare e rifiutare qualsiasi trattamento sanitario, sulla base della autodeterminazione, purché sia adeguatamente informato e consapevole delle conseguenze. Il c. 6 afferma "il medico è tenuto a rispettare la volontà espressa dal paziente" ed "è esonerato da responsabilità civile e penale": questa normativa esprime la piena vincolatività del consenso/dissenso informato alle terapie, espresso in modo attuale, nei confronti del medico.

Su questo punto vi è una contrapposizione tra diverse linee di pensiero bioetiche.

Nell'ambito dell'etica soggettivista libertaria è giuridicamente legittimo un diritto individuale a rifiutare qualsiasi terapia. Il diritto è chiamato a prendere atto delle scelte e a garantire le condizioni di libertà (ossia di attuazione effettiva delle scelte individuali) in modo neutrale considerando qualsiasi scelta equivalente alle altre possibili, a prescindere da una valutazione critica sui contenuti della scelta. Secondo questa prospettiva il medico è comunque contrattualmente tenuto ad accettare passivamente la volontà del malato, anche eseguendo le sue richieste se il malato non è nelle condizioni di portare a compimento la sua volontà di morire. In questo senso non è ritenuta legittima l'obiezione di coscienza del medico, che toglierebbe al paziente la garanzia della realizzazione della sua volontà di morire.

La teoria che pone al centro la dignità intrinseca della vita umana, dall'inizio alla fine, solleva alcune obiezioni a questa posizione e dunque ha sollevato criticità anche rispetto alla legge. Innanzitutto sottolinea la problematicità dell'accertamento effettivo della reale e lucida consapevolezza della volontà di morire. Emerge il dubbio che il diritto richiesto di rifiutare le cure possa essere un "dovere di rifiutare le cure", che nasce dal sentirsi un peso per la famiglia e la società (si pensi alla condizione di stato vegetativo protraibile per anni) o dall'avvertire un'imposizione esterna dettata dall'appartenenza religiosa senza un'effettiva e autentica adesione interiore o comunque una volontà alternante e non convinta (si pensi al rifiuto di trasfusioni di sangue di un Testimone di Geova). Se il medico si limita a prendere atto della volontà del paziente prospettando in modo asettico le opzioni alternative considerandole equivalenti (curarsi o non curarsi, continuare le cure iniziate o sospenderle, vivere o morire), verrebbe meno il dovere deontologico del medico e la sua responsabilità morale solidale nei confronti della particolare fragilità del malato. In queste situazioni il medico non può nemmeno prevaricare la scelta del soggetto, imponendo in modo arbitrario e coercitivo la propria decisione. Il suo compito si delinea in uno spazio intermedio tra neutralità e direttività, nella linea della ricerca della persuasione, del convincimento dell'importanza della cura, della motivazione e sollecitazione all'accettazione, della responsabilità terapeutica che si manifesta nell'umanizzazione dei rapporti. In questa prospettiva si ritiene che dovrebbe essere garantito il diritto del medico ad obiettare in coscienza astenendosi da comportamenti contrari ai suoi valori. Il medico può legittimamente richiamarsi alla deontologica e/o alla sua coscienza morale e astenersi dall'attuare la richiesta del paziente, essendo comunque sempre doverosa l'assistenza palliativa. La preoccupazione di fondo è che la legittimazione del rifiuto delle terapie in determinate condizioni esistenziali, anche espresso anticipatamente, possa portare al "pendio scivoloso" del considerare non degne tali condizioni in generale, rendendo più difficile per altri che le vivono giustificare il diritto ad essere curati e assistiti e il diritto a vivere.

La legge, su questo punto, se da un lato chiarisce il diritto alla rinuncia e al rifiuto delle terapie, sia nella modalità attuale che anticipata, riconoscendo l'autodeterminazione individuale nel fine vita, non è altrettanto chiara rispetto alla posizione del medico. L'assenza di obblighi professionali del medico si limita a richieste contro la legge, la deontologia e le buone pratiche cliniche, rimanendo aperta la questione della obiezione di coscienza del medico, soprattutto con riferimento al rifiuto o alla rinuncia.

La legge interviene anche sul tema dell'accanimento clinico, definito "ostinazione irragionevole delle cure", identificate nei casi di paziente con "prognosi infausta a breve termine o di imminenza di morte". Interessante l'uso della disgiunzione "o" che mostra l'imminenza della morte come un requisito eventuale e non necessario per la identificazione di un accanimento clinico. Tale identificazione comporta un "dovere" di "astensione" dal ricorso a trattamenti "inutili o sproporzionati". È sempre invece previsto l'accompagnamento palliativo, come un diritto di ogni paziente con richiamo alla legge 38/2010. In presenza di sofferenze refrattarie ai trattamenti sanitari, la legge ammette la possibilità per il medico di "ricorrere alla sedazione palliativa profonda continua in associazione con la terapia del dolore, con il consenso del paziente".

La legge fa riferimento anche ai minori cercando di bilanciare la protezione e l'autonomia del minore. Nella legge non vi è un'indicazione di fasce di età in modo preciso, ma si indica età e maturità, come dimensioni essenziali per verificare la capacità di partecipazione alle scelte da parte dei minori: si tratta di fattori oggettivi e soggettivi che vanno verificati caso per caso per identificare le capacità di comprensione e di decisione del minore. L'approccio 'casistico' consente una maggiore flessibilità, che impegna genitori e medici nella valutazione delle circostanze specifiche. Questa prospettiva mette in evidenza il significato relazionale di salute, nel rapporto triadico minore, genitori, medici.

La legge n. 219/2017 riconosce la centralità della "relazione di cura e di fiducia fra paziente e medico" come relazione non solo bilaterale (paziente e medico) ma anche trilaterale, che include paziente minore, medico e operatori sanitari inclusi nell'équipe, genitori o esercenti la responsabilità genitoriale o rappresentati legali, tutori, curatori. La fonte principale di riferimento è l'art. 6 della Convenzione di Oviedo (1997), che, sebbene non sia stato ancora completato l'iter di ratifica, insieme all'art. 12 della Convenzione ONU sui diritti del fanciullo, 1989 (ratificata e resa esecutiva con legge n. 176/1991), afferma che il minore ha diritto di essere ascoltato e che le sue opinioni sono considerate in base alla maturità. A livello nazionale anche la legge 8 febbraio 2006, n. 54 in tema di ascolto del minore nel caso di provvedimenti giudiziali che riguardino l'affidamento, ne costituisce un antecedente.

L'art. 3, co. 1, della legge n. 219 afferma che "la persona minore di età o incapace ha diritto alla valorizzazione delle proprie capacità di comprensione e di decisione, nel rispetto dei diritti di cui all'art. 1, co. 1. Deve ricevere informazioni sulle scelte relative alla propria salute in modo consono alle sue capacità per essere messa nelle condizioni di esprimere la sua volontà". La capacità di comprensione e di decisione del minore va valorizzata nel contesto del diritto alla vita, alla salute, alla dignità e all'autodeterminazione. Il punto bioeticamente centrale è indicato nella legge come specificità di trattamento nei confronti dei minori: ogni decisione relativa alla loro salute deve avere come scopo "la tutela della salute psicofisica e della vita del minore nel pieno rispetto della sua dignità". In questo senso, a differenza degli adulti, il rifiuto o rinuncia ad un trattamento non si riferiscono a 'qualsiasi' trattamento. Nel caso dei minori ogni dissenso informato deve comunque prioritariamente considerare la salute, la vita, la dignità del minore. Gli adulti hanno piena capacità di autodeterminazione; i genitori/rappresentanti legali/tutori per i figli non hanno piena autodeterminazione, rispetto a qualsiasi scelta, perché le loro scelte devono essere sempre funzionali al superiore interesse del minore e al suo bene. Nel caso di disaccordo tra genitori o rappresentante legale e medici, si ricorre al giudice tutelare.

La legge regola inoltre le DAT, come disposizioni anticipate di trattamento, solo per gli adulti. È chiara l'intenzione del legislatore di avvicinare il rispetto della volontà espressa "ora per allora" alla volontà attuale: in entrambi i casi è ritenuta legittima la possibilità di rinunciare a rifiutare qualsiasi terapia. È evidente che la legge fa riferimento al rifiuto e alla rinuncia e non invece alla richiesta di trattamenti: ogni trattamento terapeutico proporzionato è infatti dovuto al paziente da parte del medico (diritto ad essere curato) e i trattamenti sproporzionati non sono dovuti, in quanto il medico ha l'obbligo di astenersi.

Ma questa interpretazione risulta problematica bioeticamente, data la condizione del soggetto che si esprime in condizione di salute, senza avere vissuto la patologia. Non solo, anche la condizione sulla quale proietta i suoi desideri non è chiara nel testo legislativo. La legge non fa riferimento solo ad una condizione clinica terminale di una patologia infausta o ad uno stato vegetativo persistente, ma a tutte le condizioni in cui un soggetto è incapace di intendere e di volere, che includono anche lo stato di incoscienza a seguito di un incidente, di uno svenimento o condizione di demenza. La legge non chiarisce quali sono le condizioni cliniche specifiche che configurano la legittimità dell'applicazione delle DAT (se condizioni permanenti o anche transitorie), lasciando la questione alla determinazione individuale.

È esplicitamente inclusa la possibilità di rifiutare idratazione e alimentazioni artificiali, se prescritti dal medico e dispositivi medici; è implicitamente inclusa la possibilità di rifiutare la ventilazione artificiale, la trasfusione di sangue, interventi chirurgici o farmacologici o trattamenti invasivi, a prescindere dalle motivazioni che li ispirino (religiose, etiche o altro). L'art. 4 sulle DAT, in connessione con l'art. 1, amplia tutte queste fattispecie nei contenuti possibili delle disposizioni. Idratazione e alimentazione artificiali sono ancor oggi oggetti di ampio dibattito bioetico tra chi li ritiene trattamenti sanitari e chi cure ordinarie, sempre dovute al paziente. Va chiarito che l'apertura della legge rispetto alla possibilità da parte del paziente di rifiutare tali trattamenti – in condizioni specifiche di artificialità, se attuati mediante dispositivi e se prescritti dal medico – non deve mai togliere ai pazienti il diritto a ricevere tali trattamenti sempre dovuti al malato, in assenza di DAT.

Una difficoltà delle DAT è costituita dall'informazione da parte del medico e dalla comprensione da parte del paziente sulle possibili condizioni di malattia che potrebbero provocare la cessazione della coscienza e sulle possibilità terapeutiche alternative nelle diverse condizioni possibili di assenza di coscienza, sui limiti e sui rischi delle terapie oltre che sulle conseguenze delle possibili decisioni del paziente. Così come ogni consenso informato per i trattamenti, anche la sottoscrizione delle DAT si presuppone che debba essere preceduta da adeguata, completa e comprensibile informazione. Si tratta di una informazione particolarmente complessa nell'ambito della ormai tecnologicizzazione della medicina e comunque alla luce dell'avanzamento della biomedicina. Peraltro nella norma in nessun punto si evidenzia la rilevanza e la necessità della presenza del medico nel momento della compilazione della DAT: la legge si limita a dire che è indispensabile che il paziente riceva le informazioni dal medico, ma il medico non è tenuto a sottoscrivere il documento, come prova della sua presenza e consulenza con il paziente. È questo un punto vago della legge, che sembra entrare in contraddizione con il riconoscimento del "tempo di comunicazione" come "tempo di cura".

Non è precisato nella norma se le disposizioni devono essere specifiche e precise o generali per quanto attiene ai contenuti. Se il documento contiene indicazioni troppo dettagliate non lascia spazio all'interpretazione medica nell'ambito dell'applicazione; se invece sono troppo generali rendono impossibile essere certi che il desiderio espresso corrisponda alla situazione clinica concreta. In questo senso risulta bioeticamente importante che il documento non si riduca ad un mero modulo da compilare burocraticamente nella solitudine, in una società in cui il rapporto tra il medico e il paziente tende a divenire sempre più frettoloso ed impersonale. Le disposizioni non dovrebbero configurare un mero rapporto contrattuale tra paziente e medico, bensì una 'relazione di cura' ogni qual volta il paziente non è più in grado di interagire con il medico, sulla linea che definisce la legge all'art. 1, parlando di relazione di fiducia e cura tra paziente e medico. L'auspicio, in questo modo di intendere il documento, è una "personalizzazione" delle disposizioni che eviti moduli prestampati con opzioni predefinite, e che consenta di costruire un rapporto tra medico e paziente proiettato nel tempo, evitando la fredda proceduralizzazione del morire. Un documento che favorisca la continuazione di un dialogo ideale tra medico e paziente, anche quando il paziente sarà privo di coscienza ed incapace di esprimersi.

Il rischio bioetico di questa norma, come è stato sottolineato dalla visione personalista, è la possibile esecuzione frettolosa o indifferente della volontà del sottoscrittore delle DAT da parte del medico, scivolando verso una deresponsabilizzazione terapeutica. La legge si discosta sia dalla Convenzione di Oviedo che dal codice deontologico. La prima all'art. 9 indica che i desideri precedentemente espressi saranno 'tenuti in considerazione' (e dunque prefigura le dichiarazioni piuttosto che le disposizioni) e il codice all'art. 38 riprende la formulazione del 'tenere conto', formulazione che bilancia l'esigenza di espressione soggettiva del paziente e le esigenze di valutazione critica del medico.

La legge, invece, considera le DAT vincolanti in quanto il medico è "tenuto" ad applicarle se non revocate. Ma la vincolatività non è assoluta e riconosce due limiti: quando le DAT sono "palesemente incongrue" e quando sono inattuali in relazione alla situazione clinica reale del paziente e agli eventuali sviluppi della tecnologia medica o della ricerca farmacologica. In questo senso si inserisce l'autonomia della valutazione clinica del medico e i limiti della vincolatività dei desideri espressi. Se il medico, nella sua scienza e coscienza, ritiene che quei desideri non siano applicabili per un difetto o per l'inadeguatezza della formulazione o perché non sono attuali data la rapida evoluzione della medicina, è chiamato a non applicarle. In questi casi la disapplicazione delle DAT è l'unico modo possibile per realizzare i desideri che il soggetto avrebbe avuto alla luce delle condizioni attuali.

Il Comitato Nazionale per la Bioetica ha insistito sulla necessità di motivare l'applicazione e, a maggior ragione, la disapplicazione delle DAT, scrivendone le ragioni da riportare nella cartella clinica: una esigenza richiamata non per burocratizzare, ma al contrario per garantire che il documento non sia una interruzione del dialogo, ma una intensificazione della relazione il dialogo medico-paziente, prolungandolo anche quando il soggetto non è più in grado di esprimersi con coscienza.

È introdotta la figura del fiduciario. Il fiduciario o persona di fiducia, nominata dal firmatario del documento (il cui ruolo deve essere sottoscritto nel documento e assunto in modo responsabile) deve agire nel "migliore interesse dell'incapace". Il fiduciario dovrebbe controllare la corretta applicazione formale e sostanziale delle preferenze, tutelare ed interpretare i desideri del sottoscrittore delle disposizioni in collaborazione con il medico, impegnandosi sempre a considerare il prioritario interesse del paziente.

Alcuni punti ambigui nella normativa emergono: come fa il fiduciario a collaborare con il medico nella definizione della condizione clinica del paziente, se non ha competenze mediche? E come fa il giudice a dirimere eventuali controversie tra medico e fiduciario, non avendo competenze cliniche? Se la non applicazione della DAT si limita alla verifica di condizioni "palesemente incongrue o non corrispondenti alla condizione clinica del paziente", è solo il medico che le può valutare, né il fiduciario né il giudice. Inoltre il fiduciario potrebbe costituire un ostacolo nel rapporto tra i familiari e il medico, se scelto tra persone extra-familiari (soprattutto nel caso, previsto dalla legge, anche per il paziente in grado di intendere e di volere). In questo senso forse sarebbe stato auspicabile, nei casi di dubbio o problematicità, l'introduzione nella legge del possibile ricorso a comitati di etica clinica, che possano aiutare il medico alla comprensione, interpretazione e applicazioni delle DAT.

Le DAT possono essere redatte "per atto pubblico o per scrittura privata autenticata ovvero per scrittura privata consegnata personalmente dal disponente presso l'ufficio dello stato civile del comune di residenza del disponente medesimo che provvede all'annotazione in apposito registro, ove istituito, oppure presso le strutture sanitarie". Tale normativa presuppone l'esistenza e diffusione di modalità telematiche di gestione della cartella clinica o il fascicolo sanitario elettronico nel territorio regionale e nazionale, oltre ad un sistema informatico che garantisca la consultabilità dei documenti quando necessario, anche all'estero.

Inoltre "nel caso in cui le condizioni fisiche del paziente non lo consentono, le DAT possono essere espresse attraverso videoregistrazione o dispositivi che consentano alla persona con disabilità di comunicare" (art. 4, comma 6). Non è chiaro come possa e debba avvenire la videoregistrazione, da chi debba essere effettuata e come venga archiviata e resa consultabile.

Peraltro, trattandosi di dati sensibili, è indispensabile rispettare le disposizioni del Garante della privacy, con la recente applicazione della General Data Protection Regulation (25 maggio 2018), precisando chi può avere accesso alle DAT, come e quando.

Manca infine nella normativa l'indicazione della durata delle DAT. Sarebbe stato utile indicare la necessità di un rinnovo periodico delle disposizioni e i limiti della loro validità, al fine di costringere il sottoscrittore a misurarsi con l'evoluzione della medicina e rendere l'espressione dei suoi desideri più vicina alla situazione reale e alla possibile condizione clinica futura.

Di particolare interesse oltre che elemento di innovazione della legge, è l'articolo riferito alla "pianificazioni condivisa delle cure" per i malati di patologie degenerative inguaribili, che possano essere invitati dai medici ad indicare le preferenze, attraverso un dialogo che consenta al medico di prospettare le possibilità e di definire insieme al paziente i percorsi terapeutici. Si tratta, in questo caso, di documenti che avrebbero la garanzia, rispetto alle DAT, di minore astrattezza e maggiore adesione alle effettive preferenze, in quanto redatti in condizioni di patologia vissuta, nella consapevolezza dell'inesorabilità della malattia. In questo ambito la vincolatività assume un rilievo di accettabilità bioetica, nella misura in cui il paziente si trova in una condizione caratterizzata da inarrestabile evoluzione con prognosi infausta, condizione di patologia cronica e invalidante.

Il problema della validità delle DAT non è solo etico e giuridico, ma anche e soprattutto culturale. Non si tratta solo di intervenire sul piano legislativo per formalizzare le procedure, quanto piuttosto di valorizzare in modo sostanziale la rilevanza dell'acquisizione di una consapevolezza e sensibilità bioetica nell'ambito del rapporto medico-paziente nel momento della formulazione delle disposizioni anticipate di trattamento e dell'esecuzione dell'atto. Auspicabile è l'implementazione del documento, un'adeguata diffusione per favorire la corretta formulazione ed applicazione solo per chi intenda utilizzarle, nel rispetto dei desideri di chi non intenda sottoscriverle. Importante la divulgazione sociale delle informazioni, ma soprattutto una formazione e sensibilizzazione culturale rivolta ai medici, agli operatori sanitari, ai cittadini, all'opinione pubblica sulla rilevanza e il significato di tali documenti con riferimento al valore della vita alla fine.

Art. 1 *Consenso informato*

1. La presente legge, nel rispetto dei principi di cui agli articoli 2, 13 e 32 della Costituzione e degli articoli 1, 2 e 3 della Carta dei diritti fondamentali dell'Unione europea, tutela il diritto alla vita, alla salute, alla dignità e all'autodeterminazione della persona e stabilisce che nessun trattamento sanitario può essere iniziato o proseguito se privo del consenso libero e informato della persona interessata, tranne che nei casi espressamente previsti dalla legge.

2. È promossa e valorizzata la relazione di cura e di fiducia tra paziente e medico che si basa sul consenso informato nel quale si incontrano l'autonomia decisionale del paziente e la competenza, l'autonomia professionale e la responsabilità del medico. Contribuiscono alla relazione di cura, in base alle rispettive competenze, gli esercenti una professione sanitaria che compongono l'équipe sanitaria. In tale relazione sono coinvolti, se il paziente lo desidera, anche i suoi familiari o la parte dell'unione civile o il convivente ovvero una persona di fiducia del paziente medesimo.

3. Ogni persona ha il diritto di conoscere le proprie condizioni di salute e di essere informata in modo completo, aggiornato e a lei comprensibile riguardo alla diagnosi, alla prognosi, ai benefici e ai rischi degli accertamenti diagnostici e dei trattamenti sanitari indicati, nonché riguardo alle possibili alternative e alle conseguenze dell'eventuale rifiuto del trattamento sanitario e dell'accertamento diagnostico o della rinuncia

ai medesimi. Può rifiutare in tutto o in parte di ricevere le informazioni ovvero indicare i familiari o una persona di sua fiducia incaricati di riceverle e di esprimere il consenso in sua vece se il paziente lo vuole. Il rifiuto o la rinuncia alle informazioni e l'eventuale indicazione di un incaricato sono registrati nella cartella clinica e nel fascicolo sanitario elettronico.

4. Il consenso informato, acquisito nei modi e con gli strumenti più consoni alle condizioni del paziente, è documentato in forma scritta o attraverso videoregistrazioni o, per la persona con disabilità, attraverso dispositivi che le consentano di comunicare. Il consenso informato, in qualunque forma espresso, è inserito nella cartella clinica e nel fascicolo sanitario elettronico.

5. Ogni persona capace di agire ha il diritto di rifiutare, in tutto o in parte, con le stesse forme di cui al comma 4, qualsiasi accertamento diagnostico o trattamento sanitario indicato dal medico per la sua patologia o singoli atti del trattamento stesso. Ha, inoltre, il diritto di revocare in qualsiasi momento, con le stesse forme di cui al comma 4, il consenso prestato, anche quando la revoca comporti l'interruzione del trattamento. Ai fini della presente legge, sono considerati trattamenti sanitari la nutrizione artificiale e l'idratazione artificiale, in quanto somministrazione, su prescrizione medica, di nutrienti mediante dispositivi medici. Qualora il paziente esprima la rinuncia o il rifiuto di trattamenti sanitari necessari alla propria sopravvivenza, il medico prospetta al paziente e, se questi acconsente, ai suoi familiari, le conseguenze di tale decisione e le possibili alternative e promuove ogni azione di sostegno al paziente medesimo, anche avvalendosi dei servizi di assistenza psicologica. Ferma restando la possibilità per il paziente di modificare la propria volontà, l'accettazione, la revoca e il rifiuto sono annotati nella cartella clinica e nel fascicolo sanitario elettronico.

6. Il medico è tenuto a rispettare la volontà espressa dal paziente di rifiutare il trattamento sanitario o di rinunciare al medesimo e, in conseguenza di ciò, è esente da responsabilità civile o penale. Il paziente non può esigere trattamenti sanitari contrari a norme di legge, alla deontologia professionale o alle buone pratiche clinico-assistenziali; a fronte di tali richieste, il medico non ha obblighi professionali.

7. Nelle situazioni di emergenza o di urgenza il medico e i componenti dell'équipe sanitaria assicurano le cure necessarie, nel rispetto della volontà del paziente ove le sue condizioni cliniche e le circostanze consentano di recepirla.

8. Il tempo della comunicazione tra medico e paziente costituisce tempo di cura.

9. Ogni struttura sanitaria pubblica o privata garantisce con proprie modalità organizzative la piena e corretta attuazione dei principi di cui alla presente legge, assicurando l'informazione necessaria ai pazienti e l'adeguata formazione del personale.

10. La formazione iniziale e continua dei medici e degli altri esercenti le professioni sanitarie comprende la formazione in materia di relazione e di comunicazione con il paziente, di terapia del dolore e di cure palliative.

11. È fatta salva l'applicazione delle norme speciali che disciplinano l'acquisizione del consenso informato per determinati atti o trattamenti sanitari.

Art. 2 *Terapia del dolore, divieto di ostinazione irragionevole nelle cure e dignità nella fase finale della vita*

1. Il medico, avvalendosi di mezzi appropriati allo stato del paziente, deve adoperarsi per alleviarne le sofferenze, anche in caso di rifiuto o di revoca del consenso al trattamento sanitario indicato dal medico. A tal fine, è sempre garantita un'appropriata terapia del dolore, con il coinvolgimento del medico di medicina generale e l'erogazione delle cure palliative di cui alla legge 15 marzo 2010, n. 38.

2. Nei casi di paziente con prognosi infausta a breve termine o di imminenza di morte, il medico deve astenersi da ogni ostinazione irragionevole nella somministrazione delle cure e dal ricorso a trattamenti inutili o sproporzionati. In presenza di sofferenze refrattarie ai trattamenti sanitari, il medico può ricorrere alla sedazione palliativa profonda continua in associazione con la terapia del dolore, con il consenso del paziente.

3. Il ricorso alla sedazione palliativa profonda continua o il rifiuto della stessa sono motivati e sono annotati nella cartella clinica e nel fascicolo sanitario elettronico.

Art. 3 *Minori e incapaci*

1. La persona minore di età o incapace ha diritto alla valorizzazione delle proprie capacità di comprensione e di decisione, nel rispetto dei diritti di cui all'articolo 1, comma 1. Deve ricevere informazioni sulle scelte relative alla propria salute in modo consono alle sue capacità per essere messa nelle condizioni di esprimere la sua volontà.

2. Il consenso informato al trattamento sanitario del minore è espresso o rifiutato dagli esercenti la responsabilità genitoriale o dal tutore tenendo conto della volontà della persona minore, in relazione alla sua età e al suo grado di maturità, e avendo come scopo la tutela della salute psicofisica e della vita del minore nel pieno rispetto della sua dignità.

3. Il consenso informato della persona interdetta ai sensi dell'articolo 414 del codice civile è espresso o rifiutato dal tutore, sentito l'interdetto ove possibile, avendo come scopo la tutela della salute psicofisica e della vita della persona nel pieno rispetto della sua dignità.

4. Il consenso informato della persona inabilitata è espresso dalla medesima persona inabilitata. Nel caso in cui sia stato nominato un amministratore di sostegno la cui nomina preveda l'assistenza necessaria o la rappresentanza esclusiva in ambito sanitario, il consenso informato è espresso o rifiutato anche dall'amministratore di sostegno ovvero solo da quest'ultimo, tenendo conto della volontà del beneficiario, in relazione al suo grado di capacità di intendere e di volere.

5. Nel caso in cui il rappresentante legale della persona interdetta o inabilitata oppure l'amministratore di sostegno, in assenza delle disposizioni anticipate di trattamento (DAT) di cui all'articolo 4, o il rappresentante legale della persona minore rifiuti le cure proposte e il medico ritenga invece che queste siano appropriate e necessarie, la decisione è rimessa al giudice tutelare su ricorso del rappresentante legale della persona interessata o dei soggetti di cui agli articoli 406 e seguenti del codice civile o del medico o del rappresentante legale della struttura sanitaria.

Art. 4 *Disposizioni anticipate di trattamento*

1. Ogni persona maggiorenne e capace di intendere e di volere, in previsione di un'eventuale futura incapacità di autodeterminarsi e dopo avere acquisito adeguate informazioni mediche sulle conseguenze delle sue scelte, può, attraverso le DAT, esprimere le proprie volontà in materia di trattamenti sanitari, nonché il consenso o il rifiuto rispetto ad accertamenti diagnostici o scelte terapeutiche e a singoli trattamenti sanitari. Indica altresì una persona di sua fiducia, di seguito denominata «fiduciario», che ne faccia le veci e la rappresenti nelle relazioni con il medico e con le strutture sanitarie.

2. Il fiduciario deve essere una persona maggiorenne e capace di intendere e di volere. L'accettazione della nomina da parte del fiduciario avviene attraverso la sottoscrizione delle DAT o con atto successivo, che è allegato alle DAT. Al fiduciario è rilasciata una copia delle DAT. Il fiduciario può rinunciare alla nomina con atto scritto, che è comunicato al disponente.

3. L'incarico del fiduciario può essere revocato dal disponente in qualsiasi momento, con le stesse modalità previste per la nomina e senza obbligo di motivazione.

4. Nel caso in cui le DAT non contengano l'indicazione del fiduciario o questi vi abbia rinunciato o sia deceduto o sia divenuto incapace, le DAT mantengono efficacia in merito alle volontà del disponente. In caso di necessità, il giudice tutelare provvede alla nomina di un amministratore di sostegno, ai sensi del capo I del titolo XII del libro I del codice civile.

5. Fermo restando quanto previsto dal comma 6 dell'articolo 1, il medico è tenuto al rispetto delle DAT, le quali possono essere disattese, in tutto o in parte, dal medico stesso, in accordo con il fiduciario, qualora esse appaiano palesemente incongrue o non corrispondenti alla condizione clinica attuale del paziente ovvero sussistano terapie non prevedibili all'atto della sottoscrizione, capaci di offrire concrete possibilità di miglioramento delle condizioni di vita. Nel caso di conflitto tra il fiduciario e il medico, si procede ai sensi del comma 5, dell'articolo 3.

6. Le DAT devono essere redatte per atto pubblico o per scrittura privata autenticata ovvero per scrittura privata consegnata personalmente dal disponente presso l'ufficio dello stato civile del comune di residenza del disponente medesimo, che provvede all'annotazione in apposito registro, ove istituito, oppure presso le strutture sanitarie, qualora ricorrano i presupposti di cui al comma

7. Sono esenti dall'obbligo di registrazione, dall'imposta di bollo e da qualsiasi altro tributo, imposta, diritto e tassa. Nel caso in cui le condizioni fisiche del paziente non lo consentano, le DAT possono essere espresse attraverso videoregistrazione o dispositivi che consentano alla persona con disabilità di comunicare. Con le medesime forme esse sono rinnovabili, modificabili e revocabili in ogni momento. Nei casi in cui ragioni di emergenza e urgenza impedissero di procedere alla revoca delle DAT con le forme previste dai periodi precedenti, queste possono essere revocate con dichiarazione verbale raccolta o videoregistrata da un medico, con l'assistenza di due testimoni.

7. Le regioni che adottano modalità telematiche di gestione della cartella clinica o il fascicolo sanitario elettronico o altre modalità informatiche di gestione dei dati del

singolo iscritto al Servizio sanitario nazionale possono, con proprio atto, regolamentare la raccolta di copia delle DAT, compresa l'indicazione del fiduciario, e il loro inserimento nella banca dati, lasciando comunque al firmatario la libertà di scegliere se darne copia o indicare dove esse siano reperibili.

8. Entro sessanta giorni dalla data di entrata in vigore della presente legge, il Ministero della salute, le regioni e le aziende sanitarie provvedono a informare della possibilità di redigere le DAT in base alla presente legge, anche attraverso i rispettivi siti internet.

Art. 5 *Pianificazione condivisa delle cure*

1. Nella relazione tra paziente e medico di cui all'articolo 1, comma 2, rispetto all'evolversi delle conseguenze di una patologia cronica e invalidante o caratterizzata da inarrestabile evoluzione con prognosi infausta, può essere realizzata una pianificazione delle cure condivisa tra il paziente e il medico, alla quale il medico e l'équipe sanitaria sono tenuti ad attenersi qualora il paziente venga a trovarsi nella condizione di non poter esprimere il proprio consenso o in una condizione di incapacità.

2. Il paziente e, con il suo consenso, i suoi familiari o la parte dell'unione civile o il convivente ovvero una persona di sua fiducia sono adeguatamente informati, ai sensi dell'articolo 1, comma 3, in particolare sul possibile evolversi della patologia in atto, su quanto il paziente può realisticamente attendersi in termini di qualità della vita, sulle possibilità cliniche di intervenire e sulle cure palliative.

3. Il paziente esprime il proprio consenso rispetto a quanto proposto dal medico ai sensi del comma 2 e i propri intendimenti per il futuro, compresa l'eventuale indicazione di un fiduciario.

4. Il consenso del paziente e l'eventuale indicazione di un fiduciario, di cui al comma 3, sono espressi in forma scritta ovvero, nel caso in cui le condizioni fisiche del paziente non lo consentano, attraverso video-registrazione o dispositivi che consentano alla persona con disabilità di comunicare, e sono inseriti nella cartella clinica e nel fascicolo sanitario elettronico. La pianificazione delle cure può essere aggiornata al progressivo evolversi della malattia, su richiesta del paziente o su suggerimento del medico.

5. Per quanto riguarda gli aspetti non espressamente disciplinati dal presente articolo si applicano le disposizioni dell'articolo 4.

Art. 6 *Norma transitoria*

1. Ai documenti atti ad esprimere le volontà del disponente in merito ai trattamenti sanitari, depositati presso il comune di residenza o presso un notaio prima della data di entrata in vigore della presente legge, si applicano le disposizioni della medesima legge.

Art. 7 *Clausola di invarianza finanziaria*

1. Le amministrazioni pubbliche interessate provvedono all'attuazione delle disposizioni della presente legge nell'ambito delle risorse umane, strumentali e finanziarie

disponibili a legislazione vigente e, comunque, senza nuovi o maggiori oneri per la finanza pubblica.

Art. 8 *Relazione alle Camere*

1. Il Ministro della salute trasmette alle Camere, entro il 30 aprile di ogni anno, a decorrere dall'anno successivo a quello in corso alla data di entrata in vigore della presente legge, una relazione sull'applicazione della legge stessa. Le regioni sono tenute a fornire le informazioni necessarie entro il mese di febbraio di ciascun anno, sulla base di questionari predisposti dal Ministero della salute. La presente legge, munita del sigillo dello Stato, sarà inserita nella Raccolta ufficiale degli atti normativi della Repubblica italiana. È fatto obbligo a chiunque spetti di osservarla e di farla osservare come legge dello Stato.

SENTENZA N. 242/2019 DELLA CORTE COSTITUZIONALE SUL SUICIDIO MEDICALMENTE ASSISTITO

Analisi biogiuridica

Esiste uno spettro fenomenologico di situazioni possibili di richiesta di assistenza al suicidio, che comprendono la richiesta al medico di una prescrizione di farmaci per morire che un soggetto può assumere in modo autonomo acquistandoli in farmacia e ingerendoli nei tempi, nei luoghi e nei modi definiti soggettivamente e la richiesta da parte di un soggetto consapevole e dipendente dalle tecnologie in modo permanente o temporaneo (quali ad esempio idratazione, alimentazione, respirazione artificiali) avendo una malattia irreversibile che gli impedisce il movimento e lo rende incapace di eseguire da solo la sua volontà. La sentenza della Corte costituzionale affronta la questione del suicidio assistito avendo sullo sfondo il caso di Fabiano Antoniani, che rientra nella seconda tipologia [1].

La Corte precisa che a Fabiano Antoniani è stata offerta la possibilità di rinunciare ai trattamenti di sostegno vitale, che erano da lui vissuti come una forma di accanimento tecnologico, causa di sofferenze insopportabili ritenute sproporzionate in assenza di speranza di guarigione, con un contestuale accompagnamento palliativo mediante la sedazione profonda continua. Si consideri che al momento in cui Fabiano Antoniani chiedeva di morire, la legge 219/2017 (Norme in materia di consenso informato e disposizioni anticipate di trattamento) era in corso di discussione in sede parlamentare, ma già di fatto in talune circostanze applicata nella prassi (come dimostra il percorso offerto ad Antoniani e ad altri pazienti). Tali elementi della legge 219/2017 (la rinuncia a trattamenti di sostegno vitale, la sospensione dell'accanimento tecnologico, la sedazione profonda) avrebbero consentito a Fabiano Antoniani di interrompere la vita e di morire.

La Corte, pur riconoscendo la 'positivizzazione' del diritto a 'lasciarsi morire' del paziente e a 'lasciare morire' del medico, secondo la legge, ritiene che non siano sufficienti nel caso della richiesta specifica di Fabiano Antoniani e che necessitino di una integrazione, data la sua condizione peculiare, che espliciti la possibilità di ottenere

---

[1] Fabiano Antoniani era, a causa di un grave incidente, paraplegico, cieco, dipendente dalle macchine in modo permanente (idratazione e nutrizione artificiali) e temporaneo (respirazione artificiale).

assistenza nel suicidio, sulla base della analogia tra rinuncia ai trattamenti di sostegno vitale e suicidio assistito.

Si tratta di una analogia che presenta elementi di problematicità. In entrambi i casi si presuppone una volontà esplicita del paziente di morire anticipatamente e un intervento attivo del medico. Ma, sia fenomenologicamente che eticamente e giuridicamente, vi è una differenza per quanto riguarda: le condizioni del paziente, il contenuto della volontà, le motivazioni del paziente e le modalità di intervento del medico.

Le condizioni del paziente sono diverse: nel caso della rinuncia il paziente è 'attaccato alle macchine' ma potrebbe non essere inguaribile, terminale e/o nell'imminenza della morte. La legge 219/2017 consente di rifiutare e rinunciare a qualsiasi trattamento anche non di sostegno vitale a un paziente guaribile (si pensi ad esempio al rifiuto di trasfusioni di sangue di un soggetto pienamente recuperabile). Nel caso del suicidio assistito la Corte delinea condizioni precise per la richiesta, e tra queste anche l'essere attaccato alle macchine in condizioni di patologia irreversibile, incompatibile con la vita, senza sostegno vitale.

Con la rinuncia ai trattamenti di sostegno vitale il paziente esprime la volontà di non continuare i trattamenti, ossia la volontà di sospenderli, con l'intenzione di non prolungare la sua vita ma di anticipare la morte, lasciando che la malattia faccia il suo corso. In questo contesto al medico si richiede di togliere i presidi medici e tecnologici che prolungano artificialmente la sua vita e contestualmente (o anteriormente) somministrare farmaci che producono la sedazione irreversibile della coscienza a fronte di sofferenze fisiche e psichiche refrattarie ai trattamenti palliativi. Le due azioni consentono un accompagnamento graduale e progressivo nel morire del paziente: i presidi medici e tecnologici sono sospesi con gradualità, secondo protocolli medici, con una progressione di minore invasività; la sedazione palliativa profonda continua toglie la coscienza in modo irreversibile, ma non toglie immediatamente la vita, consentendo un accompagnamento nel tempo. Con il suicidio assistito, invece, il paziente chiede al medico la predisposizione di farmaci e/o tecnologie che provochino una morte immediata.

Per quanto riguarda la motivazione della richiesta, va rilevato che chi rinuncia ai trattamenti è presumibile che lo faccia perché soffre e preferisce morire piuttosto che vivere in quelle condizioni, mentre nel caso del suicidio assistito il paziente deve essere in condizioni oltre che di patologia inguaribile anche di sofferenza fisica o psichica insopportabile. E la motivazione alla richiesta non è solo la sofferenza rispetto a sé ma può essere anche la sofferenza rispetto ad altri (i familiari) nel vedere lo svolgersi del morire nel tempo.

Vi è inoltre una differenza nell'intervento del medico, che nel primo caso interrompe un presidio tecnologico, lasciando morire il malato della sua patologia; nel secondo caso predispone farmaci e tecnologie per provocare, seppur non per sua mano diretta, la morte del paziente.

La Corte ritiene che sulla base del principio di uguaglianza e non discriminazione, non debba sussistere la disparità di trattamento di chi può uccidersi da solo (in quanto autonomo, in grado di eseguire la sua volontà) e chi è fisicamente impossibilitato a farlo per la gravità delle condizioni patologiche, finendo con il discriminare proprio coloro che sono in condizioni di particolare vulnerabilità [2]. La Corte dalla "liceità della interruzione delle cure con esito letale" e dalla "non antigiuridicità di una condotta attiva di interruzione di un decorso causale immediatamente salvifico", deriva la non punibilità di una condotta attiva di agevolazione della causazione immediata della morte in condizioni analoghe. La problematicità bioetica del ragionamento consiste nella non pienamente giustificabile analogia delle due situazioni (rinuncia a trattamenti salvavita e richiesta di suicidio assistito, lasciare morire e provocare la morte) e la conseguente equiparazione tra la 'morte prolungata' e 'lenta' di chi rinuncia a vivere ed è accompagnato palliativamente nel morire e la morte 'immediata' provocata nell'assistere al suicidio come auto-somministrazione del farmaco letale predisposto dal medico al fine di terminare anticipatamente la sua esistenza.

Il profilo della responsabilità del medico che omette o sospende un trattamento medico rifiutato dal paziente deve essere considerato distintamente rispetto a quello del medico che aiuta il paziente a porre fine alla propria vita [3] sul piano fenomenologico, etico e giuridico.

Fenomenologicamente l'uccidere/provocare la morte è sempre un agire, mentre il lasciar morire può assumere una duplice valenza, ossia può declinarsi nel senso dell'omettere, non dando inizio al trattamento, come pure nel senso dell'agire, interrompendo il trattamento stesso; nel primo caso è un'azione indiretta, una collaborazione al raggiungimento dell'obiettivo; nel secondo caso un'azione o omissione che provoca direttamente l'avvicinarsi della morte (a volte, in talune circostanze, anche immediata [4]).

Sul piano della responsabilità morale, staccare la spina è una forma di 'desistenza' da un tentativo di trattamento ritenuto aggressivo ed invasivo rispetto al corpo del soggetto (che lo rifiuta o vi rinuncia) per lasciare riprendere il processo fisiologico del morire; uccidere significa agire indirettamente per dare la morte somministrando un prodotto letale, senza nulla a che vedere col processo naturale della malattia.

---

[2] L. Eusebi, *Il suicidio assistito dopo Corte cost. n. 242/2019. A prima lettura*, in "Giurisprudenza italiana", 2019, 2, pp. 193-200; L. Eusebi, *Regole di fine vita e poteri dello Stato: sulla ordinanza n. 207/2018 della Corte Costituzionale*, in "Diritto penale contemporaneo", 2019, p. 10; A. Nicolussi, *Lo sconfinamento della Corte costituzionale: dal caso limite della rinuncia a trattamenti salva-vita alla eccezionale non punibilità del suicidio medicalmente assistito*, in "Giurisprudenza italiana", 2019, 2, pp. 201-215.

[3] L. Eusebi, *Un diritto costituzionale a morire «rapidamente»? Sul necessario approccio costituzionalmente orientato a Corte cost. (ord.) n. 207/2018*, in "Rivista italiana di medicina legale e del diritto in campo sanitario", 2018, 40 (4), 1313-1322.

[4] Si pensi al caso di P. Welby, dipendente in modo permanente dal respiratore, morto nel momento del distacco, preceduto da sedazione palliativa profonda. La specificità del caso di Fabiano Antoniani che, a differenza di P. Welby, era solo temporaneamente attaccato ad un respiratore (e non permanentemente come Welby), non consentiva la morte immediata con il distacco del respiratore (potendo Fabiano Antoniani continuare a respirare spontaneamente): la richiesta di suicidio assistito è motivata dunque dalla esigenza di immediatezza della morte, pur avendo una alternativa alla sua domanda di morire.

Sul piano giuridico, il diritto di ognuno all'intangibilità della propria sfera corporea o diritto a non subire trattamenti sanitari contro la propria volontà non equivale al diritto a/di morire chiedendo che altri possano agevolare o procurare indirettamente la morte ('farsi aiutare a morire', o suicidio assistito) o direttamente ('farsi uccidere', o omicidio del consenziente).

Tale analogia risulta di particolare problematicità in quanto tocca il problema etico e giuridico fondamentale del 'non uccidere', fondamento del vivere sociale e del significato stesso del diritto. L'ordinamento già ammette eccezioni (l'uccisione per legittima difesa; lo stato di necessità; la pena di morte, negli ordinamenti in cui viene ammessa). Il problema sollevato in relazione alla sentenza della Corte risiede nel fatto che l'eccezione al non uccidere non può essere introdotta da una analogia tra 'lasciare morire' e 'provocare la morte', date le distinzioni esplicitate.

Va anche notato che nel caso specifico della patologia di Fabiano Antoniani tale distinzione si rende visibile, in quanto la rinuncia alla tecnologia quale distacco dalle macchine non è, fattualmente, causa immediata di morte (a differenza del caso P. Welby) in quanto la respirazione artificiale non era permanente (in quanto Antoniani soffriva di un deficit respiratorio permanente, per il quale l'ausilio medico era sempre necessario, anche se la sua interruzione non avrebbe provocato una morta immediata).

Un argomento centrale nella sentenza che mette in luce l'esigenza etica e giuridica di legittimazione del suicidio assistito riguarda il vissuto di chi, a causa della patologia irreversibile e della invasività tecnologica, percepisce dolore e sofferenze fisico-psicologiche ritenute soggettivamente insopportabili. La sentenza insiste sulla duplice dimensione del dolore e della sofferenza, sul piano fisico e psichico.

Per quanto la dimensione fisica e psichica non siano scindibili né sul piano concettuale (il dualismo corpo/anima-mente è filosoficamente superato nella rilevazione antropologico-fenomenologica della unità psico-somatica dell''avere' e dell''essere' del corpo), va detto che mentre il dolore fisico (o dolore 'del corpo') è misurabile e può trovare risposte adeguate sul piano delle cure palliative, la sofferenza psichica (la sofferenza 'dell'anima')[5] riguarda sentimenti come la disperazione, l'angoscia esistenziale, la paura della morte, il sentirsi di peso per la famiglia e il sentirsi inutile per la società, sentimenti che non si possono misurare oggettivamente né (sempre) controllare farmacologicamente.

La sentenza fa riferimento alla sedazione profonda continua come possibile risposta alla sofferenza refrattaria, ammessa dalla legge 219/2017, ritenendo che togliere la coscienza possa essere giustificabile come estrema soluzione per chi non riesce a vivere in determinate condizioni di patologia inguaribile e sofferenza acuta non controllabile in alcun modo; ma ritiene anche che il suicidio assistito possa essere una 'alternativa' per rendere immediata la morte. Tale immediatezza della morte risponderebbe a due esigenze, altrettanto rilevanti: quella di terminare la sofferenza soggettiva, ma

---

[5] S. Canestrari, *I tormenti del corpo e le ferite dell'anima: la richiesta di assistenza a morire e l'aiuto al suicidio*, in "Diritto penale contemporaneo", 2019, 10, pp. 1-21.

anche in alcuni casi di terminare la sofferenza causata ad altri, i familiari, che vedrebbero inutilmente prolungata con la sedazione profonda la vita del loro caro.

Ma è giustificabile il diritto di morire subito, con l'aiuto di altri, per evitare sofferenze a terzi? Disperazione e angoscia fanno inevitabilmente parte del vissuto della malattia sia per i malati stessi che per i familiari e coloro che li assistono; fanno parte dell'esperienza tragica della percezione dell'approssimarsi alla morte, insieme alla stanchezza del vivere o alla paura del morire. Ma proprio questi sentimenti, misti e forti, ci portano a riflettere sulla difficoltà di una decisione lucida di autodeterminazione nella richiesta di assistenza nella morte e sulla vulnerabilità della condizione umana in queste situazioni esistenziali. Rimane problematico considerare la provocazione della sofferenza in altri (considerando che la sofferenza è variabile da soggetto a soggetto), ossia il disagio verso altri dell'impatto del decorso verso la morte della persona malata, una giustificazione sufficiente e significativa per motivare la anticipazione della morte di un individuo: non si può escludere la possibilità che per i familiari possa essere preferibile, in alcune circostanze, avere il tempo di elaborare il distacco.

È proprio avvicinandosi a queste esperienze che la società e il diritto sono chiamati eticamente a prevedere le risposte di aiuto non come "terminazione" della vita, ma come sostegno e cura, come "*care*" o presa in carico della sofferenza non solo del paziente, ma anche dei familiari. La stessa Corte costituzionale chiarisce nella sentenza come sia giuridicamente rilevante mantenere il reato di istigazione al suicidio proprio per tutelare socialmente le condizioni di estrema vulnerabilità dei cittadini. Il caso del suicidio assistito, nelle condizioni indicate, è invece ammesso come scelta di libertà personale e come "liberazione dalla sofferenza" oltre che "dalla vita".

La risposta dell'assistenza al suicidio nei casi delimitati dalla Corte risulta pericolosa in una società con scarse risorse destinate alla sanità e aumento dei costi per l'assistenza, potendo determinare una pressione sociale più o meno nascosta nei confronti del malato, che si esprime nella sempre più visibile e percepibile difficoltà finanziaria (per la famiglia e per la società) del farsi carico dei tempi lunghi della malattia e del morire, della grave disabilità. Il collegamento, nella sentenza, della richiesta di suicidio assistito ai valori della "autonomia" e della "dignità", come risposta alla sofferenza, può essere ambiguo nei confronti di tutti coloro che vivono i tempi lunghi della malattia e della disabilità affrontando quotidianamente lo sconforto e la sofferenza, quasi che coloro che non intendono arrendersi alla sofferenza siano privi di dignità, autonomia, libertà.

La Dichiarazione universale dei diritti dell'uomo (1948) sottolinea che ogni uomo ha dignità a prescindere dalla sua condizione di salute o malattia, abilità o disabilità. Il concetto di dignità, nel suo significato filosofico universale, è quello che garantisce il fondamento del diritto alla vita e alla cura e si oppone al diritto a/di morire. In questo senso il diritto è chiamato a rispondere alle situazioni di estremo disagio e sofferenza favorendo e incrementando l'assistenza intesa come sostegno economico e sociale, non invece legittimando la "morte volontaria assistita" o "interruzione volontaria anticipata della vita" di chi è in condizioni di estrema fragilità.

Prendere sul serio i profondi disagi e le sofferenze delle persone esige di evitare forme di "abbandono terapeutico" e "abbandono assistenziale". La legittimazione legale dell'assistenza al suicidio porta o può portare, come di fatto ha portato anche per altre tematiche, ad una "legittimazione culturale" del suicidio assistito, insinuando nella società l'idea che sia meglio morire piuttosto che vivere in certe condizioni, non istigando, ma certamente non contrastando, la percezione di molti malati di sentirsi un "peso" economico, sociale, psicologico, che grava su chi li assiste. Peraltro la Corte riconosce la vulnerabilità del paziente in queste condizioni, sottolineando – richiamando la stessa legge 219/2017 – la rilevanza di un'assistenza psicologica al paziente e una formazione specifica del medico alla comunicazione e alla relazione con il paziente nelle condizioni di fine vita.

La Corte, riprendendo il parere del Comitato Nazionale per la Bioetica [6], auspica che il Servizio sanitario nazionale sia sempre in grado di offrire, realmente, senza diseguaglianze in termini di entità e qualità di servizi, su tutto il territorio nazionale, cure palliative e terapia del dolore, nei termini stabiliti dalla Legge 38/2010, a ogni persona che ne abbia necessità [7] e riconosce che "dovrebbe essere questa una priorità assoluta per le politiche della sanità". Il Comitato sottolinea anche la necessità di una formazione adeguata dei professionisti sanitari alla palliazione. La palliazione dovrebbe essere proposta come "pre-requisito", chiede la Corte: ad ogni malato dovrebbero essere offerti specifici percorsi palliativi ove necessario, ed ogni paziente deve essere libero di accettare o rifiutare tali percorsi, e nelle condizioni indicate, anche cercare percorsi "alternativi".

Da un lato la sentenza sottolinea che bisogna impedire che scelte di morte medicalmente assistita siano la conseguenza di un abbandono o comunque di un'inadeguata assistenza sanitaria, specie riguardo al sollievo della sofferenza. Dall'altro lato la Corte intende "liberare" i pazienti inguaribili da sofferenze intollerabili, ritenendo in specifici contesti non sufficiente la palliazione [8] essendo un percorso a volte lungo, in termini anche di investimento di energie di vicinanza, e ritenendo ammissibile la scelta individuale per un percorso più rapido della soppressione del malato, il modo più radicale della eliminazione del dolore e della sofferenza. È evidentemente una valutazione discutibile, che allude all'idea che una morte più veloce sia anche nell'interesse delle persone care.

La legittimazione del suicidio assistito nelle condizioni precisate dalla Corte (inguaribilità, sofferenza insopportabile, consapevolezza, presenza di trattamenti di so-

---

[6] Per una riflessione interdisciplinare e pluralista sul tema del suicidio assistito cfr. Comitato Nazionale per la Bioetica, *Riflessioni bioetiche sul suicidio medicalmente assistito*, 2019.

[7] A tale proposito si ricorda quanto affermato dall'art. 2, c. 1 della L. 219/2017.

[8] La sentenza usa anche l'espressione "sedazione terminale". Si tratta di un'espressione ambigua che può indicare la fase finale della vita vicina alla morte, ma anche il porre fine alla vita ("terminare" la vita) del paziente nell'irreversibilità dell'intervento sedativo. Per questa ragione è preferibile l'espressione "sedazione profonda continua", come ha sottolineato il Comitato Nazionale per la Bioetica nel parere *Sedazione palliativa profonda continua nell'imminenza della morte*, 2016.

stegno vitale) rischia di 'scivolare' in un pendio inclinato verso la legittimazione di altre forme e condizioni di anticipazione della morte. Tale argomento sottolinea come l'ammissione del suicidio assistito a determinate condizioni possa portare, una volta ammesso sulla base del riconoscimento della autodeterminazione individuale nella scelta di morire anticipatamente e subito, ad estendere la disciplina oltre i casi limite, spostando il confine 'oltre'. Uno sconfinamento che, passo dopo passo, se non si accetta il limite, tende a prevalere ed estendersi. Uno scivolamento peraltro spesso giustificato da un principio etico generalmente condiviso, quale il principio di giustizia, uguaglianza e non discriminazione.

Un primo scivolamento riguarda il paziente consapevole, inguaribile e sofferente non 'attaccato ad una macchina', che subirebbe un'ingiustizia, in quanto sarebbe trattato non in modo eguale rispetto ad un paziente dipendente dalla tecnologia; lo stesso dicasi per un paziente 'attaccato alla macchina' in modo temporaneo, rispetto a chi lo è in modo permanente. Tale 'pendio' è percepibile nello stesso parere del Comitato Nazionale per la Bioetica, nella posizione di coloro che sono favorevoli al suicidio assistito che considerano la condizione dei trattamenti di sostegno vitale solo 'eventuale' e non necessaria, ritenendo la necessità della condizione della dipendenza tecnologica un elemento di discriminazione.

Un secondo scivolamento può riguardare il paziente "attaccato alle macchine" ma non in grado di deglutire o almeno muoversi minimamente per azionare un meccanismo predisposto (ingegneristicamente, medicalmente, farmacologicamente) in modo da iniettare il prodotto che produrrà la morte immediata, come mordere uno stantuffo nel caso di Fabiano Antoniani, che sarebbe trattato ingiustamente ed in modo diseguale rispetto al paziente in grado di farlo. In questo caso si dovrebbe equiparare la autosomministrazione del prodotto letale (per chi è in grado di farlo) alla somministrazione (per chi non è in grado, per impossibilità fisica, di farlo). Tale scivolamento è percepibile in alcuni passaggi della stessa ordinanza n. 207 e della sentenza n. 242 della Corte che introduce il termine "somministrare" con riferimento al prodotto letale, facendo implicitamente pensare come in certe circostanze le due azioni possano essere equivalenti. Il pericolo che si intravede è che tale equiparazione possa essere generalizzata.

Un ulteriore scivolamento potrebbe dilatarsi nei confronti di pazienti che non hanno una diagnosi della patologia (essendo una patologia rara) e non hanno una prognosi di inguaribilità, o quantomeno sono in una condizione di ambiguità prognostica, in cui è complesso definire il livello di gravità e irreversibilità della patologia (si pensi al caso di depressione grave o patologia psichiatrica che compromette la vita ma non la consapevolezza), che potrebbero ritenere legittimo l'accesso all'assistenza al suicidio, e forse anche all'eutanasia.

Ancora, negli scenari più pessimistici, si teme che si possa scivolare dalla ammissione, sulla base della sofferenza e insufficiente qualità di vita, della legittimazione della eutanasia volontaria alla ammissione di forme di eutanasia involontaria, in nome della compassione o del consenso presunto del paziente alla sua soppressione (come nel caso dell'eutanasia neonatale, pediatrica, geriatrica).

La stessa Corte avverte i pericoli di scivolamenti (inconsapevoli) e potenziali abusi (consapevoli) e definisce le modalità per arginare il fenomeno, aprendo la strada a "procedure mediche" con lo scopo di controllare e documentare in modo dettagliato le decisioni di fine vita a tutela del paziente (come avviene di fatto in tutte le legislazioni che ammettono, in modalità diverse, eutanasia e suicidio assistito), introducendo alcuni elementi da verificare della richiesta di assistenza al suicidio: l'accertamento dei presupposti sul piano medico, l'attuazione in strutture del servizio pubblico, la verifica della effettività delle cure palliative offerte e attuate dai medici e la non prematura rinuncia ad esse da parte dei pazienti.

Emerge indubbiamente l'esigenza che la richiesta del paziente debba essere inequivocabile, chiara, ripetuta con insistenza, tale da non fare sorgere dubbi sui suoi contenuti; il medico dovrà essere tenuto ad accertarne la consapevolezza, l'autenticità e libertà, ossia l'assenza di pressioni esterne dirette o indirette (sociali e/o familiari)[9]. È pertanto indispensabile sul piano etico che il colloquio del medico sia prolungato nel tempo e si svolga in molteplici incontri, che consentano al professionista sanitario di fornire al richiedente tutte le informazioni riguardanti la procedura, al fine di acquisirne piena cognizione e maturare una convinzione responsabile della scelta. Il richiedente deve essere pienamente consapevole della possibilità di revocare la propria richiesta in qualsiasi momento e con qualsiasi mezzo idoneo a comunicare e ad esprimere la sua volontà e deve comprendere quali siano le conseguenze della sua scelta. Il medico deve indicare obbligatoriamente trattamenti alternativi a cui ricorrere, quali le cure palliative. Si tratta dei requisiti presenti nel consenso informato, così come regolato dalla legge 219/2017.

Nel caso specifico, il medico ha il compito di verificare la presenza di tutti i requisiti medici richiesti per la domanda di suicidio assistito, anche sentendo altri pareri: ma i requisiti non sono facilmente identificabili, in particolare la sofferenza insopportabile, essendo soggettiva, e la dipendenza tecnologica. Non è chiaro quali trattamenti o presidi di sostegno vitale siano inclusi.

L'insistenza, che sempre più emerge nella sentenza e in generale nelle questioni di fine vita, di documentazione scritta (o videoregistrata, come afferma la legge 219/2017), inserimento nella cartella clinica o fascicolo sanitario elettronico, ha il significato etico di garanzia per il paziente della osservanza scrupolosa delle regole a sua tutela. Il ruolo della struttura sanitaria pubblica rappresenta un elemento di (almeno parziale) novità della sentenza n. 242/2019, rispetto alla stessa ordinanza n. 207/2018: il coinvolgimento del Servizio sanitario nazionale, requisito indicato nel parere del Comitato Nazionale per la Bioetica sul suicidio assistito, diviene una ulteriore garanzia di protezione del paziente, per evitare forme di profitto possibile, in ambito privato.

In questo contesto potrebbe essere utile anche definire una clausola di residenzialità, come prevedono tutti i Paesi che legittimano eutanasia (indicando anche numero di

[9] I medici coinvolti dovrebbero essere vari: il medico di medicina generale o al medico del Servizio sanitario nazionale che ha in cura il soggetto, o un medico di fiducia, purché dipendente del Servizio sanitario nazionale o con esso convenzionato. La durata complessiva della procedura deve essere ragionevole in considerazione della situazione del richiedente.

anni minimo di residenza) o suicidio assistito (in Svizzera l'accesso è previsto per i residenti nelle strutture pubbliche, ma aperto a tutti in quelle private). E, soprattutto, sarebbe auspicabile l'applicazione effettiva di quanto richiede la legge 219/2017 relativamente all'assistenza psicologica ai malati e all'adeguata formazione specifica ai medici coinvolti in tali pratiche.

Ciò che va invece evitato è che le procedure divengano mere forme di "burocratizzazione" del morire, creando un distacco emotivo dal paziente del medico, limitandosi a riportare dati e adempiere a requisiti solo formali, per ragioni estrinseche.

Il coinvolgimento del medico/dei medici nelle procedure di verifica delle condizioni e la possibilità dell'obiezione di coscienza all'assistenza al suicidio sono elementi indispensabili della regolazione al fine di garantire un bilanciamento dei valori e dello stesso rapporto tra deontologia e diritto. Così come la Corte riconosce la libertà personale del paziente di chiedere l'assistenza a morire in certe condizioni, è coerente nel riconoscere anche la libertà di coscienza del medico, non obbligandolo ad eseguire la volontà del malato.

L'assistenza al suicidio per il medico risulta di particolare problematicità etica e deontologica. Il divieto di agire per la morte è oggetto del codice deontologico (l'art. 17 afferma «il medico, anche su richiesta del paziente, non deve effettuare né favorire atti finalizzati a provocarne la morte») oltre che della tradizionale etica della medicina. La stessa Federazione Nazionale dell'Ordine dei Medici e degli Odontoiatri, richiamando la deliberazione in materia approvata dalla Consulta deontologica nazionale della medesima Federazione (del marzo 2019), ritiene che la competenza dei medici non potrà andare oltre la definizione clinica e l'accertamento delle condizioni del malato, ma non potrà estendersi alla prescrizione né alla messa a disposizione del malato di farmaci mortali. La Consulta precisa anche che l'entrata in vigore di nuove norme legislative non implica "automatici cambiamenti della disciplina deontologica", creando, al momento, un conflitto tra diritto e deontologia in ambito medico.

Va ricordato che un elemento della legge 219/2017 che è stato oggetto di critica [10] era la non ammissione esplicita dell'obiezione di coscienza: la legge si limita ad affermare che il medico non ha obblighi professionali quando il paziente fa richieste che vanno contro la legge, la deontologia e le buone pratiche cliniche. Ma la clausola dell'assenza di obblighi in questa fattispecie è vaga, in quanto la legislazione può cambiare, come pure (anche più velocemente) i codici e le linee guida per la pratica clinica. Al momento dell'approvazione della legge 219/2017, il suicidio assistito era proibito dall'art. 580 del codice penale e dal codice deontologico del 2014 (art. 17). Vista la recente sentenza, che investe il Parlamento del compito di legiferare in materia, e visti gli attuali progetti di legge e dibattiti anche nella sede degli ordini medici professionali, gli scenari possono modificarsi e dunque anche l'assenza di obbligo professionale trasformare dinamicamente e sostanzialmente la sua valenza.

---

[10] L. d'Avack, *Il dominio delle biotecnologie. L'opportunità e i limiti dell'intervento del diritto*, Giappichelli, Torino 2018, p. 145 ss. che ritiene ambiguo il modo di affrontare questo problema da parte della legge.

Il fatto che la Corte abbia esplicitamente indicato la necessità, in caso di una legge sull'assistenza al suicidio, della obiezione di coscienza mostra peraltro un ulteriore elemento di non analogia tra rinuncia ai trattamenti sanitari e suicidio assistito: nel primo caso non è prevista l'obiezione di coscienza, a partire dal presupposto che assecondare la richiesta di rinuncia ai trattamenti sanitari sia un atto dovuto di rispetto della autonomia nella scelta di lasciarsi morire (non essendo un atto eutanasico, considerando l'eutanasia solo nella forma attiva di iniezione letale[11]); nel secondo caso la Corte ritiene necessario prevederla, comprendendo il possibile conflitto di coscienza etica e deontologica tra curare/assistere il malato e contribuire a provocare anticipatamente la sua morte.

Tale "spazio" di espressione di coscienza è ricorrente nell'ambito delle legiferazioni delicate sui temi di bioetica (come nella regolazione della interruzione volontaria della gravidanza con la legge 194/1978 e della procreazione medicalmente assistita con la legge 40/2004), riconosciuto di principio come testimonianza di valori morali ritenuti superiori assiologicamente ai comportamenti legalizzati dal diritto positivo e non, di fatto, come mera opzione pragmatica. L'obiettore, in questo caso il medico, è colui che, pur non mettendo in discussione e riconoscendo la validità sociale della norma positiva (una eventuale legislazione che permette il suicidio assistito), ne critica l'ingiustizia sostanziale, non volendo per convinzione e coerenza morale attuare quanto prescritto.

Nel dibattito bioetico è da sempre emerso il contrasto tra gli "incompatibilisti", ossia coloro che ritengono che l'obiezione di coscienza del medico e dell'operatore sanitario sia incompatibile con la sua professione al servizio delle richieste del paziente in una visione della medicina contrattualista, che vede la preminenza dell'autodeterminazione del soggetto e i "compatibilisti", coloro che ritengono necessario anteporre i propri valori morali e professionali rispetto a quanto richiesto dal paziente, non essendo la professione medica una mera esecuzione acritica di richieste del paziente, ma semmai un'alleanza terapeutica basata sulla cura e sulla fiducia reciproca.

Nell'ambito del suicidio assistito si rileva, di fatto e di principio, una convergenza, anche da parte dei sostenitori dell'incompatibilismo, nell'accettazione della possibilità per un medico di obiettare in coscienza, ritenendo che in alcun modo al medico possa essere "imposto" coercitivamente l'esecuzione dell'atto di aiuto al suicidio. Sarebbe una violenza esigere che un medico, contrario eticamente a tale pratica, sia costretto ad eseguire in modo meramente contrattuale e passivo la volontà del paziente, essendo l'oggetto dell'intervento il contribuire a procurare la morte[12]. La legge ne dovrà poi disciplinare la modalità garantendo un bilanciamento delle esigenze (dalla parte de medico e dalla parte del paziente), evitando, auspicabilmente che il riferimento all'obiezione di coscienza del medico e dei professionisti sanitari possa essere

[11] Solo chi sostiene che l'eutanasia includa la c.d. eutanasia passiva e omissiva ritiene che il rifiuto di trattamenti sanitari e la rinuncia agli stessi siano forme eutanasiche.

[12] Comitato Nazionale per la Bioetica, *Obiezione di coscienza e bioetica*, 2012.

interpretato come atto "privato" tra due soggetti consenzienti, che si accordano in modo meramente pragmatico.

Tra le procedure di controllo dell'assistenza al suicidio, la Corte richiama – data la "delicatezza" delle decisioni – la valutazione di "un organo collegiale terzo" individuato nei "comitati etici territoriali". Va ricordato che i comitati etici territoriali – istituiti per legge [13] – si occupano, almeno primariamente, della valutazione delle sperimentazioni farmacologiche e dei dispositivi medici. Solo occasionalmente, possono anche essere consultati (o almeno un gruppo ristretto di membri competenti) per "problemi di natura etica della pratica sanitaria", in relazione a questioni connesse con le attività mediche e assistenziali, allo scopo di proteggere e promuovere i valori e i diritti dei pazienti.

Il Comitato Nazionale per la Bioetica ha sottolineato l'urgenza di istituire per legge *Comitati per l'etica clinica* [14] in un parere dedicato al tema (2017), con funzioni, ruoli e modalità distinte dai comitati etici per la sperimentazione: si tratta di comitati che dovrebbero prevedere una diversa composizione con specifiche competenze bioetiche e biogiuridiche (non coincidenti con i comitati per la sperimentazione) [15], pareri di consultazione per medici e per pazienti in relazione a specifici casi clinici (non obbligatori, come nel caso della sperimentazione). È apprezzabile che la Corte esplicitamente menzioni il ruolo dei comitati di etica, consentendone una valorizzazione per le loro competenze rilevanti, per quanto non sia definita con chiarezza la loro tipologia e funzione.

---

[13] I comitati sono regolati da: Ministero della Sanità, Decreto 15 luglio 1997, Recepimento delle Linee Guida dell'U.E. di Buona Pratica Clinica per l'esecuzione delle sperimentazioni cliniche dei medicinali, 1997; Ministero della Sanità, Decreto 18 marzo 1998, Linee Guida di riferimento per l'istituzione e il funzionamento dei Comitati etici, 1998; Decreto legislativo 24 giugno 2003, n. 211, Attuazione della Direttiva 2001/20/CE relativa all'applicazione della Buona Pratica Clinica nell'esecuzione delle sperimentazioni cliniche di medicinali per uso clinico. È in corso un mutamento della regolazione dei comitati per la sperimentazione essendo in corso di attuazione il Regolamento UE n. 536/2014 del Parlamento europeo e del Consiglio del 16 aprile 2014 sulla sperimentazione clinica di medicinali per uso umano e che abroga la direttiva 2001/20/CE. Cfr. Comitato Nazionale per la Bioetica, Mozione sull'attuazione del Regolamento (U.E.) n. 536/2014 del Parlamento Europeo e del Consiglio, del 16 aprile 2014, in materia di sperimentazione clinica di medicinali per uso umano, 2015. Per una ricostruzione sintetica del dibattito, anche con riferimento alla sentenza della Corte, cfr. C. Petrini, S. Brusaferro, Comitati etici e ricerca in Italia: verso nuovi assetti normativi (dando uno sguardo al passato), in "Quotidiano Sanità", 25 novembre 2019.

[14] Comitato Nazionale per la Bioetica, *I comitati per l'etica nella clinica*, 2017. Cfr. anche *I comitati per l'etica nella clinica* (2017). Il tema è discusso dal Comitato anche in precedenti pareri: *I Comitati etici*, 1992; I *Comitati etici in Italia: problematiche recenti*, 1997; *Orientamenti per i Comitati etici in Italia*, 2001.

[15] I comitati sono composti da almeno due clinici, un medico di medicina generale, un biostatistico, un farmacologo, un esperto di materia giuridico-assicurativa o un medico legale, un rappresentante del settore infermieristico, un rappresentante del volontariato, un farmacista, il direttore sanitario.

L'auspicio è che, sulla base proprio della sentenza della Corte, il legislatore possa cogliere l'occasione (auspicata anche dal Comitato) di regolare anche una presenza più sistematica e meno occasionale e spontanea, di comitati etici presso ospedali nell'ambito clinico, separatamente e distintamente rispetto ai comitati per la sperimentazione, avendo competenze e funzioni diverse. L'ampia ed articolata composizione prevista per i comitati per la sperimentazione non sarebbe richiesta nei comitati per l'etica clinica, che esigerebbero competenze specifiche in relazione alle problematiche cliniche emergenti (ad esempio, nel caso del suicidio assistito, oltre a farmacologi, anche anestesisti e rianimatori o medici competenti rispetto alla patologia diagnosticata al malato, ma anche psicologi), ma soprattutto, una qualificazione nell'ambito specifico della bioetica e del biodiritto.

La sentenza fa riferimento a Comitati per la consulenza etica alla pratica clinica, quali organismi pubblici indipendenti che sono chiamati a considerare la richiesta del paziente, verificarne la autenticità, le condizioni mediche e psicologiche previste dalla Corte e ad esprimere il parere consultivo [16], né di mero accertamento ma nemmeno obbligatorio, lasciando la responsabilità dell'intervento all'interno della relazione paziente e medico, ma offrendo un contributo alla decisione complessa. Si tratta di compiti difficili, in contesti di drammaticità, che esigono figure qualificate e opportunamente formate.

La questione della rilevanza di tale funzione consultiva clinica dei comitati etici, distinta rispetto ai comitati per la sperimentazione, richiama anche ad una revisione della decisione di riduzione del numero di comitati etici (sia di sperimentazione, che di pratica clinica), in corso di attuazione in vista dell'applicazione effettiva del Regolamento europeo n. 536/2014. Tale riduzione rischierebbe di non rendere effettiva la valutazione del rapporto medico e paziente nell'assistenza al suicidio e la adeguata difesa dei diritti del malato in condizioni di particolare fragilità. I pochi comitati etici per la consulenza clinica, peraltro nemmeno censiti (non esistendo alcun organismo di coordinamento), sono pochi e presenti in modo difforme nelle varie regioni: non sarebbe pertanto nemmeno garantita la "territorialità". Bisognerà correggere questa carenza e precisare l'indicazione in tal senso della Corte, in vista della istituzione, riconoscimento e strutturazione di tali comitati. La sentenza ha il merito di rafforzare il ruolo dei comitati etici, ignorati e non menzionati nella legge 219/2017.

La Corte introduce una analogia tra la richiesta di suicidio assistito e la valutazione del c.d. uso compassionevole dei farmaci, in ragione del fatto che in entrambe le situazioni non ci sono valide alternative terapeutiche. Va però considerato che per l'uso compassionevole si tratta di valutare l'uso farmaci non ancora validati e in corso di validazione (su cui esiste un *rationale* ed esistono evidenze scientifiche, precliniche su animali e almeno in fase I generalmente) al fine di curare il malato e garantirgli di

---

[16] Il valore del parere, consultivo o deliberativo, è un altro aspetto che differenzia le due tipologie di Comitati considerati: deliberativo è il parere del Comitato per la sperimentazione clinica, consultivo quello del Comitato per l'etica clinica.

'provare' e di 'sperare', mentre con il suicidio assistito si rinuncia a sperare, per richiedere la morte immediata.

REPUBBLICA ITALIANA IN NOME DEL POPOLO ITALIANO LA CORTE COSTITUZIONALE composta dai signori: Presidente: Giorgio LATTANZI; Giudici: Aldo CAROSI, Marta CARTABIA, Mario Rosario MORELLI, Giancarlo CORAGGIO, Giuliano AMATO, Silvana SCIARRA, Daria de PRETIS, Nicolò ZANON, Franco MODUGNO, Augusto Antonio BARBERA, Giulio PROSPERETTI, Giovanni AMOROSO, Francesco VIGANÒ, Luca ANTONINI, ha pronunciato la seguente

SENTENZA

nel giudizio di legittimità costituzionale dell'art. 580 del codice penale, promosso dalla Corte di assise di Milano, nel procedimento penale a carico di M. C., con ordinanza del 14 febbraio 2018, iscritta al n. 43 del registro ordinanze 2018 e pubblicata nella Gazzetta Ufficiale della Repubblica n. 11, prima serie speciale, dell'anno 2018.

Visti l'atto di costituzione di M. C., nonché l'atto di intervento del Presidente del Consiglio dei ministri;

udito nella udienza pubblica del 24 settembre 2019 il Giudice relatore Franco Modugno;

uditi gli avvocati Filomena Gallo e Vittorio Manes per M. C. e l'avvocato Generale dello Stato Gabriella Palmieri per il Presidente del Consiglio dei ministri.

Ritenuto in fatto

1. – Con ordinanza del 14 febbraio 2018, la Corte d'assise di Milano ha sollevato questioni di legittimità costituzionale dell'art. 580 del codice penale:

a) «nella parte in cui incrimina le condotte di aiuto al suicidio in alternativa alle condotte di istigazione e, quindi, a prescindere dal loro contributo alla determinazione o al rafforzamento del proposito di suicidio», per ritenuto contrasto con gli artt. 2, 13, primo comma, e 117 della Costituzione, in relazione agli artt. 2 e 8 della Convenzione per la salvaguardia dei diritti dell'uomo e delle libertà fondamentali (CEDU), firmata a Roma il 4 novembre 1950, ratificata e resa esecutiva con legge 4 agosto 1955, n. 848;

b) «nella parte in cui prevede che le condotte di agevolazione dell'esecuzione del suicidio, che non incidano sul percorso deliberativo dell'aspirante suicida, siano sanzionabili con la pena della reclusione da 5 a 10 [recte: 12] anni, senza distinzione rispetto alle condotte di istigazione», per ritenuto contrasto con gli artt. 3, 13, 25, secondo comma, e 27, terzo comma, Cost.

Con riguardo alle questioni sub a), il riferimento all'art. 3 (anziché all'art. 2) Cost. che compare nel dispositivo dell'ordinanza di rimessione deve considerarsi frutto di mero errore materiale, alla luce del tenore complessivo della motivazione e delle «[c]onclusioni» che precedono immediatamente il dispositivo stesso.

1.1. – Secondo quanto riferito dal giudice a quo, le questioni traggono origine dalla vicenda di F. A., il quale, a seguito di un grave incidente stradale avvenuto il 13 giugno 2014, era rimasto tetraplegico e affetto da cecità bilaterale corticale (dunque, permanente). Non era autonomo nella respirazione (necessitando dell'ausilio, pur non continuativo, di un respiratore e di periodiche asportazioni di muco), nell'alimentazione (venendo nutrito in via intraparietale) e nell'evacuazione. Era percorso, altresì, da ricorrenti spasmi e contrazioni, produttivi di acute sofferenze, che non potevano essere completamente lenite farmacologicamente, se non mediante sedazione profonda. Conservava, però, intatte le facoltà intellettive.

All'esito di lunghi e ripetuti ricoveri ospedalieri e di vari tentativi di riabilitazione e di cura (comprensivi anche di un trapianto di cellule staminali effettuato in India nel dicembre 2015), la sua condizione era risultata irreversibile.

Aveva perciò maturato, a poco meno di due anni di distanza dall'incidente, la volontà di porre fine alla sua esistenza, comunicandola ai propri cari. Di fronte ai tentativi della madre e della fidanzata di dissuaderlo dal suo proposito, per dimostrare la propria irremovibile determinazione aveva intrapreso uno "sciopero" della fame e della parola, rifiutando per alcuni giorni di essere alimentato e di parlare.

Di seguito a ciò, aveva preso contatto nel maggio 2016, tramite la propria fidanzata, con organizzazioni svizzere che si occupano dell'assistenza al suicidio: pratica consentita, a certe condizioni, dalla legislazione elvetica.

Nel medesimo periodo, era entrato in contatto con M. C., imputato nel giudizio a quo, il quale gli aveva prospettato la possibilità di sottoporsi in Italia a sedazione profonda, interrompendo i trattamenti di ventilazione e alimentazione artificiale.

Di fronte al suo fermo proposito di recarsi in Svizzera per il suicidio assistito, l'imputato aveva accettato di accompagnarlo in automobile presso la struttura prescelta. Inviata a quest'ultima la documentazione attestante le proprie condizioni di salute e la piena capacità di intendere e di volere, F. A. aveva alfine ottenuto da essa il "benestare" al suicidio assistito, con fissazione della data. Nei mesi successivi alla relativa comunicazione, egli aveva costantemente ribadito la propria scelta, comunicandola dapprima agli amici e poi pubblicamente (tramite un filmato e un appello al Presidente della Repubblica) e affermando «di viverla come "una liberazione"».

Il 25 febbraio 2017 era stato quindi accompagnato da Milano (ove risiedeva) in Svizzera, a bordo di un'autovettura appositamente predisposta, con alla guida l'imputato e, al seguito, la madre, la fidanzata e la madre di quest'ultima.

In Svizzera, il personale della struttura prescelta aveva nuovamente verificato le sue condizioni di salute, il suo consenso e la sua capacità di assumere in via autonoma il farmaco che gli avrebbe procurato la morte. In quegli ultimi giorni, tanto l'imputato, quanto i familiari, avevano continuato a restargli vicini, rappresentandogli che avrebbe potuto desistere dal proposito di togliersi alla vita, nel qual caso sarebbe stato da loro riportato in Italia.

Il suicidio era peraltro avvenuto due giorni dopo (il 27 febbraio 2017): azionando con la bocca uno stantuffo, l'interessato aveva iniettato nelle sue vene il farmaco letale.

Di ritorno dal viaggio, M. C. si era autodenunciato ai carabinieri.

A seguito di ordinanza di "imputazione coatta", adottata ai sensi dell'art. 409 del codice di procedura penale dal Giudice per le indagini preliminari del Tribunale ordinario di Milano, egli era stato tratto quindi a giudizio davanti alla Corte rimettente per il reato di cui all'art. 580 cod. pen., tanto per aver rafforzato il proposito di suicidio di F. A., quanto per averne agevolato l'esecuzione.

Il giudice a quo esclude, peraltro, la configurabilità della prima ipotesi accusatoria. Alla luce delle prove assunte nel corso dell'istruzione dibattimentale, F. A. avrebbe, infatti, maturato la decisione di rivolgersi all'associazione svizzera prima e indipendentemente dall'intervento dell'imputato.

La Corte rimettente ritiene, invece, che l'accompagnamento in auto di F. A. presso la clinica elvetica integri, in base al diritto vivente, la fattispecie dell'aiuto al suicidio, in quanto condizione per la realizzazione dell'evento. L'unica sentenza della Corte di cassazione che si è occupata del tema ha, infatti, affermato che le condotte di agevolazione, incriminate dalla norma censurata in via alternativa rispetto a quelle di istigazione, debbono ritenersi perciò stesso punibili a prescindere dalle loro ricadute sul processo deliberativo dell'aspirante suicida. La medesima sentenza ha precisato, altresì, che, alla luce del dettato normativo (in forza del quale è punito chiunque agevola «in qualsiasi modo» l'esecuzione dell'altrui proposito di suicidio), la nozione di aiuto penalmente rilevante deve essere intesa nel senso più ampio, comprendendo ogni tipo di contributo materiale all'attuazione del progetto della vittima (fornire i mezzi, offrire informazioni sul loro uso, rimuovere ostacoli o difficoltà che si frappongono alla realizzazione del proposito e via dicendo, ovvero anche omettere di intervenire, qualora si abbia l'obbligo giuridico di impedire l'evento) (Corte di cassazione, sezione prima penale, sentenza 6 febbraio-12 marzo 1998, n. 3147).

1.2. – Su questo presupposto, la Corte d'assise milanese dubita, tuttavia, della legittimità costituzionale della norma censurata, anzitutto nella parte in cui incrimina le condotte di aiuto al suicidio anche quando esse non abbiano contribuito a determinare o a rafforzare il proposito della vittima.

Il giudice a quo rileva come la disposizione denunciata presupponga che il suicidio sia un atto intriso di elementi di disvalore, in quanto contrario al principio di sacralità e indisponibilità della vita in correlazione agli obblighi sociali dell'individuo, ritenuti preminenti nella visione del regime fascista.

La disposizione dovrebbe essere, però, riletta alla luce della Costituzione: in particolare, del principio personalistico enunciato dall'art. 2 – che pone l'uomo e non lo Stato al centro della vita sociale – e di quello di inviolabilità della libertà personale, affermato dall'art. 13; principi alla luce dei quali la vita – primo fra tutti i diritti inviolabili dell'uomo – non potrebbe essere «concepita in funzione di un fine eteronomo rispetto al suo titolare». Di qui, dunque, anche la libertà della persona di scegliere quando e come porre termine alla propria esistenza.

Il diritto all'autodeterminazione individuale, previsto dall'art. 32 Cost. con riguardo ai trattamenti terapeutici, è stato, d'altronde, ampiamente valorizzato prima dalla giurisprudenza – in particolare, con le pronunce sui casi Welby (Giudice dell'udienza preliminare del Tribunale ordinario di Roma, sentenza 23 luglio-17 ottobre 2007, n.

2049) ed Englaro (Corte di cassazione, sezione prima civile, sentenza 16 ottobre 2007, n. 21748) – e poi dal legislatore, con la recente legge 22 dicembre 2017, n. 219 (Norme in materia di consenso informato e di disposizioni anticipate di trattamento), che sancisce in modo espresso il diritto della persona capace di rifiutare qualsiasi tipo di trattamento sanitario, ancorché necessario per la propria sopravvivenza (compresi quelli di nutrizione e idratazione artificiale), nonché il divieto di ostinazione irragionevole nelle cure, individuando come oggetto di tutela da parte dello Stato «la dignità nella fase finale della vita».

La conclusione sarebbe avvalorata, inoltre, dalla giurisprudenza della Corte europea dei diritti dell'uomo. Essa avrebbe conosciuto una evoluzione, il cui approdo finale sarebbe rappresentato dall'esplicito riconoscimento, sulla base degli artt. 2 e 8 CEDU (che riconoscono e garantiscono, rispettivamente, il diritto alla vita e il diritto al rispetto della vita privata), del diritto di ciascun individuo «di decidere con quali mezzi e a che punto la propria vita finirà».

A fronte di ciò, il bene giuridico protetto dalla norma denunciata andrebbe oggi identificato, non già nel diritto alla vita, ma nella libertà e consapevolezza della decisione del soggetto passivo di porvi fine, evitando influssi che alterino la sua scelta.

In quest'ottica, la punizione delle condotte di aiuto al suicidio che non abbiano inciso sul percorso deliberativo della vittima risulterebbe ingiustificata e lesiva degli artt. 2, 13, primo comma, e 117 Cost. In tale ipotesi, infatti, la condotta dell'agevolatore rappresenterebbe lo strumento per la realizzazione di quanto deciso da un soggetto che esercita una libertà costituzionale, risultando quindi inoffensiva.

1.3. – La Corte d'assise milanese censura, per altro verso, la norma denunciata nella parte in cui punisce le condotte di aiuto al suicidio, non rafforzative del proposito dell'aspirante suicida, con la stessa severa pena – reclusione da cinque a dieci [recte: dodici] anni – prevista per le condotte di istigazione.

La disposizione violerebbe, per questo verso, l'art. 3 Cost., unitamente al principio di proporzionalità della pena al disvalore del fatto, desumibile dagli artt. 13, 25, secondo comma, e 27, terzo comma, Cost.

Le condotte di istigazione al suicidio sarebbero, infatti, certamente più incisive, anche sotto il profilo causale, rispetto a quelle di chi abbia semplicemente contribuito alla realizzazione dell'altrui autonoma determinazione. Del tutto diverse risulterebbero, altresì, nei due casi, la volontà e la personalità del partecipe.

2. – È intervenuto il Presidente del Consiglio dei ministri, rappresentato e difeso dall'Avvocatura generale dello Stato, il quale ha eccepito, in via preliminare, l'inammissibilità delle questioni sotto plurimi profili: per difetto di rilevanza, avendo il rimettente già escluso, alla luce dell'istruttoria svolta, che il comportamento dell'imputato sia valso a rafforzare il proposito di suicidio di F. A.; per richiesta di un avallo interpretativo e omessa sperimentazione dell'interpretazione conforme a Costituzione, non preclusa dall'esistenza di un'unica pronuncia di segno contrario della Corte di cassazione risalente al 1998, inidonea a costituire diritto vivente; per richiesta, infine, di una pronuncia manipolativa in materia rimessa alla discrezionalità del

legislatore – quale quella dell'individuazione dei fatti da sottoporre a pena e della determinazione del relativo trattamento sanzionatorio – e in assenza di una soluzione costituzionalmente obbligata.

Nel merito – ad avviso dell'interveniente – le questioni risulterebbero, comunque sia, infondate.

Erroneo risulterebbe il riferimento alla disciplina di cui alla legge 219/2017, posto che il riconoscimento del diritto a rifiutare le cure non implicherebbe affatto quello di ottenere un aiuto al suicidio, non potendo il paziente chiedere, in ogni caso, al medico trattamenti contrari alla legge o alla deontologia professionale.

Quanto alla denunciata violazione delle disposizioni della CEDU, come interpretate dalla Corte di Strasburgo, quest'ultima ha, in realtà, affermato che l'art. 2 della Convenzione, dato il suo tenore letterale, deve essere interpretato nel senso che esso contempla il diritto alla vita e non il suo opposto. Esso non conferisce, quindi, il «diritto a morire», né con l'intervento della pubblica autorità, né con l'assistenza di una terza persona (Corte europea dei diritti dell'uomo, sentenza 29 aprile 2002, Pretty contro Regno Unito).

Secondo la giurisprudenza della Corte EDU, il divieto assoluto di aiuto al suicidio sarebbe, inoltre, del tutto compatibile con l'art. 8 della Convenzione, restando affidata al margine di apprezzamento dei singoli Stati la valutazione se l'eventuale liberalizzazione del suicidio assistito possa far sorgere rischi di abuso a danno dei pazienti più anziani e vulnerabili.

L'incriminazione dell'aiuto al suicidio risulterebbe, d'altra parte, intrinsecamente ragionevole, anche qualora si ritenga che alle sue finalità di tutela non resti estranea la libertà di autodeterminazione del titolare del bene protetto. Tale libertà, quando si orienti nel senso di porre fine alla propria esistenza, dovrebbe essere, infatti, «assicurata usque ad vitae supremum exitum»: ottica nella quale l'esecuzione di quell'estremo proposito dovrebbe rimanere riservata esclusivamente all'interessato, così da assicurare fino all'ultimo istante l'efficacia di un possibile ripensamento.

Quanto, poi, alla censurata omologazione del trattamento sanzionatorio delle condotte di istigazione e di agevolazione al suicidio, essa non contrasterebbe con i parametri evocati, potendo il giudice valorizzare, comunque sia, la diversa gravità delle condotte stesse in sede di determinazione della pena nell'ambito della cornice edittale, ovvero ai fini del riconoscimento di circostanze attenuanti.

3. – Si è costituito, altresì, M. C., imputato nel giudizio a quo, il quale, con una successiva memoria – contestate le eccezioni di inammissibilità dell'Avvocatura generale dello Stato – ha rilevato come, di là dalla generica formulazione del petitum, le questioni debbano ritenersi radicate sul caso di specie.

Alla luce dello sviluppo argomentativo dell'ordinanza di rimessione, i dubbi di legittimità costituzionale dovrebbero reputarsi circoscritti, in particolare, alle ipotesi di agevolazione del suicidio di un soggetto che versi «in uno stato di malattia irreversibile che produce gravi sofferenze, essendo tenuto in vita grazie a presidi medici in assenza dei quali andrebbe incontro, sia pure in modo lento e doloroso per sé e per i suoi cari, alla fine della propria esistenza».

In tali termini, le questioni risulterebbero pienamente fondate.

3.1. – Al riguardo, la parte costituita osserva come, nel disegno del legislatore del codice penale del 1930, la norma censurata fosse destinata a proteggere la vita, intesa come bene non liberamente disponibile da parte del suo titolare. Nella visione dell'epoca, infatti, la tutela dell'individuo era secondaria rispetto a quella della collettività statale: il suicidio era visto, di conseguenza, in termini negativi, come l'atto di chi, togliendosi la vita, sottraeva forza lavoro e cittadini alla Patria. Non ritenendosi di dover sanzionare il suicida (neppure qualora ciò fosse materialmente possibile, ossia nel caso di semplice tentativo), si apprestava quindi una tutela di tipo indiretto, punendo chi avesse contribuito, sul piano psicologico o materiale, alla realizzazione del proposito di suicidio altrui.

Con l'entrata in vigore della Costituzione, tuttavia, il bene della vita dovrebbe essere riguardato unicamente in una prospettiva personalistica, come interesse del suo titolare volto a consentire il pieno sviluppo della persona, secondo il disposto dell'art. 3, secondo comma, Cost. Di qui la maggiore attenzione verso la libertà di autodeterminazione individuale, anche nelle fasi finali della vita, specie quando si tratti di persone che versano in condizioni di eccezionale sofferenza: atteggiamento che ha trovato la sua espressione emblematica nella sentenza della Corte di cassazione relativa al caso di Eluana Englaro (Cass., n. 21748 del 2007).

Di fondamentale rilievo, in questa cornice, risulterebbe l'intervento normativo realizzato con la legge n. 219 del 2017, la quale, nel quadro della valorizzazione del principio costituzionale del consenso informato, ha «positivizzato» il diritto del paziente di rifiutare le cure e di "lasciarsi morire".

3.2. – Tale assetto normativo renderebbe ancor più evidente l'incoerenza dell'art. 580 cod. pen., nella parte in cui punisce anche la mera agevolazione del suicidio di chi abbia liberamente maturato il relativo proposito al fine di porre termine a uno stato di grave e cronica sofferenza, provocato anche dalla somministrazione di presidi medico-sanitari non voluti sul proprio corpo.

Per questo verso, la norma censurata si porrebbe in contrasto con il «principio personalista», di cui all'art. 2 Cost., e con quello di inviolabilità della libertà personale, affermato dall'art. 13 Cost.: precetto costituzionale, quest'ultimo, che, unitamente all'art. 32 Cost. (non evocato nel dispositivo dell'ordinanza di rimessione, ma ripetutamente richiamato in motivazione), assicura la piena libertà dell'individuo di scegliere quali interferenze esterne ammettere sul proprio corpo e di tutelare, in questo senso, la sua dignità.

Emblematico, al riguardo, risulterebbe il caso oggetto del giudizio a quo, nel quale il soggetto che aveva liberamente deciso di concludere la propria esistenza – senza essere peraltro in grado di provvedervi autonomamente – risultava sottoposto a trattamenti sanitari molto invasivi, la cui interruzione, ove pure accompagnata dalla sedazione profonda, lo avrebbe portato alla morte solo dopo diversi giorni, generando un prolungato stato di sofferenza nei familiari.

La libertà di rifiuto di simili presidi, senza che la dignità del malato sia vulnerata con l'avvio di una fine lenta e dolorosa, esigerebbe il riconoscimento della possibilità di accedere, anche tramite l'aiuto di terzi, a un farmaco letale.

La norma censurata violerebbe, in quest'ottica, anche il principio di ragionevolezza, imponendo un sacrificio assoluto di libertà di primario rilievo costituzionale, senza distinguere le condotte realmente lesive del bene protetto da quelle volte invece a consentire l'attuazione del diritto all'autodeterminazione nelle scelte di fine vita, non realizzabili da parte del diretto interessato.

3.3. – La norma denunciata si porrebbe in contrasto, ancora, con l'art. 8 CEDU e, di conseguenza, con l'art. 117, primo comma, Cost.

Nella prospettiva della Corte EDU, infatti, il diritto all'autodeterminazione individuale, anche con riguardo alle scelte inerenti il fine vita, costituisce il terreno su cui poggia l'interpretazione del citato art. della Convenzione, che prevede il «diritto al rispetto della vita privata e familiare». Ciò comporta che le interferenze statali su tale diritto possono ritenersi legittime solo entro i limiti indicati dal paragrafo 2 dello stesso art. 8, cioè solo a condizione che siano normativamente previste, oltre che necessarie e proporzionate rispetto a uno degli scopi indicati dalla predetta disposizione.

Al riguardo, verrebbe in rilievo, come leading case, la sentenza Pretty contro Regno Unito del 2002, con la quale si è ritenuto che la previsione di un generale divieto di aiuto al suicidio non si ponesse, nella specie, in contrasto con il canone della proporzionalità dell'interferenza statale, di cui al citato art. 8, paragrafo 2, CEDU, in quanto l'ordinamento penale britannico è improntato al principio di flessibilità. In quel sistema, infatti, vige un regime di azione penale discrezionale e non è, inoltre, previsto un minimo edittale di pena per l'aiuto al suicidio, cosicché è consentito al giudice di parametrare o addirittura di escludere la risposta punitiva, in rapporto al concreto disvalore del fatto.

Lo standard di proporzionalità desumibile dall'art. 8 CEDU apparirebbe, per converso, apertamente violato dall'art. 580 cod. pen., che stabilisce un divieto generalizzato e incondizionato di agevolazione dell'altrui proposito suicida, in un sistema, quale quello italiano, governato dal regime di obbligatorietà dell'azione penale, prevedendo, per di più, una pena minima edittale di cinque anni di reclusione.

3.4. – La norma denunciata vulnererebbe, ancora, i principi di offensività e di proporzionalità e la funzione rieducativa della pena, ponendosi così in contrasto con gli artt. 13, 25, secondo comma – anche in riferimento all'art. 3 –, e 27, terzo comma, Cost.

L'art. 580 cod. pen. rappresenterebbe, infatti, una ipotesi eccezionale di incriminazione del concorso in un fatto lecito altrui, giustificabile – anche per quanto attiene al particolare rigore della risposta punitiva – solo sulla base di una anacronistica visione statalista del bene giuridico della vita: visione inconciliabile, per le ragioni indicate, con l'attuale assetto costituzionale.

In questa prospettiva, la condotta di chi si limiti ad agevolare la realizzazione di un proposito di suicidio liberamente formatosi dovrebbe essere considerata come un «comportamento "penalmente inane"», essendo volta a garantire il diritto fondamentale all'autodeterminazione sulle scelte del fine vita, riferite a una esistenza ritenuta – per circostanze oggettive – non più dignitosa dal suo titolare.

3.5. – Evidente sarebbe anche la violazione del principio di eguaglianza, sotto plurimi profili.

La norma censurata determinerebbe, infatti, una disparità di trattamento tra chi è in grado di porre fine alla propria vita da solo, senza bisogno di aiuto esterno, e chi, invece, è fisicamente impossibilitato a farlo per la gravità delle proprie condizioni patologiche, con conseguente discriminazione a scapito proprio dei casi maggiormente meritevoli di considerazione.

Irragionevolmente discriminatoria risulterebbe, inoltre, una disciplina penale che riconosca la liceità dell'interruzione delle cure con esito letale, e dunque la non antigiuricidità di una condotta attiva di interruzione di un decorso causale immediatamente salvifico, punendo invece la condotta attiva di agevolazione della causazione immediata della morte in condizioni analoghe.

La violazione del principio di eguaglianza-ragionevolezza si apprezzerebbe anche all'interno della struttura della fattispecie, che vede equiparate quoad poenam condotte – la determinazione e il rafforzamento del proposito suicidario, da un lato, e la semplice agevolazione, dall'altro – caratterizzate da un coefficiente di offensività radicalmente diverso.

Una simile irragionevole equiparazione si risolverebbe anche in un difetto di proporzionalità del trattamento sanzionatorio, atta a compromettere la funzione rieducativa della pena.

3.6. – Sulla base di tali considerazioni, la parte costituita ha chiesto, quindi, che l'art. 580 cod. pen. venga dichiarato costituzionalmente illegittimo «nella parte in cui punisce la condotta di chi abbia agevolato l'esecuzione della volontà, liberamente formatasi, della persona che versi in uno stato di malattia irreversibile che produce gravi sofferenze, sempre che l'agevolazione sia strumentale al suicidio di chi, alternativamente, avrebbe potuto darsi la morte rifiutando i trattamenti sanitari»; ovvero, in subordine, «nella parte in cui prevede che le condotte di agevolazione al suicidio che non abbiano inciso sulla formazione del proposito suicidario siano punite allo stesso modo della istigazione al suicidio».

4.– Sono intervenuti, inoltre, ad opponendum, il Centro Studi «Rosario Livatino», la libera associazione di volontariato «Vita è» e il Movimento per la vita italiano.

Tali interventi sono stati dichiarati inammissibili da questa Corte con ordinanza pronunciata all'udienza pubblica del 23 ottobre 2018.

5. – In esito alla medesima udienza, questa Corte ha pronunciato l'ordinanza n. 207 del 2018, con la quale:

a) ha rilevato come – pur in assenza di una espressa indicazione in tal senso da parte del giudice a quo – le questioni attinenti al trattamento sanzionatorio della fattispecie criminosa dell'aiuto al suicidio debbano ritenersi logicamente subordinate a quelle attinenti al suo ambito applicativo;

b) ha ritenuto non fondate le eccezioni di inammissibilità formulate dall'Avvocatura generale dello Stato;

c) ha escluso che – contrariamente a quanto sostenuto in via principale dal rimettente – l'incriminazione dell'aiuto al suicidio, ancorché non rafforzativo del proposito della vittima sia, di per sé, incompatibile con la Costituzione: essa si giustifica, infatti, in un'ottica di tutela del diritto alla vita, specie delle «persone più deboli e vulnerabili»;

d) ha individuato, nondimeno, una circoscritta area di non conformità costituzionale della fattispecie, corrispondente segnatamente ai casi in cui l'aspirante suicida si identifichi (come nel caso oggetto del giudizio a quo) in una persona «(a) affetta da una patologia irreversibile e (b) fonte di sofferenze fisiche o psicologiche, che trova assolutamente intollerabili, la quale sia (c) tenuta in vita a mezzo di trattamenti di sostegno vitale, ma resti (d) capace di prendere decisioni libere e consapevoli»: evenienza nella quale il divieto indiscriminato di aiuto al suicidio «finisce [...] per limitare la libertà di autodeterminazione del malato nella scelta delle terapie, comprese quelle finalizzate a liberarlo dalle sofferenze, scaturente dagli artt. 2, 13 e 32, secondo comma, Cost., imponendogli in ultima analisi un'unica modalità per congedarsi dalla vita, senza che tale limitazione possa ritenersi preordinata alla tutela di altro interesse costituzionalmente apprezzabile, con conseguente lesione del principio della dignità umana, oltre che dei principi di ragionevolezza e di uguaglianza in rapporto alle diverse condizioni soggettive»;

e) ha escluso, tuttavia, di poter porre rimedio – «almeno allo stato» – «al riscontrato vulnus», tramite una pronuncia meramente ablativa riferita ai pazienti che versino nelle condizioni sopra indicate: in assenza di una disciplina legale della prestazione dell'aiuto verrebbero, infatti, a crearsi situazioni gravide di pericoli di abuso nei confronti dei soggetti in condizioni di vulnerabilità; tale disciplina dovrebbe, d'altro canto, investire una serie di profili, variamente declinabili in base a scelte discrezionali, spettanti in linea di principio al legislatore;

f) ha escluso, però, al tempo stesso, di poter ricorrere alla tecnica decisoria precedentemente adottata in casi similari, costituita dalla dichiarazione di inammissibilità delle questioni accompagnata da un monito al legislatore per l'introduzione della disciplina necessaria, alla quale dovrebbe fare seguito, nel caso il cui il monito resti senza riscontro, la declaratoria di incostituzionalità: tale tecnica, infatti, ha «l'effetto di lasciare in vita – e dunque esposta a ulteriori applicazioni, per un periodo di tempo non preventivabile – la normativa non conforme a Costituzione»; effetto che «non può considerarsi consentito nel caso in esame, per le sue peculiari caratteristiche e per la rilevanza dei valori da esso coinvolti»;

g) ha ritenuto, perciò, di dover percorrere una via alternativa: facendo leva, cioè, sui «propri poteri di gestione del processo costituzionale», questa Corte ha rinviato il giudizio in corso, fissando una nuova discussione delle questioni all'udienza del 24 settembre 2019, «in esito alla quale potrà essere valutata l'eventuale sopravvenienza di una legge che regoli la materia in conformità alle segnalate esigenze di tutela». In questo modo, si è lasciata pur sempre al Parlamento la possibilità di assumere le necessarie decisioni rimesse alla sua discrezionalità, evitando, però, che la norma censurata potesse trovare applicazione medio tempore (il giudizio a quo è rimasto, infatti, sospeso, mentre negli altri giudizi i giudici hanno avuto modo di valutare se analoghe questioni fossero rilevanti e non manifestamente infondate).

6. – In prossimità della nuova udienza, la parte costituita ha depositato una ulteriore memoria, rilevando come l'invito rivolto al Parlamento da questa Corte non sia stato accolto. Nessun seguito hanno, infatti, avuto le proposte di legge presentate, che prospettavano, peraltro, soluzioni sensibilmente diverse tra loro.

A fronte di ciò, la dichiarazione di illegittimità costituzionale dell'art. 580 cod. pen., nei contorni già tracciati dall'ordinanza n. 207 del 2018, non sarebbe ulteriormente procrastinabile: e ciò per ragioni radicate, oltre che nei fondamentali diritti del malato e nella sua dignità, anche nei diritti inviolabili dell'imputato, il quale si vedrebbe altrimenti infliggere una sanzione penale sulla base di una norma incostituzionale per cause «ordinamentali a lui non addebitabili». Il principio di leale collaborazione istituzionale, al quale è stata accordata la priorità in una prima fase, non potrebbe, dunque, che recedere, allo stato, dinanzi alle esigenze di ripristino della costituzionalità violata.

Né gioverebbe obiettare che il mantenimento di una "cintura di protezione" penalmente presidiata è giustificata, nell'ipotesi in esame, da esigenze di tutela del bene supremo della vita umana. Le funzioni di prevenzione generale e speciale continuerebbero, infatti, a essere assolte dall'art. 580 cod. pen., quale risultante all'esito della pronuncia di accoglimento, stante la verificabilità ex post, da parte del giudice penale, della sussistenza delle quattro condizioni lato sensu scriminanti indicate dall'ordinanza n. 207 del 2018: condizioni la cui coesistenza risulterebbe largamente idonea a evitare che la dichiarazione di incostituzionalità possa preludere a una vanificazione della tutela dei soggetti vulnerabili.

In questa cornice, una sentenza di «accoglimento manipolativo», che inserisca tali condizioni nel testo dell'art. 580 cod. pen., rappresenterebbe una «garanzia di certezza in senso pieno», risultando perciò preferibile tanto a una pronuncia interpretativa di rigetto, quanto a una sentenza additiva di principio: decisione, quest'ultima, che farebbe gravare sul singolo giudice l'impropria responsabilità di ricavare la regola attuativa del principio posto dalla Corte costituzionale, quando invece l'art. 25, secondo comma, Cost. impone che i confini della norma penale siano determinati e precisi.

A fronte dell'inerzia legislativa, la Corte potrebbe, d'altra parte, ricercare in norme già vigenti nell'ordinamento idonei criteri ai quali parametrare l'accertamento preventivo dei requisiti di liceità del suicidio assistito. Ciò particolarmente alla luce dei più recenti orientamenti della giurisprudenza costituzionale, dai quali emerge una netta attenuazione della tesi per cui gli interventi di accoglimento manipolativo esigerebbero l'esistenza di strette "rime obbligate": ritenendosi, di contro, sufficiente, a tal fine, che il sistema offra «precisi punti di riferimento» e «soluzioni già esistenti».

Nella specie, la Corte potrebbe utilmente attingere alla disciplina delle modalità di raccolta della volontà di revoca del consenso alle cure, di cui all'art. 1, comma 5, della legge n. 219 del 2017. I passaggi procedurali prefigurati da tale disposizione risponderebbero a molte delle esigenze di regolamentazione poste in evidenza dall'ordinanza n. 207 del 2018: in particolare, che sia un medico a verificare ex ante, all'interno dell'alleanza terapeutica con il paziente, le condizioni indicate da detta ordinanza, attestando il suo controllo mediante idonea documentazione e prospettando le possibili alternative al suicidio assistito, compresa la possibilità di ridurre le sofferenze tramite, ad esempio, le cure palliative.

La parte costituita conclude, pertanto, chiedendo che l'art. 580 cod. pen. sia dichiarato costituzionalmente illegittimo «nella parte in cui prevede che l'aiuto al suicidio sia punibile anche se la persona che ha inteso porre fine alla propria vita è "(a) affetta da una patologia irreversibile e (b) fonte di sofferenze fisiche o psicologiche, che trova assolutamente intollerabili, la quale sia (c) tenuta in vita a mezzo di trattamenti di sostegno vitale, ma resti (d) capace di prendere decisioni libere e consapevoli"».

Considerato in diritto

1. – La Corte d'assise di Milano dubita della legittimità costituzionale dell'art. 580 del codice penale, che prevede il reato di istigazione o aiuto al suicidio, sotto due distinti profili.

1.1. – La Corte rimettente pone in discussione, in primo luogo, il perimetro applicativo della disposizione censurata, lamentando che – secondo il diritto vivente – essa incrimini le condotte di aiuto al suicidio «in alternativa alle condotte di istigazione e, quindi, a prescindere dal loro contributo alla determinazione o al rafforzamento del proposito di suicidio».

La disposizione denunciata violerebbe, per questo verso, gli artt. 2 e 13, primo comma, della Costituzione, i quali, sancendo rispettivamente il «principio personalistico» – che pone l'uomo, e non lo Stato, al centro della vita sociale – e quello di inviolabilità della libertà personale, riconoscerebbero la libertà della persona di autodeterminarsi anche in ordine alla fine della propria esistenza, scegliendo quando e come essa debba aver luogo.

La medesima disposizione si porrebbe, altresì, in contrasto con l'art. 117, primo comma, Cost., in relazione agli artt. 2 e 8 della Convenzione per la salvaguardia dei diritti dell'uomo e delle libertà fondamentali (CEDU), firmata a Roma il 4 novembre 1950, ratificata e resa esecutiva con legge 4 agosto 1955, n. 848, i quali, nel salvaguardare, rispettivamente, il diritto alla vita e il diritto al rispetto della vita privata, comporterebbero – in base all'interpretazione della Corte europea dei diritti dell'uomo – che l'individuo abbia il diritto di «decidere con quali mezzi e a che punto la propria vita finirà» e che l'intervento repressivo degli Stati in questo campo possa avere soltanto la finalità di evitare rischi di indebita influenza nei confronti di soggetti particolarmente vulnerabili.

Alla luce di tutti i parametri evocati, risulterebbe, dunque, ingiustificata la punizione delle condotte di agevolazione dell'altrui suicidio che costituiscano mera attuazione di quanto autonomamente deciso da chi esercita la libertà in questione, senza influire in alcun modo sul percorso psichico del soggetto passivo, trattandosi di condotte non lesive del bene giuridico tutelato.

1.2. – La Corte milanese contesta, in secondo luogo, il trattamento sanzionatorio riservato alle condotte in questione, censurando l'art. 580 cod. pen. «nella parte in cui prevede che le condotte di agevolazione dell'esecuzione del suicidio, che non incidano sul percorso deliberativo dell'aspirante suicida, siano sanzionabili con la pena della reclusione da 5 a 10 [recte: 12] anni, senza distinzione rispetto alle condotte di istigazione».

Sotto questo profilo, la norma censurata si porrebbe in contrasto con l'art. 3 Cost., essendo le condotte di istigazione al suicidio certamente più gravi, sotto il profilo causale, rispetto a quelle di chi abbia semplicemente contribuito alla realizzazione dell'altrui autonoma determinazione di porre fine alla propria esistenza, e risultando del tutto diverse, nei due casi, la volontà e la personalità dell'agente.

Sarebbero violati, inoltre, gli artt. 13, 25, secondo comma, e 27, terzo comma, Cost., in forza dei quali la libertà dell'individuo può essere sacrificata solo a fronte della lesione di un bene giuridico non altrimenti evitabile e la sanzione deve essere proporzionata alla lesione provocata, così da prevenire la violazione e provvedere alla rieducazione del reo.

2. – Con l'ordinanza n. 207 del 2018, questa Corte ha già formulato una serie di rilievi e tratto una serie di conclusioni in ordine al thema decidendum. Gli uni e le altre sono, in questa sede, confermati. A essi si salda, in consecuzione logica, l'odierna decisione.

2.1. – Con la citata ordinanza, questa Corte ha rilevato, anzitutto, come tra le questioni sollevate intercorra un rapporto di subordinazione implicita: interrogarsi sul quantum della pena ha, infatti, un senso solo ove le condotte avute di mira restino penalmente rilevanti e, dunque, solo in caso di mancato accoglimento delle questioni volte a ridisegnare i confini applicativi della fattispecie criminosa.

Ha ritenuto, altresì, infondate le plurime eccezioni di inammissibilità formulate dall'Avvocatura generale dello Stato, ivi compresa quella di omessa sperimentazione dell'interpretazione conforme a Costituzione, rilevando come la prospettata interpretazione adeguatrice risulti incompatibile con il tenore letterale della norma censurata.

2.2. – Nel merito, questa Corte ha escluso che – contrariamente a quanto sostenuto in via principale dal giudice a quo – l'incriminazione dell'aiuto al suicidio, ancorché non rafforzativo del proposito della vittima, possa ritenersi di per sé in contrasto con la Costituzione.

Per sostenere il contrasto, non è pertinente, infatti, il riferimento del rimettente al diritto alla vita, riconosciuto implicitamente – come «primo dei diritti inviolabili dell'uomo» (sentenza n. 223 del 1996), in quanto presupposto per l'esercizio di tutti gli altri – dall'art. 2 Cost. (sentenza n. 35 del 1997), nonché, in modo esplicito, dall'art. 2 CEDU.

«Dall'art. 2 Cost. – non diversamente che dall'art. 2 CEDU – discende il dovere dello Stato di tutelare la vita di ogni individuo: non quello – diametralmente opposto – di riconoscere all'individuo la possibilità di ottenere dallo Stato o da terzi un aiuto a morire. Che dal diritto alla vita, garantito dall'art. 2 CEDU, non possa derivare il diritto di rinunciare a vivere, e dunque un vero e proprio diritto a morire, è stato, del resto, da tempo affermato dalla Corte europea dei diritti dell'uomo, proprio in relazione alla tematica dell'aiuto al suicidio (sentenza 29 aprile 2002, Pretty contro Regno Unito)» (ordinanza n. 207 del 2018).

Neppure, poi, è possibile desumere la generale inoffensività dell'aiuto al suicidio da un generico diritto all'autodeterminazione individuale, riferibile anche al bene della vita: diritto che il rimettente ricava dagli artt. 2 e 13, primo comma, Cost. A prescindere dalle concezioni di cui era portatore il legislatore del 1930, la ratio dell'art. 580 cod. pen. può essere agevolmente scorta, alla luce del vigente quadro costituzionale, nella «tutela del diritto alla vita, soprattutto delle persone più deboli e vulnerabili, che l'ordinamento penale intende proteggere da una scelta estrema e irreparabile, come quella del suicidio. Essa assolve allo scopo, di perdurante attualità, di tutelare le persone che attraversano difficoltà e sofferenze, anche per scongiurare il pericolo che coloro che decidono di porre in atto il gesto estremo e irreversibile del suicidio subiscano interferenze di ogni genere» (ordinanza n. 207 del 2018).

Le medesime considerazioni valgono, altresì, ad escludere che la norma censurata si ponga, sempre e comunque sia, in contrasto con l'art. 8 CEDU, il quale sancisce il diritto di ciascun individuo al rispetto della propria vita privata: conclusione, questa, confermata dalla pertinente giurisprudenza della Corte europea dei diritti dell'uomo.

2.3. – All'interno del petitum principale del rimettente, questa Corte ha individuato, nondimeno, una circoscritta area di non conformità costituzionale della fattispecie criminosa, corrispondente segnatamente ai casi in cui l'aspirante suicida si identifichi – come nella vicenda oggetto del giudizio a quo – in una persona «(a) affetta da una patologia irreversibile e (b) fonte di sofferenze fisiche o psicologiche, che trova assolutamente intollerabili, la quale sia (c) tenuta in vita a mezzo di trattamenti di sostegno vitale, ma resti (d) capace di prendere decisioni libere e consapevoli» (ordinanza n. 207 del 2018).

Si tratta di «situazioni inimmaginabili all'epoca in cui la norma incriminatrice fu introdotta, ma portate sotto la sua sfera applicativa dagli sviluppi della scienza medica e della tecnologia, spesso capaci di strappare alla morte pazienti in condizioni estremamente compromesse, ma non di restituire loro una sufficienza di funzioni vitali». In tali casi, l'assistenza di terzi nel porre fine alla sua vita può presentarsi al malato come l'unico modo per sottrarsi, secondo le proprie scelte individuali, a un mantenimento artificiale in vita non più voluto e che egli ha il diritto di rifiutare in base all'art. 32, secondo comma, Cost. Parametro, questo, non evocato nel dispositivo nell'ordinanza di rimessione, ma più volte richiamato in motivazione.

Nei casi considerati – ha osservato questa Corte – la decisione di accogliere la morte potrebbe essere già presa dal malato, sulla base della legislazione vigente, con effetti vincolanti nei confronti dei terzi, a mezzo della richiesta di interruzione dei trattamenti di sostegno vitale in atto e di contestuale sottoposizione a sedazione profonda continua. Ciò, in forza della legge 22 dicembre 2017, n. 219 (Norme in materia di consenso informato e di disposizioni anticipate di trattamento), la cui disciplina recepisce e sviluppa, nella sostanza, le conclusioni alle quali era già pervenuta all'epoca la giurisprudenza ordinaria – in particolare a seguito delle sentenze sui casi Welby (Giudice dell'udienza preliminare del Tribunale ordinario di Roma, sentenza 23 luglio-17 ottobre 2007, n. 2049) ed Englaro (Corte di cassazione, sezione prima civile, sentenza 16 ottobre 2007, n. 21748) – nonché le indicazioni di questa Corte riguardo al valore costituzionale del principio del consenso informato del paziente al trattamento sanitario proposto dal medico (ordinanza n. 207 del 2018): principio qualificabile come vero e proprio diritto della persona, che trova fondamento nei principi espressi negli artt. 2, 13 e 32 Cost. (sentenze n. 253 del 2009 e n. 438 del 2008).

La citata legge n. 219 del 2017 riconosce, infatti, ad «[o]gni persona capace di agire» il diritto di rifiutare o interrompere qualsiasi trattamento sanitario, ancorché necessario alla propria sopravvivenza, comprendendo espressamente nella relativa nozione anche i trattamenti di idratazione e nutrizione artificiale (art. 1, comma 5): diritto inquadrato nel contesto della «relazione di cura e di fiducia» tra paziente e medico. In ogni caso, il medico «è tenuto a rispettare la volontà espressa dal paziente di rifiutare il trattamento sanitario o di rinunciare al medesimo», rimanendo, «in conseguenza di ciò, [...] esente da responsabilità civile o penale» (art. 1, comma 6).

Integrando le previsioni della legge 15 marzo 2010, n. 38 (Disposizioni per garantire l'accesso alle cure palliative e alla terapia del dolore) – che tutela e garantisce l'accesso alle cure palliative e alla terapia del dolore da parte del paziente, inserendole nell'ambito dei livelli essenziali di assistenza – la legge n. 219 del 2017 prevede che la richiesta di sospensione dei trattamenti sanitari possa essere associata alla richiesta di terapie palliative, allo scopo di alleviare le sofferenze del paziente (art. 2, comma 1). Lo stesso art. 2 stabilisce inoltre, al comma 2, che il medico possa, con il consenso del paziente, ricorrere alla sedazione palliativa profonda continua in associazione con la terapia del dolore, per fronteggiare sofferenze refrattarie ai trattamenti sanitari. Disposizione, questa, che «non può non riferirsi anche alle sofferenze provocate al paziente dal suo legittimo rifiuto di trattamenti di sostegno vitale, quali la ventilazione, l'idratazione o l'alimentazione artificiali: scelta che innesca un processo di indebolimento delle funzioni organiche il cui esito – non necessariamente rapido – è la morte» (ordinanza n. 207 del 2018).

La legislazione oggi in vigore non consente, invece, al medico di mettere a disposizione del paziente che versa nelle condizioni sopra descritte trattamenti diretti, non già ad eliminare le sue sofferenze, ma a determinarne la morte. Pertanto, il paziente, per congedarsi dalla vita, è costretto a subire un processo più lento e più carico di sofferenze per le persone che gli sono care. Ne è testimonianza il caso oggetto del giudizio principale, nel quale, «[s]econdo quanto ampiamente dedotto dalla parte costituita, [...] l'interessato richiese l'assistenza al suicidio, scartando la soluzione dell'interruzione dei trattamenti di sostegno vitale con contestuale sottoposizione a sedazione profonda (soluzione che pure gli era stata prospettata), proprio perché quest'ultima non gli avrebbe assicurato una morte rapida. Non essendo egli, infatti, totalmente dipendente dal respiratore artificiale, la morte sarebbe sopravvenuta solo dopo un periodo di apprezzabile durata, quantificabile in alcuni giorni: modalità di porre fine alla propria esistenza che egli reputava non dignitosa e che i propri cari avrebbero dovuto condividere sul piano emotivo» (ordinanza n. 207 del 2018).

Al riguardo, occorre in effetti considerare che la sedazione profonda continua, connessa all'interruzione dei trattamenti di sostegno vitale – sedazione che rientra nel genus dei trattamenti sanitari – ha come effetto l'annullamento totale e definitivo della coscienza e della volontà del soggetto sino al momento del decesso. Si comprende, pertanto, come la sedazione terminale possa essere vissuta da taluni come una soluzione non accettabile.

Nelle ipotesi configurate nel dettaglio all'inizio di questo punto 2.3. vengono messe in discussione, d'altronde, le esigenze di tutela che negli altri casi giustificano la repressione penale dell'aiuto al suicidio. Se, infatti, il fondamentale rilievo del valore della vita non esclude l'obbligo di rispettare la decisione del malato di porre fine alla propria esistenza tramite l'interruzione dei trattamenti sanitari – anche quando ciò richieda una condotta attiva, almeno sul piano naturalistico, da parte di terzi (quale il distacco o lo spegnimento di un macchinario, accompagnato dalla somministrazione di una sedazione profonda continua e di una terapia del dolore) – non vi è ragione per la quale il medesimo valore debba tradursi in un ostacolo assoluto, penalmente presidiato, all'accoglimento della richiesta del malato di un aiuto che valga a sottrarlo al decorso più lento conseguente all'anzidetta interruzione dei presidi di sostegno vitale. Quanto, poi, all'esigenza di proteggere le persone più vulnerabili, è ben vero che i malati irreversibili esposti a gravi sofferenze appartengono solitamente a tale categoria di soggetti. Ma è anche agevole osservare che, se chi è mantenuto in vita da un trattamento di sostegno artificiale è considerato dall'ordinamento in grado, a certe condizioni, di prendere la decisione di porre termine alla propria esistenza tramite l'interruzione di tale trattamento, non si vede la ragione per la quale la stessa persona, a determinate condizioni, non possa ugualmente decidere di concludere la propria esistenza con l'aiuto di altri.

La conclusione è dunque che entro lo specifico ambito considerato, il divieto assoluto di aiuto al suicidio finisce per limitare ingiustificatamente nonché irragionevolmente la libertà di autodeterminazione del malato nella scelta delle terapie, comprese quelle finalizzate a liberarlo dalle sofferenze, scaturente dagli artt. 2, 13 e 32, secondo comma, Cost., imponendogli in ultima analisi un'unica modalità per congedarsi dalla vita.

2.4. – Con la stessa ordinanza n. 207 del 2018, questa Corte ha ritenuto, peraltro, di non poter porre rimedio – «almeno allo stato» – «al riscontrato vulnus», tramite una pronuncia meramente ablativa, riferita ai pazienti che versino nelle condizioni sopra indicate. Una simile soluzione avrebbe, infatti, generato il pericolo di lesione di altri valori costituzionalmente protetti, lasciando «del tutto priva di disciplina legale la prestazione di aiuto materiale ai pazienti in tali condizioni, in un ambito ad altissima sensibilità etico-sociale e rispetto al quale vanno con fermezza preclusi tutti i possibili abusi».

In assenza di una specifica disciplina della materia, infatti, «qualsiasi soggetto – anche non esercente una professione sanitaria – potrebbe lecitamente offrire, a casa propria o a domicilio, per spirito filantropico o a pagamento, assistenza al suicidio a pazienti che lo desiderino, senza alcun controllo ex ante sull'effettiva sussistenza, ad esempio, della loro capacità di autodeterminarsi, del carattere libero e informato della scelta da essi espressa e dell'irreversibilità della patologia da cui sono affetti». Conseguenze, quelle ora indicate, delle quali «questa Corte non può non farsi carico» (ordinanza n. 207 del 2018).

Una regolazione della materia, intesa ad evitare simili scenari, gravidi di pericoli per la vita di persone in situazione di vulnerabilità, è suscettibile peraltro di investire plurimi profili, ciascuno dei quali, a sua volta, variamente declinabile sulla base di scelte discrezionali: «come, ad esempio, le modalità di verifica medica della sussistenza dei presupposti in presenza dei quali una persona possa richiedere l'aiuto, la disciplina del relativo "processo medicalizzato", l'eventuale riserva esclusiva di somministrazione di tali trattamenti al servizio sanitario nazionale, la possibilità di una obiezione di coscienza del personale sanitario coinvolto nella procedura».

La disciplina potrebbe essere inoltre «introdotta, anziché mediante una mera modifica della disposizione penale di cui all'art. 580 cod. pen., in questa sede censurata, inserendo la disciplina stessa nel contesto della legge n. 219 del 2017 e del suo spirito, in modo da inscrivere anche questa opzione nel quadro della "relazione di cura e di fiducia tra paziente e medico", opportunamente valorizzata dall'art. 1 della legge medesima» (ordinanza n. 207 del 2018). Potrebbe prospettarsi, ancora, l'esigenza di «introdurre una disciplina ad hoc per le vicende pregresse», anch'essa variamente calibrabile.

Deve quindi, infine, essere sottolineata l'esigenza di adottare opportune cautele affinché «l'opzione della somministrazione di farmaci in grado di provocare entro un breve lasso di tempo la morte del paziente non comporti il rischio di alcuna prematura rinuncia, da parte delle strutture sanitarie, a offrire sempre al paziente medesimo concrete possibilità di accedere a cure palliative diverse dalla sedazione profonda continua, ove idonee a eliminare la sua sofferenza [...] in accordo con l'impegno assunto dallo Stato con la citata legge n. 38 del 2010». Il coinvolgimento in un percorso di cure palliative deve costituire, infatti, «un pre-requisito della scelta, in seguito, di qualsiasi percorso alternativo da parte del paziente» (come già prefigurato dall'ordinanza n. 207 del 2018).

Peraltro, nel parere del 18 luglio 2019 («Riflessioni bioetiche sul suicidio medicalmente assistito»), il Comitato nazionale per la bioetica, pur nella varietà delle posizioni espresse sulla legalizzazione del suicidio medicalmente assistito, ha sottolineato, all'unanimità, che la necessaria offerta effettiva di cure palliative e di terapia del dolore – che oggi sconta «molti ostacoli e difficoltà, specie nella disomogeneità territoriale dell'offerta del SSN, e nella mancanza di una formazione specifica nell'ambito delle professioni sanitarie» – dovrebbe rappresentare, invece, «una priorità assoluta per le politiche della sanità».

Si cadrebbe, altrimenti, nel paradosso di non punire l'aiuto al suicidio senza avere prima assicurato l'effettività del diritto alle cure palliative.

2.5. – Questa Corte ha rilevato, da ultimo, come, in casi simili, essa abbia dichiarato l'inammissibilità della questione sollevata, accompagnandola con un monito al legislatore per l'introduzione della disciplina necessaria a rimuovere il vulnus costituzionale: pronuncia alla quale, ove il monito fosse rimasto senza riscontro, ha fatto seguito, di norma, una declaratoria di incostituzionalità.

Tale soluzione è stata ritenuta, tuttavia, non percorribile nella specie.

La ricordata tecnica decisoria ha «l'effetto di lasciare in vita – e dunque esposta a ulteriori applicazioni, per un periodo di tempo non preventivabile – la normativa non conforme a Costituzione. La eventuale dichiarazione di incostituzionalità conseguente all'accertamento dell'inerzia legislativa presuppone, infatti, che venga sollevata una nuova questione di legittimità costituzionale, la quale può, peraltro, sopravvenire anche a notevole distanza di tempo dalla pronuncia della prima sentenza di inammissibilità, mentre nelle more la disciplina in discussione continua ad operare. Un simile effetto non può considerarsi consentito nel caso in esame, per le sue peculiari caratteristiche e per la rilevanza dei valori da esso coinvolti» (ordinanza n. 207 del 2018).

Questa Corte ha ritenuto, quindi, di dover procedere in altro modo. Facendo leva sui «propri poteri di gestione del processo costituzionale», ha fissato, cioè, una nuova udienza di trattazione delle questioni, a undici mesi di distanza (segnatamente, al 24 settembre 2019): udienza in esito alla quale avrebbe potuto essere valutata l'eventuale sopravvenienza di una legge regolatrice della materia in conformità alle segnalate esigenze di tutela.

In questo modo, si è lasciata al Parlamento la possibilità di assumere le necessarie decisioni rimesse alla sua discrezionalità, ma si è evitato che, nel frattempo, la norma potesse trovare applicazione. Il giudizio a quo è rimasto, infatti, sospeso.

3. – Deve però ora prendersi atto di come nessuna normativa in materia sia sopravvenuta nelle more della nuova udienza. Né, d'altra parte, l'intervento del legislatore risulta imminente.

I plurimi progetti di legge pure presentati in materia, di vario taglio, sono rimasti, infatti, tutti senza seguito.

Il relativo esame – iniziato presso la Camera dei deputati, quanto alle proposte di legge A.C. 1586 e abbinate – si è, infatti, arrestato alla fase della trattazione in commissione, senza che sia stato possibile addivenire neppure all'adozione di un testo unificato.

4. – In assenza di ogni determinazione da parte del Parlamento, questa Corte non può ulteriormente esimersi dal pronunciare sul merito delle questioni, in guisa da rimuovere il vulnus costituzionale già riscontrato con l'ordinanza n. 207 del 2018.

Non è a ciò d'ostacolo la circostanza che – per quanto rilevato nella medesima ordinanza e come poco sopra ricordato – la decisione di illegittimità costituzionale faccia emergere specifiche esigenze di disciplina che, pur suscettibili di risposte differenziate da parte del legislatore, non possono comunque sia essere disattese.

Il rinvio disposto all'esito della precedente udienza risponde, infatti, con diversa tecnica, alla stessa logica che ispira, nella giurisprudenza di questa Corte, il collaudato meccanismo della "doppia pronuncia" (sentenza di inammissibilità "con monito" seguita, in caso di mancato recepimento di quest'ultimo, da declaratoria di incostituzionalità). Decorso un congruo periodo di tempo, l'esigenza di garantire la legalità costituzionale deve, comunque sia, prevalere su quella di lasciare spazio alla discrezionalità del legislatore per la compiuta regolazione della materia, alla quale spetta la priorità.

Come più volte si è avuto modo di rilevare, «posta di fronte a un vulnus costituzionale, non sanabile in via interpretativa – tanto più se attinente a diritti fondamentali – la Corte è tenuta comunque a porvi rimedio» (sentenze n. 162 del 2014 e n. 113 del 2011; analogamente sentenza n. 96 del 2015). Occorre, infatti, evitare che l'ordinamento presenti zone franche immuni dal sindacato di legittimità costituzionale: e ciò «specie negli ambiti, come quello penale, in cui è più impellente l'esigenza di assicurare una tutela effettiva dei diritti fondamentali, incisi dalle scelte del legislatore» (sentenza n. 99 del 2019).

Risalente, nella giurisprudenza di questa Corte, è l'affermazione per cui non può essere ritenuta preclusiva della declaratoria di illegittimità costituzionale delle leggi la carenza di disciplina – reale o apparente – che da essa può derivarne, in ordine a determinati rapporti (sentenza n. 59 del 1958). Ove, però, i vuoti di disciplina, pure in sé variamente colmabili, rischino di risolversi a loro volta – come nel caso di specie – in una menomata protezione di diritti fondamentali (suscettibile anch'essa di protrarsi nel tempo, nel perdurare dell'inerzia legislativa), questa Corte può e deve farsi carico dell'esigenza di evitarli, non limitandosi a un annullamento "secco" della norma incostituzionale, ma ricavando dalle coordinate del sistema vigente i criteri di riempimento costituzionalmente necessari, ancorché non a contenuto costituzionalmente vincolato, fin tanto che sulla materia non intervenga il Parlamento (in questo senso, sentenze n. 40 del 2019, n. 233 e 222 del 2018 e n. 236 del 2016).

5. – Ciò posto, per quanto attiene ai contenuti della presente decisione, questa Corte ha già puntualmente individuato, nell'ordinanza n. 207 del 2018, le situazioni in rapporto alle quali l'indiscriminata repressione penale dell'aiuto al suicidio, prefigurata dall'art. 580 cod. pen., entra in frizione con i precetti costituzionali evocati. Si tratta in specie – come si è detto – dei casi nei quali venga agevolata l'esecuzione del proposito di suicidio, autonomamente e liberamente formatosi, di una persona tenuta in vita da trattamenti di sostegno vitale e affetta da una patologia irreversibile, fonte di sofferenze fisiche o psicologiche che ella trova intollerabili, ma pienamente capace di prendere decisioni libere e consapevoli.

Quanto, poi, all'esigenza di evitare che la sottrazione pura e semplice di tale condotta alla sfera di operatività della norma incriminatrice dia luogo a intollerabili vuoti di tutela per i valori protetti, generando il pericolo di abusi «per la vita di persone in situazioni di vulnerabilità» (ordinanza n. 207 del 2018), già più volte questa Corte, in passato, si è fatta carico dell'esigenza di scongiurare esiti similari: in particolare, subordinando la non punibilità dei fatti che venivano di volta in volta in rilievo al rispetto di specifiche cautele, volte a garantire – nelle more dell'intervento del legislatore – un controllo preventivo sull'effettiva esistenza delle condizioni che rendono lecita la condotta.

Ciò è avvenuto, ad esempio, in materia di aborto, con la sentenza n. 27 del 1975 (la quale dichiarò illegittimo l'art. 546 cod. pen., nella parte in cui non prevedeva che la gravidanza potesse essere interrotta quando l'ulteriore gestazione implicasse «danno, o pericolo, grave, medicalmente accertato nei sensi di cui in motivazione e non altrimenti evitabile, per la salute della madre»); ovvero, più di recente, in materia di procreazione medicalmente assistita, con le sentenze n. 96 e n. 229 del 2015 (le quali hanno dichiarato illegittime, rispettivamente, le disposizioni che negavano l'accesso alle relative tecniche alle coppie fertili portatrici di gravi malattie genetiche, trasmissibili al nascituro, «accertate da apposite strutture pubbliche», e la disposizione che puniva ogni forma di selezione eugenetica degli embrioni, senza escludere le condotte di selezione volte a evitare l'impianto nell'utero della donna di embrioni affetti da gravi malattie genetiche trasmissibili accertate nei predetti modi).

Nell'odierno frangente, peraltro, un preciso «punto di riferimento» (sentenza n. 236 del 2016) già presente nel sistema – utilizzabile ai fini considerati, nelle more dell'intervento del Parlamento – è costituito dalla disciplina racchiusa negli artt. 1 e 2 della legge n. 219 del 2017: disciplina più volte richiamata, del resto, nella stessa ordinanza n. 207 del 2018.

La declaratoria di incostituzionalità attiene, infatti, in modo specifico ed esclusivo all'aiuto al suicidio prestato a favore di soggetti che già potrebbero alternativamente lasciarsi morire mediante la rinuncia a trattamenti sanitari necessari alla loro sopravvivenza, ai sensi dell'art. 1, comma 5, della legge ora citata: disposizione che, inserendosi nel più ampio tessuto delle previsioni del medesimo articolo, prefigura una "procedura medicalizzata" estensibile alle situazioni che qui vengono in rilievo.

Il riferimento a tale procedura – con le integrazioni di cui si dirà in seguito – si presta a dare risposta a buona parte delle esigenze di disciplina poste in evidenza nell'ordinanza n. 207 del 2018.

Ciò vale, anzitutto, con riguardo alle «modalità di verifica medica della sussistenza dei presupposti in presenza dei quali una persona possa richiedere l'aiuto». Mediante la procedura in questione è, infatti, già possibile accertare la capacità di autodeterminazione del paziente e il carattere libero e informato della scelta espressa. L'art. 1, comma 5, della legge n. 219 del 2017 riconosce, infatti, il diritto all'interruzione dei trattamenti di sostegno vitale in corso alla persona «capace di agire» e stabilisce che la relativa richiesta debba essere espressa nelle forme previste dal precedente comma 4 per il consenso informato. La manifestazione di volontà deve essere, dunque, acquisita «nei modi e con gli strumenti più consoni alle condizioni del paziente» e documentata «in forma scritta o attraverso videoregistrazioni o, per la persona con disabilità, attraverso dispositivi che le consentano di comunicare», per poi essere inserita nella cartella clinica. Ciò, «[f]erma restando la possibilità per il paziente di modificare la propria volontà»: il che, peraltro, nel caso dell'aiuto al suicidio, è insito nel fatto stesso che l'interessato conserva, per definizione, il dominio sull'atto finale che innesca il processo letale.

Lo stesso art. 1, comma 5, prevede, altresì, che il medico debba prospettare al paziente «le conseguenze di tale decisione e le possibili alternative», promovendo «ogni azione di sostegno al paziente medesimo, anche avvalendosi dei servizi di assistenza psicologica». In questo contesto, deve evidentemente darsi conto anche del carattere irreversibile della patologia: elemento indicato nella cartella clinica e comunicato dal medico quando avvisa il paziente circa le conseguenze legate all'interruzione del trattamento vitale e sulle «possibili alternative». Lo stesso deve dirsi per le sofferenze fisiche o psicologiche: il promovimento delle azioni di sostegno al paziente, comprensive soprattutto delle terapie del dolore, presuppone una conoscenza accurata delle condizioni di sofferenza.

Il riferimento a tale disciplina implica, d'altro canto, l'inerenza anche della materia considerata alla relazione tra medico e paziente.

Quanto all'esigenza di coinvolgimento dell'interessato in un percorso di cure palliative, l'art. 2 della legge n. 219 del 2017 prevede che debba essere sempre garantita al paziente un'appropriata terapia del dolore e l'erogazione delle cure palliative previste dalla legge n. 38 del 2010 (e da questa incluse, come già ricordato, nell'ambito dei livelli essenziali di assistenza). Tale disposizione risulta estensibile anch'essa all'ipotesi che qui interessa: l'accesso alle cure palliative, ove idonee a eliminare la sofferenza, spesso si presta, infatti, a rimuovere le cause della volontà del paziente di congedarsi dalla vita.

Similmente a quanto già stabilito da questa Corte con le citate sentenze n. 229 e n. 96 del 2015, la verifica delle condizioni che rendono legittimo l'aiuto al suicidio deve restare peraltro affidata – in attesa della declinazione che potrà darne il legislatore – a strutture pubbliche del servizio sanitario nazionale. A queste ultime spetterà altresì verificare le relative modalità di esecuzione, le quali dovranno essere evidentemente tali da evitare abusi in danno di persone vulnerabili, da garantire la dignità del paziente e da evitare al medesimo sofferenze.

La delicatezza del valore in gioco richiede, inoltre, l'intervento di un organo collegiale terzo, munito delle adeguate competenze, il quale possa garantire la tutela delle situazioni di particolare vulnerabilità. Nelle more dell'intervento del legislatore, tale compito è affidato ai comitati etici territorialmente competenti. Tali comitati – quali organismi di consultazione e di riferimento per i problemi di natura etica che possano presentarsi nella pratica sanitaria – sono, infatti, investiti di funzioni consultive intese a garantire la tutela dei diritti e dei valori della persona in confronto alle sperimentazioni cliniche di medicinali o, amplius, all'uso di questi ultimi e dei dispositivi medici (art. 12, comma 10, lettera c, del d.l. n. 158 del 2012; art. 1 del decreto del Ministro della salute 8 febbraio 2013, recante «Criteri per la composizione e il funzionamento dei comitati etici»): funzioni che involgono specificamente la salvaguardia di soggetti vulnerabili e che si estendono anche al cosiddetto uso compassionevole di medicinali nei confronti di pazienti affetti da patologie per le quali non siano disponibili valide alternative terapeutiche (artt. 1 e 4 del decreto del Ministro della salute 7 settembre 2017, recante «Disciplina dell'uso terapeutico di medicinale sottoposto a sperimentazione clinica»).

6. – Quanto, infine, al tema dell'obiezione di coscienza del personale sanitario, vale osservare che la presente declaratoria di illegittimità costituzionale si limita a escludere la punibilità dell'aiuto al suicidio nei casi considerati, senza creare alcun obbligo di procedere a tale aiuto in capo ai medici. Resta affidato, pertanto, alla coscienza del singolo medico scegliere se prestarsi, o no, a esaudire la richiesta del malato.

7. – I requisiti procedimentali dianzi indicati, quali condizioni per la non punibilità dell'aiuto al suicidio prestato a favore di persone che versino nelle situazioni indicate analiticamente nel precedente punto 2.3., valgono per i fatti successivi alla pubblicazione della presente sentenza nella Gazzetta Ufficiale della Repubblica.

In quanto enucleate da questa Corte solo con la presente sentenza, in attesa dell'intervento del legislatore, le condizioni procedimentali in questione non possono essere richieste, tal quali, in rapporto ai fatti anteriormente commessi, come quello oggetto del giudizio a quo, che precede la stessa entrata in vigore della legge n. 219 del 2017. Rispetto alle vicende pregresse, infatti, le condizioni in parola non risulterebbero, in pratica, mai puntualmente soddisfatte.

Ciò impone una diversa scansione del contenuto della pronuncia sul piano temporale.

Riguardo ai fatti anteriori la non punibilità dell'aiuto al suicidio rimarrà subordinata, in specie, al fatto che l'agevolazione sia stata prestata con modalità anche diverse da quelle indicate, ma idonee comunque sia a offrire garanzie sostanzialmente equivalenti.

Occorrerà dunque che le condizioni del richiedente che valgono a rendere lecita la prestazione dell'aiuto – patologia irreversibile, grave sofferenza fisica o psicologica, dipendenza da trattamenti di sostegno vitale e capacità di prendere decisioni libere e consapevoli – abbiano formato oggetto di verifica in ambito medico; che la volontà dell'interessato sia stata manifestata in modo chiaro e univoco, compatibilmente con quanto è consentito dalle sue condizioni; che il paziente sia stato adeguatamente informato sia in ordine a queste ultime, sia in ordine alle possibili soluzioni alternative, segnatamente con riguardo all'accesso alle cure palliative ed, eventualmente, alla sedazione profonda continua. Requisiti tutti la cui sussistenza dovrà essere verificata dal giudice nel caso concreto.

8. – L'art. 580 cod. pen. deve essere dichiarato, dunque, costituzionalmente illegittimo, per violazione degli artt. 2, 13 e 32, secondo comma, Cost., nella parte in cui non esclude la punibilità di chi, con le modalità previste dagli artt. 1 e 2 della legge n. 219 del 2017 – ovvero, quanto ai fatti anteriori alla pubblicazione della presente sentenza nella Gazzetta Ufficiale della Repubblica, con modalità equivalenti nei sensi dianzi indicati –, agevola l'esecuzione del proposito di suicidio, autonomamente e liberamente formatosi, di una persona tenuta in vita da trattamenti di sostegno vitale e affetta da una patologia irreversibile, fonte di sofferenze fisiche o psicologiche che ella reputa intollerabili, ma pienamente capace di prendere decisioni libere e consapevoli, sempre che tali condizioni e le modalità di esecuzione siano state verificate da una struttura pubblica del servizio sanitario nazionale, previo parere del comitato etico territorialmente competente.

L'ulteriore questione sollevata in via principale per violazione dell'art. 117, primo comma, Cost., in riferimento agli artt. 2 e 8 CEDU, resta assorbita.

Parimente assorbite restano le questioni subordinate, attinenti alla misura della pena.

9. – Questa Corte non può fare a meno, peraltro, di ribadire con vigore l'auspicio che la materia formi oggetto di sollecita e compiuta disciplina da parte del legislatore, conformemente ai principi precedentemente enunciati.

PER QUESTI MOTIVI

LA CORTE COSTITUZIONALE

dichiara l'illegittimità costituzionale dell'art. 580 del codice penale, nella parte in cui non esclude la punibilità di chi, con le modalità previste dagli artt. 1 e 2 della legge 22 dicembre 2017, n. 219 (Norme in materia di consenso informato e di disposizioni anticipate di trattamento) – ovvero, quanto ai fatti anteriori alla pubblicazione della presente sentenza nella Gazzetta Ufficiale della Repubblica, con modalità equivalenti nei sensi di cui in motivazione –, agevola l'esecuzione del proposito di suicidio, autonomamente e liberamente formatosi, di una persona tenuta in vita da trattamenti di sostegno vitale e affetta da una patologia irreversibile, fonte di sofferenze fisiche o psicologiche che ella reputa intollerabili, ma pienamente capace di prendere decisioni libere e consapevoli, sempre che tali condizioni e le modalità di esecuzione siano state verificate da una struttura pubblica del servizio sanitario nazionale, previo parere del comitato etico territorialmente competente.

Così deciso in Roma, nella sede della Corte costituzionale, Palazzo della Consulta, il 25 settembre 2019. F.to: Giorgio LATTANZI, Presidente, Franco MODUGNO, Redattore, Roberto MILANA, Cancelliere. Depositata in Cancelleria il 22 novembre 2019. Il Direttore della Cancelleria F.to: Roberto MILANA

Ristampa effettuata nel mese di luglio 2024
nella Rotomail Italia S.p.A.
Strada Rivoltana (SP 14), 12/AB – 20052 Vignate (MI)